Dietmar Ehrhardt

Verstärkertechnik

**Aus dem Programm __________
Nachrichtentechnik**

Schaltungen der Nachrichtentechnik
von D. Stoll

Signale
von F. R. Connor

Modulation
von F. R. Connor

Rauschen
von F. R. Connor

Signalübertragung
von H. Schumny

Weitverkehrstechnik
von K. Kief

Analyse digitaler Signale
von W. Lechner und N. Lohl

Digitale Signalverarbeitung
von A. van den Enden und N. Verhoeckx

Vieweg __________

Dietmar Ehrhardt

Verstärkertechnik

Mit 274 Bildern

ISBN-13: 978-3-528-03372-9   e-ISBN-13: 978-3-322-83026-5
DOI: 10.1007/978-3-322-83026-5

Vorwort

Das vorliegende Buch befaßt sich mit der Technik elektronischer Verstärker. Es entstand aus einem Skript der Vorlesung „Verstärkertechnik", die von mir an der Universität-GH-Siegen gehalten wird.

Elektronische Verstärker sind wichtige Bausteine in vielen Bereichen der Technik. Die Basis der vielfältigen Verstärker bilden seine Bauelemente. Die wichtigsten Bauelemente, wie Bipolartransistor, JFET und MOSFET, werden im vorliegenden Buch ausführlich behandelt. Beginnend mit dem Aufbau dieser Halbleiterbauelemente, der Beschreibung ihrer physikalischen Funktion und der Ableitung der Funktionsgleichungen, wird bei jedem Bauelement auf das Groß- und Kleinsignalverhalten, das Hochfrequenzverhalten und das Rauschverhalten eingegangen. Dabei orientieren sich die verwendeten Ersatzschaltungen und die Notationen an den Modellen, die bei SPICE zugrunde gelegt wurden. Weiterhin werden von jedem der obengenannten Bauelemente die Grundschaltungen (Verstärkung von Wechselgrößen), der Einsatz als Leistungsverstärker und der Einsatz als Differenzverstärker (Verstärkung von Gleichgrößen) untersucht.

Als einfachster Verstärkerbaustein folgt der Operationsverstärker, dessen Aufbau erläutert wird. Auf die Probleme der Stabilität von Operationsverstärker und mögliche Kompensationsmethoden wird besonders eingegangen. Einfache Anwendungsbeispiele und die Behandlung von Komparatoren, Filter und Rechenschaltungen schließen den Themenkreis Operationsverstärker ab. Es folgen die Charakterisierung von Verstärkerbausteinen und ausgewählte Beispiele für Verstärkerbausteine.

In einem gesonderten Kapitel wird auf die Belange der integrierten Schaltungstechnik eingegangen. Da eine moderne Schaltungsentwicklung heute ohne SPICE undenkbar ist, wird in einem weiteren Kapitel anhand einer Mustersimulation auf die wichtigsten Simulationsmöglichkeiten eingegangen.

Da die analogen Verstärkerapplikationen zunehmend durch den Einsatz digitaler Signalverarbeitung verdrängt werden, ist auch diesem Themenkreis ein Kapitel gewidmet worden.

Den Abschluß bilden Kapitel, die sich mit der Signalerzeugung durch Verstärkerelemente befassen. Neben Sinusoszillatoren werden auch Funktionsgeneratoren und Phasenregelschleifen (PLL) behandelt.

Dieses Buch ist zur Vorlesungsbegleitung für Studierende der Elektrotechnik gedacht. Daneben eignet es sich sowohl für das Selbststudium, da einerseits alle Zusammenhänge ausführlich beschrieben werden, als auch für den Praktiker zum Nachschlagen, da andererseits versucht wurde, möglichst umfassend die fachspezifischen Informationen in das Buch aufzunehmen.

An dieser Stelle möchte ich mich bei meinem Kollegen Herrn Prof. Dr.-Ing. Erwin Böhmer bedanken, der mir wertvolle Hinweise zur prinzipiellen Gestaltung und Vorgehensweise bei der Skripterstellung gab. Bedanken möchte ich mich auch beim Vieweg Verlag für die Herausgabe dieses Buches. Hierbei geht ein besonderer Dank an Herrn Edgar Klementz vom Vieweg Verlag, der für eine optimale Organisation sorgte und mir stets mit Rat und Tat zur Seite stand.

Inhalt

1 Einführung

1.1 Was ist ein Verstärker?

Am einfachsten definiert man ihn als Black-Box.

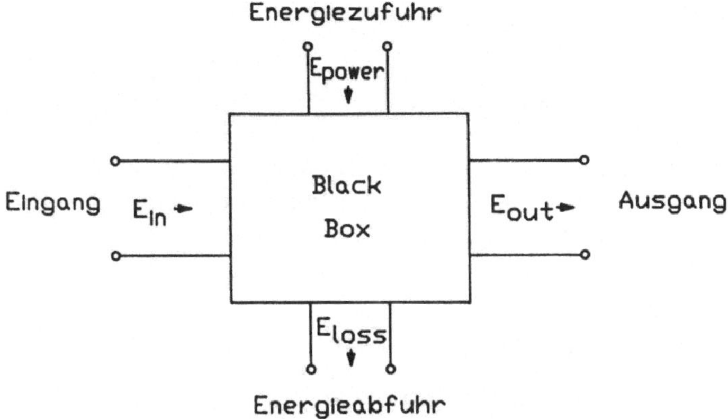

Abb. 1.1: Allgemeine Form eines Verstärkers

Wenn nun die Leistung, die man dem Ausgang entnehmen kann, größer ist als die Leistung, die man dem Eingang zuführen muß, spricht man von einem *Verstärker.*

Ist die Leistung, die man dem Ausgang entnehmen kann, kleiner als die Eingangsleistung, handelt es sich um einen *Abschwächer.*

Wenn man die Energiebilanz anschaut, sieht man, daß eigentlich keine Verstärkung (also Energiegewinn) stattfindet.

$$E_{output} + E_{loss} = E_{input} + E_{power} \tag{1.01}$$

Es findet lediglich eine Energieumwandlung statt. Trotzdem spricht man von einem Verstärker, wenn die Ausgangsleistung größer als die zugeführte Eingangsleistung ist.

Wenn der Black-Box Energie zugeführt wird handelt es sich um ein aktives Element, andernfalls um ein passives Element.

Damit kann man nun sagen, daß es keine passiven Verstärker geben kann, da es neben der Eingangsleistung keine weitere Energiezufuhr gibt. Allerdings könnte man sich einen aktiven Abschwächer vorstellen, der relativ häufig bei falsch aufgebauten Schaltungen auftritt.

Die bisherigen Betrachtungen erstrecken sich auf die Energiebilanz, also die Leistungsverstärkung G_p. Da sich die Leistung aus dem Produkt Strom $\cdot$ Spannung zusammensetzt, kann man auch die Strom- bzw. Spannungsverstärkung einer Stufe separat betrachten.

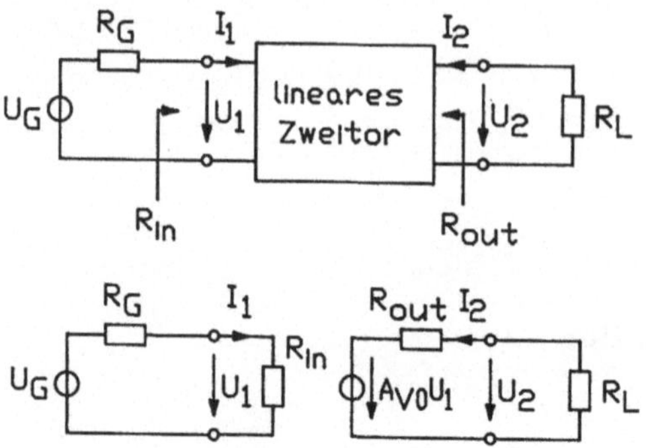

Abb. 1.2: Verstärker als lineares Zweitor

Die Abbildung 1.2 zeigt den Verstärker als lineares Zweitor. Darunter ein einfaches
Ersatzschaltbild des Zweitores, jeweils mit Signalquelle und Lastwiderstand.

Die Spannungsverstärkung (Effektivwerte!) ist gegeben durch

$$A_V = \frac{U_2}{U_1} = \frac{A_{V\emptyset} \cdot U_1 \cdot R_L}{U_1 (R_{out} + R_L)} = A_{V\emptyset} \frac{R_L}{R_{out} + R_L} \qquad (1.02)$$

Die Stromverstärkung (Effektivwerte!) ist gegeben durch

$$A_I = \frac{I_2}{I_1} = -\frac{A_{V\emptyset} \cdot R_{in}}{R_{out} + R_L} \qquad (1.03)$$

Die Leistungsverstärkung ist dann gegeben durch

$$G_p = \frac{P_L}{P_{in}} = -A_V \cdot A_I \qquad (1.04)$$

$$G_p = A_{V\emptyset}{}^2 \cdot \frac{R_{in} \cdot R_L}{(R_{out} + R_L)^2} \qquad (1.05)$$

Das hat nun relativ geringe Aussagekraft, zeigt aber die Vorgehensweise für spätere
Betrachtungen.

Angegeben werden Verstärkungen meist im logarithmischen Maßstab. Da Verstärkungen reine Verhältniszahlen sind, also ohne Einheiten, verwendet man die Einheit
dB (Dezibel) zur Kennzeichnung. Bezogen sind die dB-Werte immer auf die Leistungsverstärkung

$$G_p = 10 \cdot \log \frac{P_L}{P_{in}} \; ; \; [G_p] = dB \qquad (1.06)$$

Für Spannungen gilt dann bei gleichen Widerständen $R_G = R_{in} = R_{out} = R_L = R$, also bei Anpassung

$$G_p = 10 \log \frac{U_L^2 \cdot R}{R \cdot U_{in}^2} = 20 \log \frac{U_L}{U_{in}} \; ; [G_p] = dB \tag{1.07}$$

Daher: Ein Transformator, der eine Spannung verdoppelt, hat scheinbar eine Spannungsverstärkung. Da aber auch eine Impedanztransformation auftritt, bleibt die Leistungsverstärkung $G_p = 1 = 0$ dB (Idealfall).

1.2 Beispiele

1.2.1 Röhrenverstärker

Da Röhrenverstärker in der allgemeinen Verstärkertechnik heute eine untergeordnete Rolle spielen (HIFI-Enthusiasten, Displays, Höchstfrequenzanwendungen), soll an Hand eines Beispiels die grundsätzliche Funktionsweise eines Röhrenverstärkers erläutert werden.

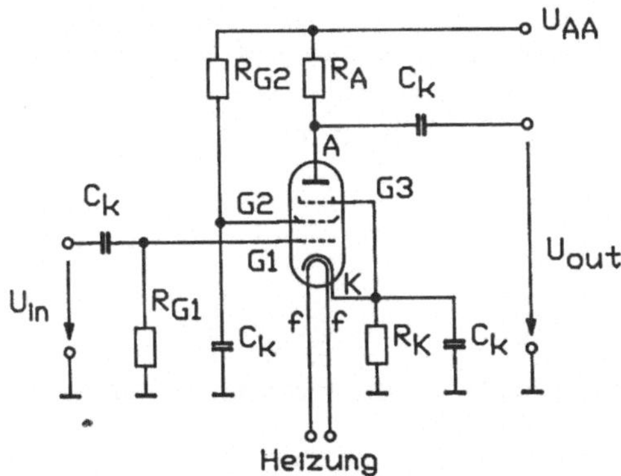

Abb. 1.3: Schaltung eines Röhrenverstärkers

Es handelt sich um einen Wechselspannungsverstärker mit einer Pentode, einer Röhre mit 5 Elektroden. Diese sind Kathode (K), Steuergitter (G1), Schirmgitter (G2), Bremsgitter (G3) und Anode (A).

Das Prinzip der Röhre ist kurz umrissen: Die Kathode wird durch den Heizwendel auf ca. 800 °C aufgeheizt. Bei dieser Temperatur können Elektronen das Kathodenmaterial (Bariumoxyd) verlassen. Im Vakuum der Röhre werden sie von der positiv geladenen Anode angezogen. Eine negative Spannung am Steuergitter erlaubt den Stromfluß zu steuern. Da die Anodenspannung durch den stromabhängigen Spannungsabfall an R_A nicht konstant ist, würde von der Anode eine zusätzliche Steuerwirkung ausgehen, die unerwünscht ist. Dieser *Durchgriff* der Anode wird durch das Schirmgitter gemindert, das auf konstantem positivem Potential gehalten wird.

Die Elektronen können beim Auftreffen auf die Anode eine hohe kinetische Energie haben. Das führt dann zur Emission von Sekundärelektronen, die vom Schirmgitter aufgefangen und dem Anodenstrom verloren gehen würden. Um das zu verhindern, ist das Bremsgitter zwischen Schirmgitter und Anode auf Kathodenpotential gelegt. Damit wird kurz vor dem Auftreffen auf die Anode die kinetische Energie der Elektronen vermindert.

Doch nun zur Schaltung: Die negative Steuergitterspannung wird über den Kathodenwiderstand R_K erzeugt. Der Anodenstrom erzeugt an R_K einen Spannungsabfall, damit liegt die Kathode nicht mehr auf Masse sondern hat die Spannung $U_K = R_K \cdot I_A$.

In das Steuergitter fließt praktisch kein Strom, nur einzelne Elektronen, die aufgrund hoher kinetischer Energie das Steuergitter erreichen, müssen über den meist hochohmigen Gitterableitwiderstand (R_{G1} ca. 10 MOhm) an Masse abgeführt werden. Das Steuergitter liegt somit auf Massepotential und ist damit negativer als die Kathode. Die Schirmgitterspannung ergibt sich aus dem Spannungsabfall an R_{G2}, der durch den Schirmgitterstrom hervorgerufen wird. Da die Schirmgitterspannung konstant sein soll, also unabhängig von der angelegten Steuerwechselspannung, ist es über einen Kondensator C_k wechselspannungsmäßig mit Masse verbunden.

Da es sich um einen Wechselspannungsverstärker handelt, ist die Eingangsspannung über einen Kondensator angekoppelt. Genauso wird auch die Ausgangsspannung über einen Kondensator ausgekoppelt. Die erforderliche Steuerleistung des Röhrenverstärkers ist gegeben durch die Verlustleistung am hochohmigen Gitterableitwiderstand und ist sehr gering. Daher lassen sich hohe Leistungsverstärkungen mit Elektronenröhren erzielen.

1.2.2 Transistorverstärker

Das nächste Beispiel ist ein einfacher Transistorverstärker für Wechselspannungen in der Emittergrundschaltung.

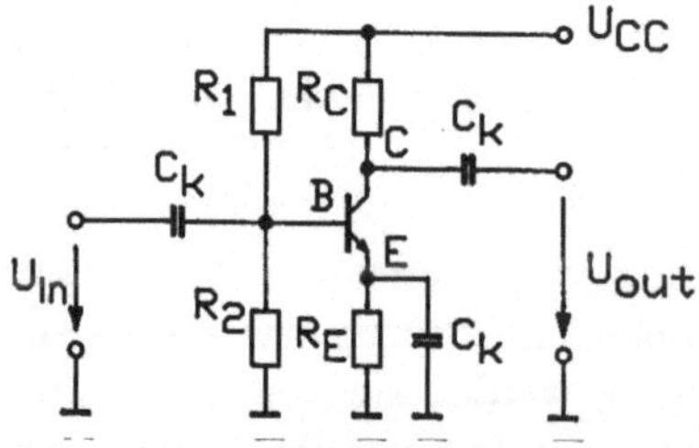

Abb. 1.4: Einfacher Transistorverstärker

Bei dem Transistor handelt es sich um einen bipolaren NPN-Transistor. Die drei Anschlüsse werden mit Basis (B), Emitter (E), und Kollektor (C) bezeichnet. Ein Strom von der Basis zum Emitter hat einen proportional größeren Strom (je nach Transistortyp 20 bis 600 mal) zwischen Kollektor und Emitter zur Folge. Über den Basisstrom läßt sich also der Kollektorstrom steuern.

Der Arbeitspunkt des Transistors wird über den Spannungsteiler R_1 und R_2 eingestellt. Der Spannungsteiler sorgt dafür, daß ein gewisser Basisgrundstrom fließt, der durch die angelegte Eingangswechselspannung moduliert werden kann. Die Größe des Basisgrundstromes wird so gewählt, daß die Spannung am Kollektor ohne Ansteuerung durch die Eingangsspannung etwa $U_{CC}/2$ beträgt. Der Strom durch R_C hat auch einen Spannungsabfall an R_E zur Folge, der größenordnungsmäßig ca. $0{,}1 \cdot U_{CC}$ betragen sollte. Dieser Spannungsabfall an RE und die Basis-Emitterspannung von ca. 0,7 V legen die Spannung fest, die am Spannungsteiler R_1, R_2 eingestellt werden muß. Da die Wechselspannungsverstärkung durch R_E reduziert wird (wie später noch ausführlicher gezeigt wird) ist er wechselspannungsmäßig über einen Kondensator C_k kurzgeschlossen.

Die Einkopplung des Eingangssignals, wie auch die Auskopplung des Ausgangssignals geschieht auch hier über Koppelkondensatoren C_k.

Tabelle 1.1: Naturkonstanten

k	$= 1{,}380 \cdot 10^{-23}$ Ws/K	(Boltzmann Konstante)
e	$= 1{,}602 \cdot 10^{-19}$ AS	(Elektronenladung)
h	$= 6{,}626 \cdot 10^{-34}$ W	(Plancksches Wirkungsquantum)
ε_0	$= 8{,}854 \cdot 10^{-12}$ As/Vm	(Dielektrizitätskonstante)
$\varepsilon_{r\,(Si)}$	$= 11{,}8$	(relative D. für Silizium)
$\varepsilon_{r\,(SiO2)}$	$= 3{,}8$	(relative D. für Siliziumdioxid)

2 Bipolartransistoren

2.1 Aufbau und Wirkungsweise

2.1.1 Mechanischer Aufbau

Man unterscheidet zwei Arten von Bipolartransistoren entsprechend der Schichtenfolge ihres Dotierungsprofils, nämlich NPN- und PNP-Transistoren. Der Übersichtlichkeit wegen wird die Wirkungsweise nur an Hand des NPN-Transistors erläutert. Für den PNP-Typ gilt das entsprechende mit den für diesen Transistor angepaßten Größen und Vorzeichen.

Ein bipolarer Transistor besteht aus einem Halbleiterkristall (z.B. Germanium, Silizium oder Gallium-Arsenid) mit drei unterschiedlich dotierten Zonen. Beim NPN-Transistor sind diese: die n-dotierte Emitterzone (E), die p-dotierte Basiszone (B) und die n-dotierte Kollektorzone (C). Unter Dotierung versteht man das gezielte Einbringen von Fremdatomen in das Kristallgitter des Halbleitermaterials zur Veränderung der elektrischen Eigenschaften. Abbildung 2.1 zeigt das schematische Schnittbild eines NPN-Transistors.

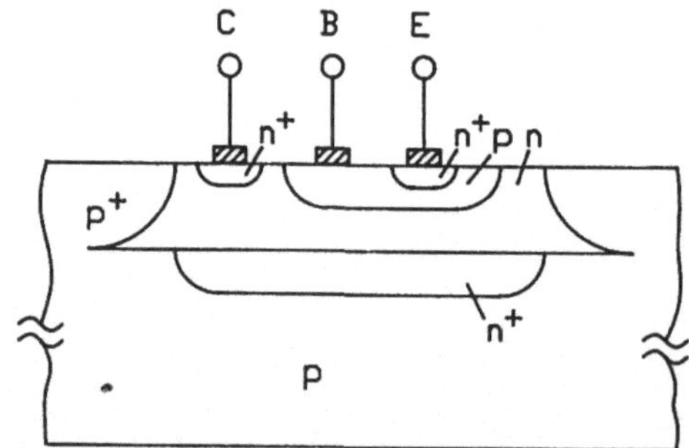

Abb. 2.1: Schnitt durch einen NPN-Transistor

In einem p-dotierten Grundmaterial wird eine hochdotierte n^+-Zone erzeugt. Diese n^+-Zone dient später als sog. „burried layer" (vergrabene Schicht) und soll den Bahnwiderstand im Kollektorgebiet herabsetzen. Auf der Siliziumscheibe wird dann epitaktisch (Aufwachsen aus der Gasphase) schwach n-dotiertes einkristallines Silizium aufgebracht. An den Bauteilrändern werden nun die Trenninseln als stark p-dotierte Zonen ausgebildet. Eine p-Dotierung sorgt dann für die Basiszone. Durch starke n-Dotierung wird dann der Kollektoranschluß vorbereitet und der Emitter ausgebildet. Die Kontaktierung erfolgt dann durch Aufdampfen von Aluminium.

2.1.2 Dotierung

Die Verhältnisse in einem Halbleiterkristall, insbesondere die Wirkung der Dotierung, lassen sich sehr gut mit Hilfe des Bändermodells beschreiben. Das Bändermodell ist eine vereinfachte Darstellung der Energiezustände, die Elektronen im Kristall einnehmen können. Bei einem einzelnen Atom sind nach dem Borschen Atommodell nur diskrete Energiezustände von Elektronen besetzbar. Im Kristallverband weiten sich diese diskreten Energiezustände zu Energiebändern auf (siehe Abbildung 2.2).

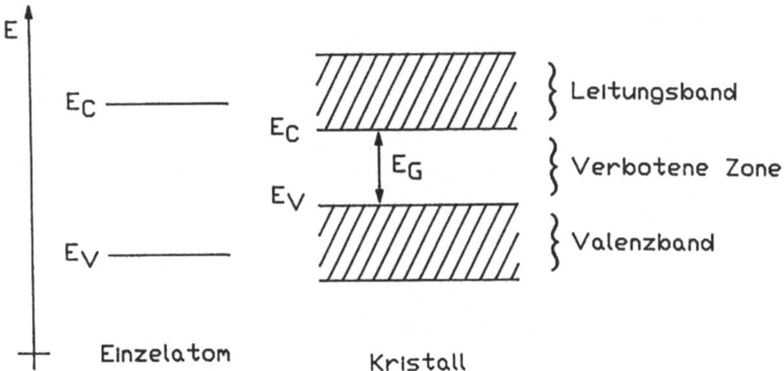

Abb. 2.2: Das Bändermodell

Zwischen dem Valenzband (Energieband, das für die chemische Bindung verantwortlich ist) und dem Leitungsband (Energieband, in dem die Elektronen nicht mehr an das Atom gebunden sind und sich daher frei bewegen können) befindet sich eine sog. verbotene Zone, also ein Energiebereich, in dem sich dauerhaft keine Elektronen aufhalten können. Den Energieabstand zwischen der Unterkante des Leitungsbandes E_C und der Oberkante des Valenzbandes E_V bezeichnet man als Bandabstand E_G.

Durch genügend große äußere Energiezufuhr (Wärme, Licht) können einzelne Elektronen die verbotene Zone überwinden und vom Valenzband in das Leitungsband gelangen. Diesen Vorgang nennt man Generation, bei dem ein Elektronen-Defektelektronen-Paar entsteht (Defektelektronen werden auch Löcher genannt). Das Elektron kann sich innerhalb des Leitungsbandes frei bewegen. Etwas weniger beweglich sind die Löcher, deren Bewegung sich aus dem Anfüllen der aktuellen Fehlstelle durch ein benachbartes Valenzelektron ergibt, das seinerseits wieder eine Fehlstelle erzeugt (siehe Abbildung 2.3).

Die Generation von Elektron-Loch-Paaren durch entsprechende Energiezufuhr (die an das Elektron abgegebene Energie muß größer als der Bandabstand sein) erhöht die Leitfähigkeit des Kristalls. Man spricht in diesem Falle von Eigenleitung.

Nach einer gewissen Zeit wird das Elektron unter Energieabgabe wieder in das Valenzband zurückfallen. Diesen Vorgang nennt man Rekombination.

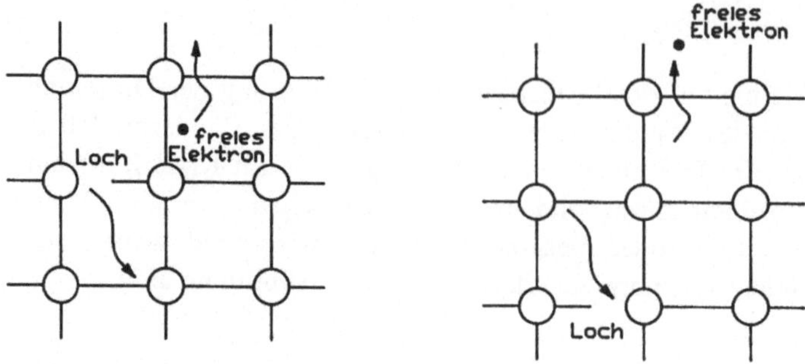

Abb. 2.3: Eigenleitung im Gittermodell

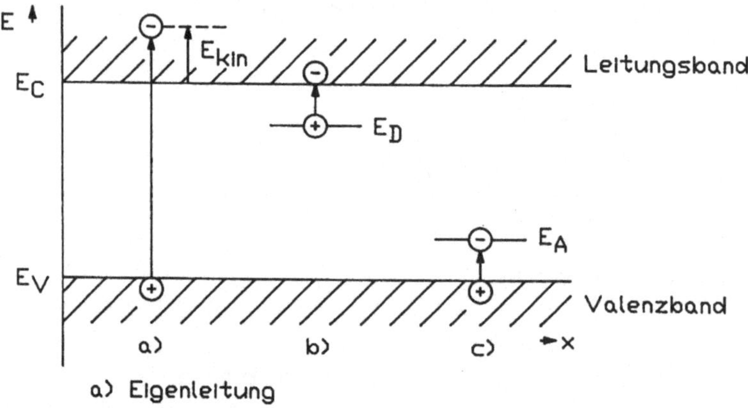

a) Eigenleitung
b) n-Dotierung mit Donatoren (5-wertig)
c) p-Dotierung mit Akzeptoren (3-wertig)

Abb. 2.4: Eigenleitung und Dotierung im Bändermodell

Der Vorgang der Eigenleitung ist in der Abbildung 2.4a im Bändermodell dargestellt. Man sieht, daß mindestens die Energie des Bandabstandes E_G aufgebracht werden muß, um Elektron-Loch-Paare zu generieren. Bringt man nun z.B. Phosphor (5-wertig) durch den Dotierungsvorgang in das Siliziumkristallgitter (4-wertig) ein, so ergibt sich ein Donatorniveau, das knapp unter dem Leitungsband liegt. Somit reicht schon eine geringe Wärmeenergie, um das fünfte Elektron des Donators (so nennt man die 5-wertigen Fremdatome) als freies Elektron zu aktivieren (siehe Abbildung 2.4b). Ähnlich ist es, wenn statt mit Phosphor das Siliziumkristall mit Bor (3-wertig) dotiert wird. Es ergibt sich dann ein Akzeptorniveau, das knapp oberhalb der Valenzbandkante liegt, und wo eine geringe Wärmeenergie ausreicht, um ein Valenzelektron an den Akzeptor (so nennt man die 3-wertigen Fremdatome) zu binden (siehe Abbildung 2.4c). Dieses gebundene Valenzelektron hinterläßt ein Loch, das entsprechend dem eingangs beschriebenen Mechanismus frei beweglich ist. Eine vereinfachte Darstellung der Wirkung des Dotierungsprozesses ist in Abbildung 2.5 gezeigt.

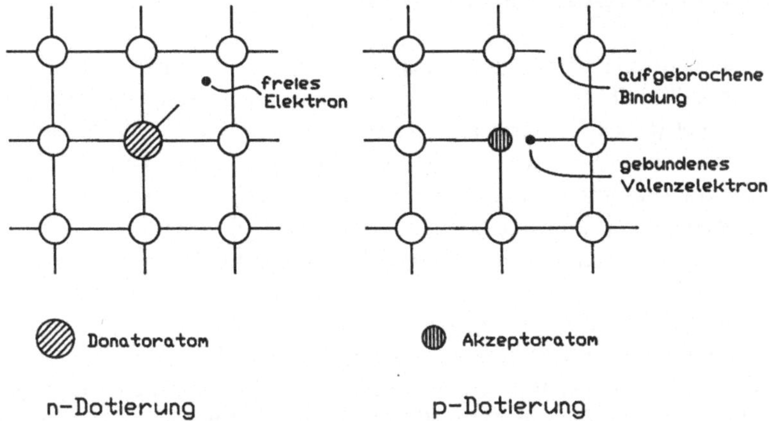

Abb. 2.5: Vereinfachte Darstellung der Dotierung

Im undotierten Halbleitermaterial ergibt sich durch äußere Energiezufuhr, also durch Eigenleitung, eine gewisse Dichte an Elektronen und Löcher. Diese sogenannte Eigenleitungsdichte n_i ist temperaturabhängig und da es sich um einen undotierten Halbleiter handeln soll, gilt

$$n = p = n_i \qquad (2.01)$$

wobei n die Dichte der Elektronen pro cbm und p die Dichte der Löcher pro cbm bedeuten. Weiterhin gilt allgemein (ob dotiert oder undotiert) das Massenwirkungsgesetz, das sagt:

$$n \cdot p = n_i^2 \qquad (2.02)$$

Durch die Dotierung mit einem fünfwertigen Element (Donator, n-Halbleiter, Dotierungsdichte N_D) wie z.B. Phosphor wird die Anzahl der freien Elektronen im wesentlichen von der Dotierungsdichte N_D bestimmt. Durch die Dotierung mit einem dreiwertigen Element (Akzeptor, p-Halbleiter, Dotierungsdichte N_A) z.B. Bor wird die Anzahl der Löcher im wesentlichen von der Dotierungsdichte N_A bestimmt. Die durch die Dotierung bestimmte Art von Leitungsträgern (beim n-Halbleiter die freien Elektronen) werden Majoritätsträger genannt. Die dann noch vorhandenen Minoritätsträger (beim n-Halbleiter die Löcher) ergeben sich aus dem obengenannten Massenwirkungsgesetz zu

$$p = \frac{n_i^2}{N_D} \quad \text{bzw.} \quad n = \frac{n_i^2}{N_A} \qquad (2.03)$$

Um Größenordnungen anzugeben: die Eigenleitungsdichte von Silizium bei 300 K beträgt ca. $n_i = 1{,}5 \cdot 10^{16} \text{m}^{-3}$, demgegenüber liegen die Dotierungen in der Größenordnung zwischen $10^{20} \ldots 10^{25}$ Atome pro cbm.

2.1.3 Ladungsträgerverteilung einer Diode

Betrachtet man die mechanische Verbindung eines n-Halbleiters mit einem p-Halbleiter den PN-Übergang, so läßt sich folgendes feststellen: durch Diffusion wandern freie Elektronen vom N-Gebiet in das P-Gebiet und Löcher vom P-Gebiet in das N-Gebiet. Dort rekombinieren sie, d.h. ein Elektron sucht sich ein Loch. In der P-Zone bilden die verbleibenden Akzeptoratome ortsfeste negative Ladungen, entsprechend bilden die verbleibenden Donatoratome ortsfeste positive Ladungen – eine Raumladungszone entsteht. Durch die ortsfesten Ladungen bilden sich ein Potential aus, das weitere Rekombinationen verhindert.

Durch Anlegen einer äußeren Spannung kann diese Potentialbarriere überwunden werden. Die Ausdehnung der Raumladungszone verringert sich und die Majoritätsträger der N-Zone werden in das P-Gebiet injiziert. Es ergibt sich dann eine Ladungsträgerverteilung nach Abbildung 2.6 (für die Majoritätsträger der P-Zone gilt das entsprechende in umgekehrter Richtung). Dies sind die gleichen Verhältnisse wie bei einer Diode in Durchlaßrichtung.

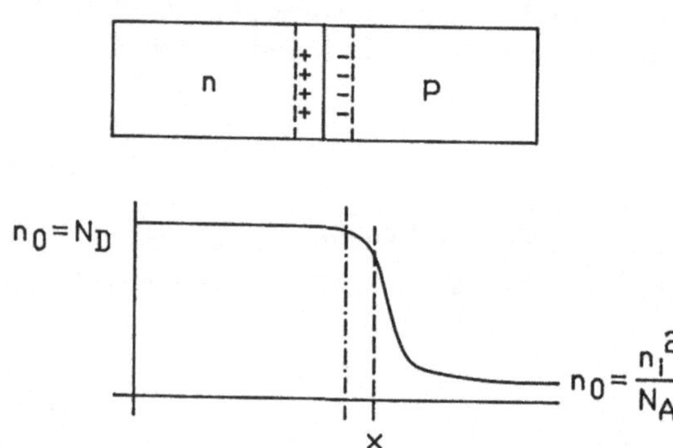

Abb. 2.6: Ladungsträgerverteilung einer Diode in Durchlaßrichtung

Eine umgekehrte Polung der äußeren Spannung vergrößert die Raumladungszone (die Sperrschicht) und es ergibt sich eine Ladungsträgerverteilung nach Abbildung 2.7 für die Elektronen.

Die Ladungsträgerdichte am Rand der Raumladungszone im P-Gebiet ist gegeben durch

$$n_{(x)} = \frac{n_i^2}{N_A}\, e^{\frac{U}{U_T}} \tag{2.04}$$

U_T ist die Temperaturspannung und beträgt ca. 26 mV bei 300 K. Bei positivem U wird die Ladungsträgerdichte gegenüber der Minoritätsträgerdichte im Bahngebiet der P-Zone

$$n_0 = \frac{n_i^2}{N_A}$$

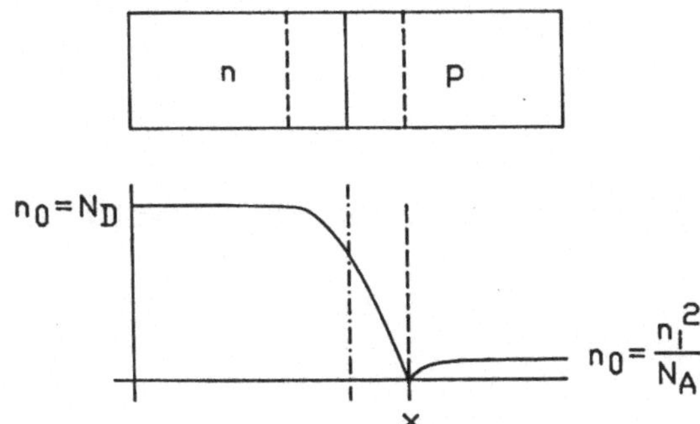

Abb. 2.7: Ladungsträgerverteilung einer Diode in Sperrichtung

entsprechend Gl. 2.04 erhöht. Bei negativem U wird die Ladungsträgerdichte gegenüber der Minoritätsträgerdichte erniedrigt.

2.1.4 Übergang zum Transistor

Das Zusammenbringen von 3 Zonen mit NPN-Dotierung führt dann zum Transistor. Dies ist in Abbildung 2.8 schematisch dargestellt.

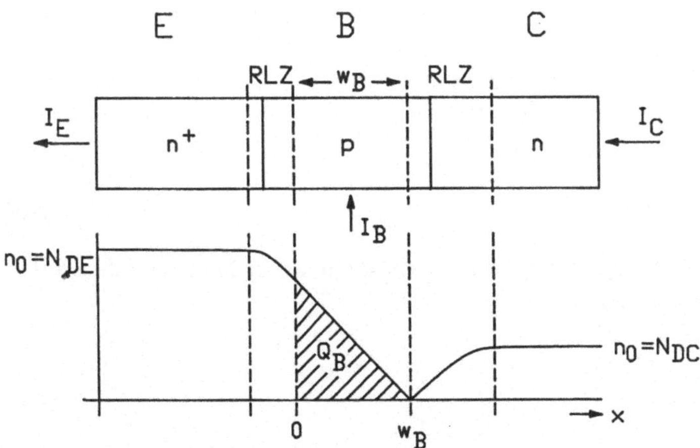

Abb. 2.8: Ladungsträgerverteilung eines Transistors im aktiven Betrieb

Die Emitter-Basis-Diode wird in Durchlaßrichtung betrieben, die Basis-Kollektordiode in Sperrichtung. Vom Emitter werden negative Ladungsträger in die Basis injiziert, die durch die angelegte Kollektorspannung zum Kollektor hin „abgesaugt" werden. Lediglich die Ladungsträger, die in der Basis rekombinieren, müssen durch Zufuhr von Löchern über den Basisstrom kompensiert werden. Daraus ergibt sich dann eine

prinzipielle Ladungsträgerverteilung nach Abbildung 2.8. An der Stelle x = 0 ist die
Ladungsträgerdichte gegeben durch

$$n_{(0)} = \frac{n_i^2}{N_A} \cdot e^{\frac{U_{BE}}{U_T}}$$

(2.05)

Sie fällt dann nahezu linear ab bis zur Stelle x = w_B, dort berechnet sich die Ladungsträgerdichte zu

$$n_{(w_B)} = \frac{n_i^2}{N_A} \cdot e^{\frac{U_{BC}}{U_T}} \approx 0 \text{ mit } U_{BC} < 0$$

(2.06)

2.1.5 Stromgleichung des Transistors

Die Stromdichte der negativen Ladungsträger in der Basiszone ist gegeben durch

$$J_n = e \cdot D_n \cdot \frac{dn(x)}{dx}$$

(2.07)

wobei D_n die Diffusionskonstante für Elektronen ist. Durch den linearen Ladungsträ-
gerdichteabfall in der Basiszone kann man schreiben

$$J_n = - e \cdot D_n \cdot \frac{n_{(0)}}{w_B}$$

(2.08)

Wenn I_C, der Kollektorstrom, wie in Abbildung 2.8 gezeichnet, von außen in den
Kollektor hineinfließt, dann folgt aus Gl. 2.08

$$I_C = e \cdot A \cdot D_n \cdot \frac{n_{(0)}}{w_B}$$

(2.09)

wobei A die Durchtrittsfläche an der Emittersperrschicht bezeichnet. Durch Ersetzen
von $n_{(0)}$ nach Gl. 2.05 erhält man

$$I_C = \frac{e \cdot A \cdot D_n}{w_B} \cdot \frac{n_i^2}{N_A} \cdot e^{\frac{U_{BE}}{U_T}}$$

(2.10)

bzw.

$$I_C = I_S \cdot e^{\frac{U_{BE}}{U_T}}$$

(2.11)

mit

$$I_S = \frac{e \cdot A \cdot D_n}{w_B} \cdot \frac{n_i^2}{N_A} \tag{2.12}$$

I_S ist eine Konstante zur Beschreibung der Übertragungscharakteristik eines Transistors im aktiven Bereich. Neben dem Kollektorstrom interessiert auch der Basistrom I_B. Wie schon oben gesagt, wird er durch die Rekombination von Elektronen und Löchern in der Basis hervorgerufen und ist daher proportional der Ladung der Minoritätsträger in der Basis. Diese Minoritätsträgerladung ist nach Abbildung 2.8 gegeben durch

$$Q_B = \frac{1}{2} n_{(0)} \cdot w_B \cdot e \cdot A \tag{2.13}$$

Der Basisstrom ergibt sich dann zu

$$I_{B1} = \frac{Q_B}{\tau_n} = \frac{n_{(0)} \cdot w_B \cdot e \cdot A}{2\,\tau_n} \tag{2.14}$$

wobei τ_n die Lebensdauer der Minoritäten in der Basis ist. Der Basisstrom repräsentiert also den Löcherstrom vom Basisanschluß in die Basisregion. Das Einsetzen von Gl. 2.05 liefert

$$I_{B1} = \frac{w_B \cdot e \cdot A}{2\,\tau_n} \cdot \frac{n_i^2}{N_A} \cdot e^{\frac{U_{BE}}{U_T}} \tag{2.15}$$

Es existiert prinzipiell noch ein weiterer Anteil am Gesamtbasisstrom, nämlich der Strom durch den Fluß der Löcher des Basisgebietes in den Emitter. Er ist gegeben durch

$$I_{B2} = \frac{e \cdot A \cdot D_p}{L_p} \cdot \frac{n_i^2}{N_D} \cdot e^{\frac{U_{BE}}{U_T}} \tag{2.16}$$

Bei der gegen die Basiszone üblicherweise stark dotierten Emitterzone ist dieser Stromanteil im allgemeinen vernachlässigbar (L_p = Diffusionslänge). An Gl. 2.10 und 2.15 sieht man, daß sowohl I_C wie auch I_B proportional zu

$$e^{\frac{U_{BE}}{U_T}}$$

sind. Somit läßt sich der Basistrom auch als Funktion vom Kollektorstrom ausdrücken.

$$I_B = \frac{I_C}{\beta_F} \tag{2.17}$$

wobei β_F die Stromverstärkung des Transistors im Vorwärtsbetrieb bezeichnet. Aus Gl. 2.17, 2.10 und 2.15 folgt

$$\beta_F = \frac{\dfrac{e \cdot A \cdot D_n}{w_B} \dfrac{n_i^2}{N_A}}{\dfrac{w_B \cdot e \cdot A}{2\,\tau_n} \dfrac{n_i^2}{N_A}} = \frac{2\,\tau_n \cdot D_n}{w_B^2} \tag{2.18}$$

mit dem Quadrat der Diffusionslänge

$$L_n^2 = D_n \cdot \tau_n \tag{2.19}$$

wird

$$\beta_F = \frac{2\,L_n^2}{w_B^2} \tag{2.20}$$

Man sieht, daß eine hohe Stromverstärkung nur erzielt werden kann, wenn die effektive Basisweite w_B sehr viel kleiner als die Diffusionslänge der injizierten Ladungsträger ist. Typische Stromverstärkungen liegen im Bereich $\beta_F = 20 \,..\, 600$.

Damit läßt sich jetzt ein erstes Ersatzschaltbild des Transistors angeben.

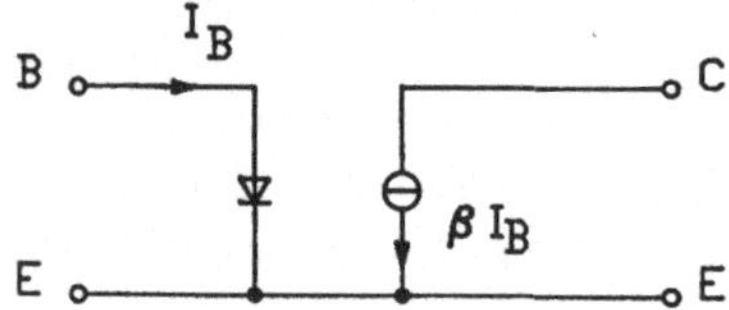

Abb. 2.9: Einfache Ersatzschaltung des Transistors im aktiven Betrieb

2.1.6 Earlyspannung

Die Kollektorbasisdiode ist in Sperrichtung geschaltet. Wie in Kap. 2.1.3 erwähnt, ist die Weite der Sperrschicht von der angelegten Sperrspannung abhängig (Ausnutzung dieses Effektes bei den Kapazitätsdioden). Damit ändert sich die effektive Basisweite des Transistors durch Ändern der Kollektorspannung und damit auch die Stromverstärkung des Transistors. Abbildung 2.10 soll diesen Zusammenhang verdeutlichen.

Man sieht, daß bei hohen Kollektorspannungen die effektive Basisweite reduziert wird, was zu einer Erhöhung der Stromverstärkung führt und damit zu einem höheren Kollektorstrom bei konstanter Basis-Emitter-Spannung. Nach Gl. 2.10 beträgt der Kollektorstrom

$$I_C = \frac{e \cdot A \cdot D_n}{w_B} \cdot \frac{n_i^2}{N_A} \cdot e^{\frac{U_{BE}}{U_T}}$$

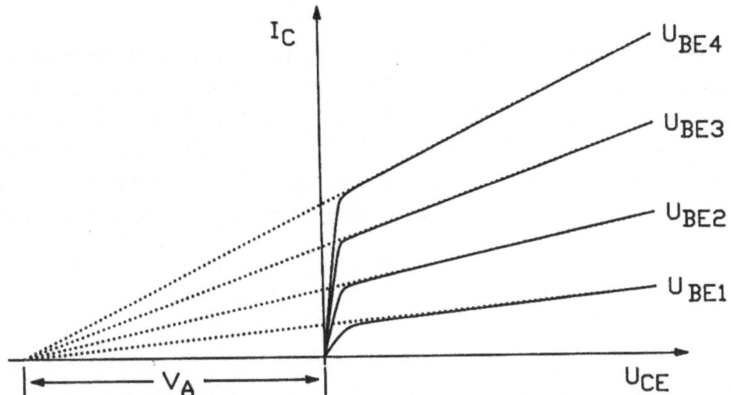

Abb. 2.10: Ausgangscharakteristik des Transistors unter Berücksichtigung der Early-spannung

die partielle Differentiation des Kollektorstromes nach der Kollektor-Emitter-Spannung (U_{BE} sei als konstant angenommen) liefert, da nur w_B mit U_{CE} variiert

$$\frac{\partial I_C}{\partial U_{CE}} = -\frac{e \cdot A \cdot D_n}{w_B^2} \cdot \frac{n_i^2}{N_A} \cdot e^{\frac{U_{BE}}{U_T}} \frac{dw_B}{dU_{CE}}$$

(2.21)

durch Einsetzen von Gl. 2.10 erhält man

$$\frac{\partial I_C}{\partial U_{CE}} = -\frac{I_C}{w_B} \cdot \frac{dw_B}{dU_{CE}}$$

(2.22)

als die Steigung des Ausgangskennlinienfeldes durch U_{CE}. Die Earlyspannung ergibt sich dann zu

$$V_A = \frac{I_C}{\frac{\partial I_C}{\partial U_{CE}}} = -w_B \cdot \frac{dU_{CE}}{dw_B}$$

(2.23)

welche konstant und unabhängig von I_C ist. Typische Werte für V_A liegen bei 50 .. 100 V. Damit ergibt sich als erweiterte Gleichung für den Kollektorstrom

$$I_C = I_S \cdot \left(1 + \frac{U_{CE}}{V_A}\right) \cdot e^{\frac{U_{BE}}{U_T}}$$

(2.24)

Diese Form der Beschreibung des Ausgangskennlinienfeldes findet man häufig in Programmen zur computergestützten Schaltkreissimulation.

2.1.7 Der Transistor im gesättigten Betrieb

Im gesättigten Betrieb sind sowohl Basis-Emitterdiode als auch Kollektor-Basisdiode
in Durchlaßrichtung. Daher ist die Kollektor-Emitterspannung sehr klein, üblicherweise
in einem Bereich zwischen 0,05 und 0,3 V. Das bedeutet, daß auch vom Kollektor
Ladungsträger in die Basis injiziert werden. Nach Gl. 2.06, die im Prinzip nach wie
vor gültig ist, ist die Ladungsträgerdichte an der Stelle w_B nicht mehr nahezu Null,
sondern folgt den Gesetzen einer Diode im Durchlaßbetrieb ($U_{BC} > 0$, siehe auch
Abbildung 2.11).

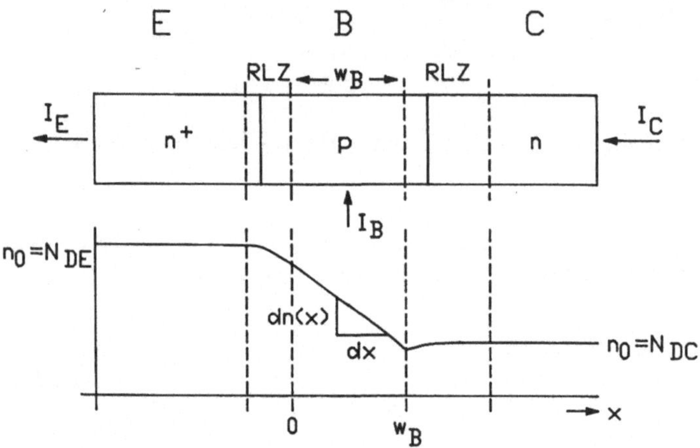

Abb. 2.11: Ladungsträgerverteilung im Transistor bei Sättigung

Nach Gl. 2.07 ist die Stromdichte in der Basiszone durch den Gradienten der Ladungsträgerdichte im Basisgebiet gegeben. Steigt die Dichte der Ladungsträger am Punkt
w_B verringert sich der Gradient und damit die Stromdichte in der Basiszone. Das hat
eine geringere Stromverstärkung zur Folge. Der Sättigungsbereich ist in Abbildung
2.12 gezeigt.

2.1.8 Transistor im inversen Betrieb

Das in Abbildung 2.12 gezeigte Ausgangskennlinienfeld des Transistors ist unvollstän-
dig, da nur positive Kollektorströme und positive Kollektor-Emitterspannungen berücksichtigt werden. Bezieht man auch negative Kollektorströme und negative Kollektor-Emitterspannungen ein, so erhält man das vollständige Ausgangskennlinienfeld,
das in Abbildung 2.13 gezeigt ist.

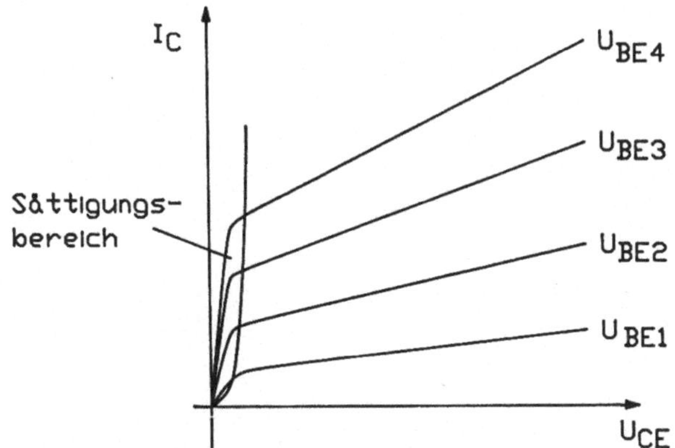

Abb. 2.12: Sättigungsbereich des Transistors

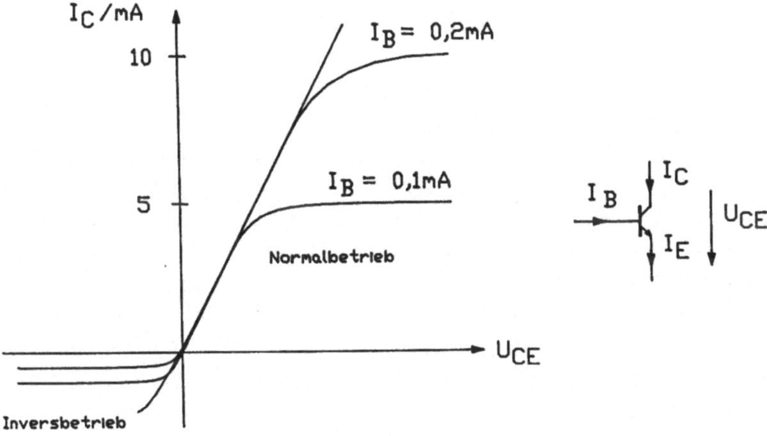

Abb. 2.13: Das vollständige Ausgangskennlinienfeld eines Bipolartransistors

Bei gleichem Basisstrom ergeben sich in dem zusätzlichen Kennlinienbereich wesentlich niedrigere Kollektorströme, weil der Transistor hier „invers" betrieben wird. Invers bedeutet, daß der Kollektor zum Emitter wird und umgekehrt. Da die Geometrien und die Dotierungen aber für den Normalbetrieb ausgelegt sind (so hat meist der Emitter die höchste Dotierung und der Kollektor die niedrigste Dotierung), reduziert sich im inversen Betrieb die Stromverstärkung drastisch. Typische Werte liegen bei β_R = 1 ... 5.

Trotz des Nachteils der geringen Stromverstärkung findet die inverse Betriebsart Anwendung. So z.B., wenn der Transistor als Schalter in einem Kurzschlußzerhacker eingesetzt werden soll. Betreibt man einen Transistor mit der üblichen Ansteuerung im Schalterbetrieb und macht den Ausgangsstrom zu Null, so ergibt sich zwischen

Kollektor und Emitter eine Offsetspannung von ca. 10 ... 50 mV, wie sie in Abbildung 2.14, Fall 1 dargestellt ist.

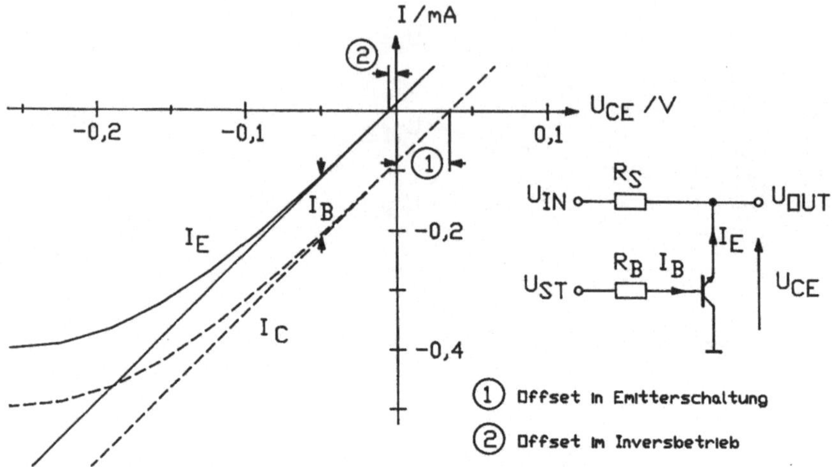

Abb. 2.14: Anwendung des invers betriebenen Transistors als Schalter

Diese störende Offsetspannung tritt jedoch nicht so stark in Erscheinung, wenn man statt dem Kollektorstrom den Emitterstrom zu Null macht. Der Emitterstrom ist die Summe aus Kollektorstrom und Basisstrom und ergibt sich in Abbildung 2.14 dadurch, daß man die Kennlinie des Ausgangsstromes (I$_C$) um den Basisstrom (I$_B$) parallel nach oben verschiebt (Abbildung 2.14, Fall 2). Um die niedrigere Offsetspannung zu nutzen, muß man den Emitterstrom zum Ausgangsstrom machen, also Kollektor und Emitter vertauschen. Die Offsetspannung liegt dann zwischen 1 ... 5 mV und bleibt positiv, da beim Vertauschen von Kollektor und Emitter die Vorzeichen der Kollektor-Emitterspannung und der Ströme wechseln.

2.2 Ersatzschaltung des Transistors

2.2.1 Ersatzschaltung nach Gummel-Poon

Die Ersatzschaltung nach Gummel-Poon beschreibt recht vollständig das Verhalten des Transistors. Es ist Grundlage für Simulation der Transistorfunktionen in Schaltkreissimulationsprogrammen wie SPICE (Simulation Programm with Integrated Circuit Emphasis, siehe Kapitel 21). Daher sollen hier im wesentlichen die Bezeichnungen nach SPICE beibehalten werden. Die Ersatzschaltung ist in Abbildung 2.15 angegeben.

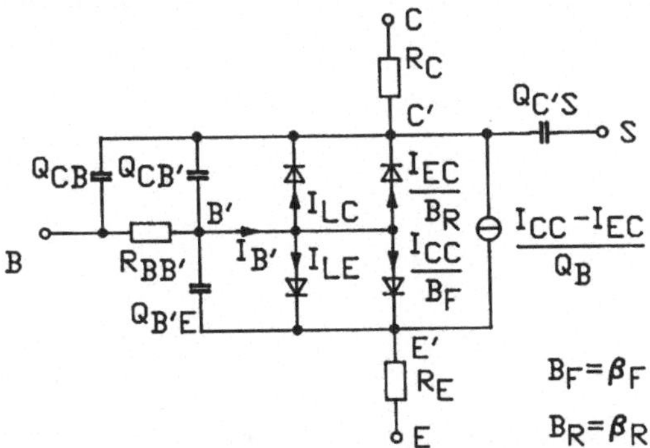

Abb. 2.15: Ersatzschaltung des Transistors nach SPICE (Gummel-Poon)

Der innere Gleichstromtransistor (E', B', C') wird durch eine Konstantstromquelle beschrieben, die von zwei Diodenströmen gesteuert wird.

$$I_{CC} = I_S\left(e^{\frac{U_{B'E'}}{N_F U_T}} - 1\right) \tag{2.25}$$

und

$$I_{EC} = I_S\left(e^{\frac{U_{B'C'}}{N_R U_T}} - 1\right) \tag{2.26}$$

Der durch Rekombination in den Sperrschichten verursachte Abfall der Stromverstärkung bei niedrigen Strömen wird durch die beiden Leckstromdioden modelliert.

$$I_{LE} = I_{SE}\left(e^{\frac{U_{B'E'}}{N_E U_T}} - 1\right) \tag{2.27}$$

und

$$I_{LC} = I_{SC}\left(e^{\frac{U_{B'C'}}{N_C U_T}} - 1\right) \tag{2.28}$$

Die normierte Majoritätsträgerladung in der Basiszone wird näherungsweise durch die dimensionslose Variable Q_B beschrieben, die von den beiden Variablen Q_1 und Q_2 abhängt.

$$Q_B = Q_1\frac{1 + \sqrt{1 + 4Q_2}}{2} \tag{2.29}$$

Mit Q_1 wird die Spannungsabhängigkeit der Basisdicke (Early-Effekt) berücksichtigt.

$$Q_1 = \frac{1}{1 + \dfrac{U_{C'B'}}{V_{AF}} - \dfrac{U_{B'E'}}{V_{AR}}}$$

$$(2.30)$$

Die Größe

$$Q_2 = \frac{I_{CC}}{I_{KF}} + \frac{I_{EC}}{I_{KR}}$$

$$(2.31)$$

beschreibt den Anstieg der Basiszonen-Majoritätsträgerladung bei Hochstrominjektion und den damit verbundenen Abfall der Stromverstärkung bei hohen Strömen. Bei kleinen Spannungen und Strömen ($Q_2 \ll 1$) ist $Q_1 \approx Q_B \approx 1$.

Von den drei Bahnwiderständen sind R_C und R_E konstant und $R_{BB'}$ Strom- bzw. Spannungsabhängig.

$$R_{BB'} = R_{Bm} + \frac{(R_B - R_{Bm})}{Q_B}$$

$$(2.32)$$

Bei niedrigen Strömen ($Q_B \approx 1$) hat $R_{BB'}$ einen hohen Wert ($R_{BB'} \approx R_B > R_{Bm}$). Bei hohen Strömen ($Q_B \gg 1$) sinkt dann $R_{BB'}$ auf den Minimalwert R_{Bm} ab (siehe auch Abbildung 2.16)

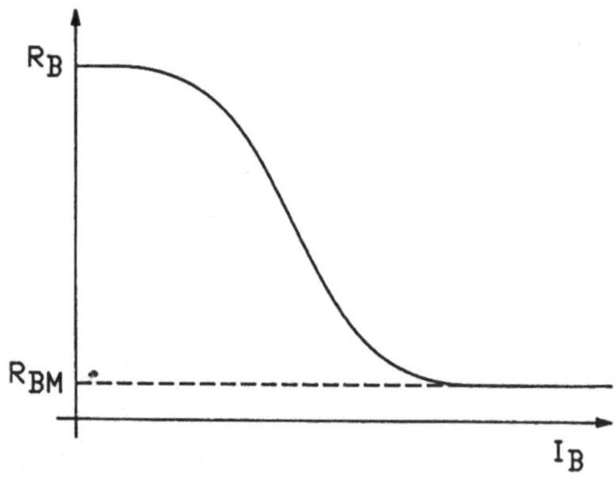

Abb. 2.16: Das dynamische Verhalten des Basisbahnwiderstands

Das Ersatzschaltbild enthält drei Bereiche der Ladungsspeicherung, der Basis-Emitter-übergang, der Basis-Kollektorübergang und der Kollektor-Substratübergang. Die Ladungsspeicherung im Basis-Emitterübergang ($Q_{B'E}$) besteht aus 2 Komponenten die abhängig von der angelegten Basis-Emitterspannung wirksam werden. Wird die Basis-Emitterdiode in Sperrichtung betrieben, ist die Ladung der Sperrschicht anzusetzen. In Durchlaßrichtung ist die Ladung der injizierten Ladungsträger in die Basis (Diffusionsladung) anzusetzen. Ähnliches gilt für die Kollektor-Basisdiode ($Q_{CB} + Q_{CB'}$). Hier wird jedoch die Ladung in 2 Teilladungen zerlegt, wobei eine Teilladung vom äußeren Basisanschluß gerechnet wird und die andere Teilladung vom inneren Basisanschluß. Ein weiterer Bereich der Ladungsspeicherung stellt die Sperrschicht zwischen Kollektor und Substrat dar ($Q_{C'S}$).

2.2.2 Kleinsignalersatzschaltung

Befindet sich der Transistor in einem stationären Betriebszustand (Arbeitspunkt), der nur geringfügig durch äußere Steuereinflüsse verändert wird, lassen sich die verschiedenen Kennlinien durch Tangenten in diesem Arbeitspunkt linearisieren. Man erhält damit das Kleinsignalersatzschaltbild, dessen Komponentenwerte vom jeweiligen Arbeitspunkt abhängig sind.

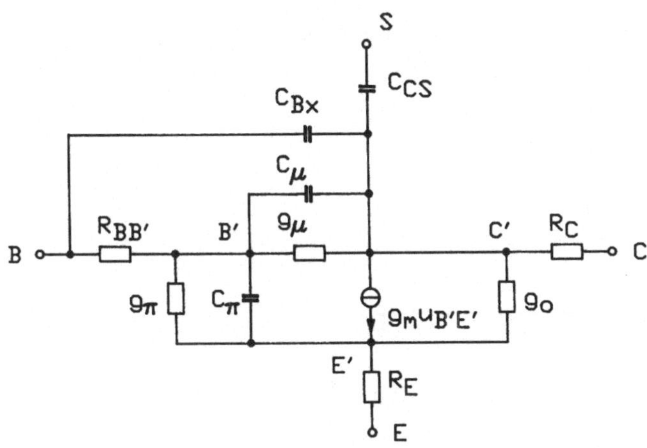

Abb. 2.17: Kleinsignalersatzschaltung des Transistors

In diesem Kleinsignalersatzschaltbild bedeuten

g_m = Steilheit des Transistors
g_o = Ausgangsleitwert des inneren Transistors
g_μ = Rückwirkungsleitwert
g_π = Eingangsleitwert des inneren Transistors
C_μ = Kollektorbasiskapazität des inneren Transistors
C_π = Eingangskapazität des inneren Transistors
C_{Bx} = äußere Kollektorbasiskapazität
C_{CS} = Substratkapazität
$R_{BB'}$ = Basisbahnwiderstand
R_C = Kollektorbahnwiderstand
R_E = Emitterbahnwiderstand

2.3 Kennlinien des Transistors

2.3.1 Eingangskennlinie

Die Eingangskennlinie des Transistors ist gegeben durch Gl. 2.15 und entspricht einem exponentiellen Zusammenhang. In Abbildung 2.18 ist die Eingangskennlinie eines NPN-Transistors vom Typ BC107B angegeben.

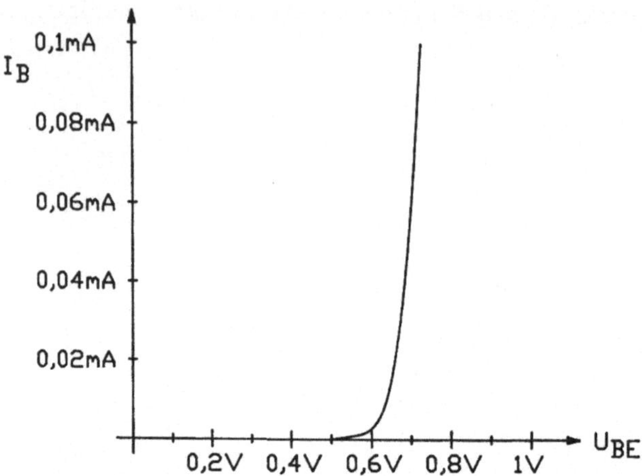

Abb. 2.18: Eingangskennlinie des Transistors BC107B

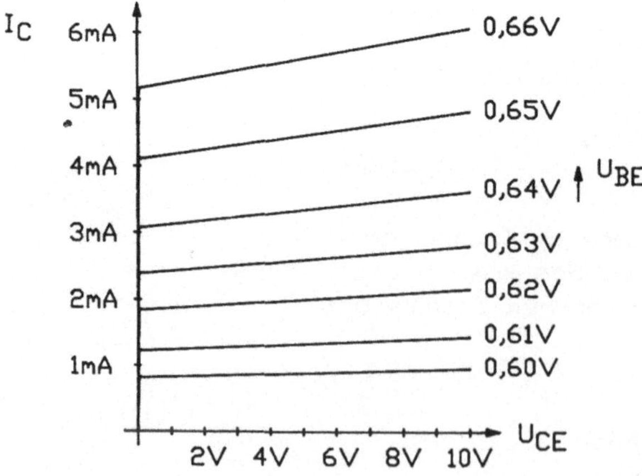

Abb. 2.19: Ausgangskennlinie des Transistors BC107B

2.3.2 Ausgangskennlinie des Transistors

Die Ausgangskennlinie des Transistors ist gegeben durch die Auswirkung des Early-Effekts und durch Sperr- und Sättigungsbereich. In Abbildung 2.19 ist die Ausgangs-kennlinie des Transistors BC107B angegeben.

2.3.3 Abhängigkeit der Stromverstärkung von I_C

Die Stromverstärkung eines Transistors ist abhängig vom Kollektorstrom und von der Umgebungstemperatur. Diese Abhängigkeit ist in Abbildung 2.20 für den Transistor BC107B angegeben.

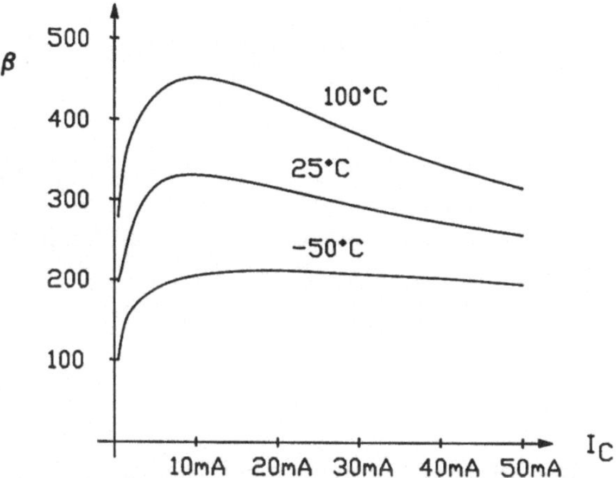

Abb. 2.20: Stromverstärkung des Transistors BC107B

Die physikalischen Effekte hierbei lassen sich besser verdeutlichen, wenn man eine etwas andere Darstellungsform wählt, wie in Abbildung 2.21 geschehen.

Es lassen sich 3 Regionen definieren. In Region I (niedriger Strom) folgt der Kollektorstrom der Bedingung (Gleichung 2.11)

$$I_C = I_S \cdot e^{\frac{U_{BE}}{U_T}}$$

doch der Basisstrom bekommt eine zusätzliche Komponente durch die Rekombination der Ladungsträger in der Basis-Emittersperrschicht. Dieser Rekombinationsstrom ist grundsätzlich immer vorhanden, wirkt sich aber nur bei niedrigen Basisströmen aus. Die Region II (mittlerer Strombereich) ist die Region wo β_F nahezu konstant ist. In der Region III folgt der Basisstrom der Bedingung

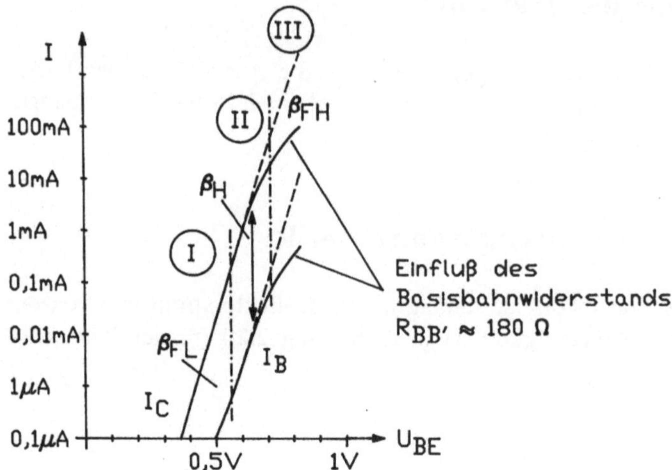

Abb. 2.21: Stromverstärkung des Transistors BC107B im logarithmischen Maßstab

$$I_B = \frac{I_S}{\beta_{FM}} \cdot e^{\frac{U_{BE}}{U_T}}$$

(2.33)

während der Kollektorstrom in den Bereich starker Injektion kommt und durch die Beziehung

$$I_C \approx I_{SK} \cdot e^{\frac{U_{BE}}{2U_T}}$$

(2.34)

beschrieben werden kann.

Die Temperaturabhängigkeit der Stromverstärkung folgt aus der Temperaturabhängigkeit der Diffusionskonstante. Nach Gl. 2.18 ist β_F gegeben durch

$$\beta_F = \frac{2 \cdot \tau_n \cdot D_n}{w_B^2}$$

mit

$$D_n = U_T \cdot \mu_n = \frac{kT}{e} \cdot \mu_n$$

(2.35)

Typische Werte für den Temperaturkoeffizienten der Stromverstärkung liegen bei ca. $+ 6 \cdot 10^{-3}$ pro °C.

2.4 Arbeitspunkt und Betriebsarten

Ein Transistor in der Emittergrundschaltung ist mit dem Kollektor über den Arbeitswiderstand mit der Versorgungsspannung verbunden (siehe Abbildung 1.4). Durch diesen Arbeitswiderstand kommt eine zusätzliche Abhängigkeit des Kollektorstromes und der Kollektor-Emitterspannung hinzu.

$$I_C = \frac{U_{CC} - U_{CE}}{R_C} = \frac{U_{CC}}{R_C} - \frac{U_{CE}}{R_C} \qquad (2.36)$$

Diesen Zusammenhang kann man durch Einbringen der Widerstandsgeraden im Ausgangskennlinienfeld berücksichtigen.

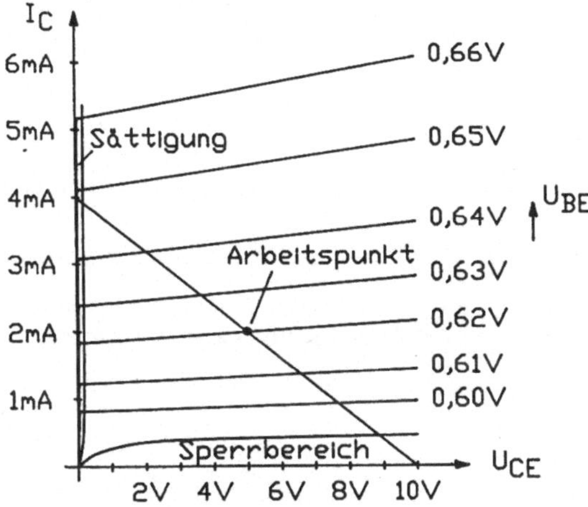

Abb. 2.22: Ausgangskennlinienfeld mit Widerstandsgerade

Der Kreuzungspunkt der Widerstandsgeraden mit der entsprechenden Kennlinie gibt den jeweiligen Arbeitspunkt des Transistors an. Wird der Transistor als Wechselspannungsverstärker betrieben, so steuert die angelegte Eingangsspannung den Transistor um den Arbeitspunkt herum aus. Liegt dieser Aussteuerbereich im linearen Bereich innerhalb des Kennlinienfeldes auf der Widerstandsgeraden (also weder im Sperrbereich noch im Sättigungsbereich) spricht man vom A-Betrieb. Liegt der Arbeitspunkt bei $I_C = 0$ spricht man vom B-Betrieb. In dem Zwischenbereich wo ein geringer Kollektorstrom im Arbeitspunkt fließt, aber der lineare Bereich noch nicht gegeben ist, spricht man vom AB-Betrieb.

2.5 Gegenkopplung, Stabilisierung

2.5.1 Temperaturabhängigkeit des Transistors

Die Umgebungstemperatur beeinflußt das Verhalten des Transistors erheblich. Neben der schon gezeigten Temperaturabhängigkeit der Stromverstärkung ist auch der Kollektorstrom und der Basistrom abhängig von der Temperatur. Für den Kollektorstrom gilt nach Gl. 2.10

$$I_C = \frac{e \cdot A \cdot D_n \cdot n_i^2}{w_B \cdot N_A} \cdot e^{\frac{U_{BE}}{U_T}}$$

wobei D_n, n_i und U_T temperaturabhängige Größen sind. Ähnliches gilt für den Basisstrom. Nach Gl. 2.15 ist

$$I_{B1} = \frac{w_B \cdot e \cdot A \cdot n_i^2}{2 \cdot \tau_n \cdot N_A} \cdot e^{\frac{U_{BE}}{U_T}}$$

Bei konstantem Basistrom verringert sich die Basis-Emitterspannung um ca. 2 mV/°C.

$$U_{BE} \Big|_{T_1} = U_{BE} \Big|_{T_0} (1 - 3 \cdot 10^{-3} (T_1 - T_0)) \tag{2.37}$$

Wie in Kapitel 2.3.3 ausgeführt steigt die Stromverstärkung mit ca. $6 \cdot 10^{-3}$ pro °C.

$$\beta \Big|_{T_1} = \beta \Big|_{T_0} (1 + 6 \cdot 10^{-3} (T_1 - T_0)) \tag{2.38}$$

2.5.2 Stabilisierung des Arbeitspunktes

Neben der oben gezeigten Temperaturabhängigkeit kann auch die Exemplarstreuung der Transistoren zu einer erheblichen Verschiebung des Arbeitspunktes einer Schaltung führen, wenn keine Stabilisierungsmaßnahmen vorgesehen sind. Das soll an Hand von Abbildung 2.23 verdeutlicht werden.

Der Transistor werde durch eine konstante Basis-Emitterspannung bei Raumtemperatur (25 °C) im Arbeitspunkt A_0 gehalten. Durch die Temperaturerhöhung steigt der Basistrom bei konstantem U_{BE}. Auch die Stromverstärkung steigt an, somit steigt der Kollektorstrom und der Arbeitspunkt verschiebt sich aus dem linearen Bereich in die Sättigung. Dieser Effekt kann gemildert werden, wenn an Stelle der Basis-Emitterspannung der Basisstrom konstant gehalten wird. Dann wird der Arbeitspunkt nur noch durch den temperaturabhängigen Anstieg der Stromverstärkung beeinflußt, wodurch der Arbeitspunkt zwar verschoben, der Transistor aber noch im linearen Arbeitsbereich bleibt. Erreicht wird ein annähernd konstanter Basisstrom durch die Schaltung nach Abbildung 2.24.

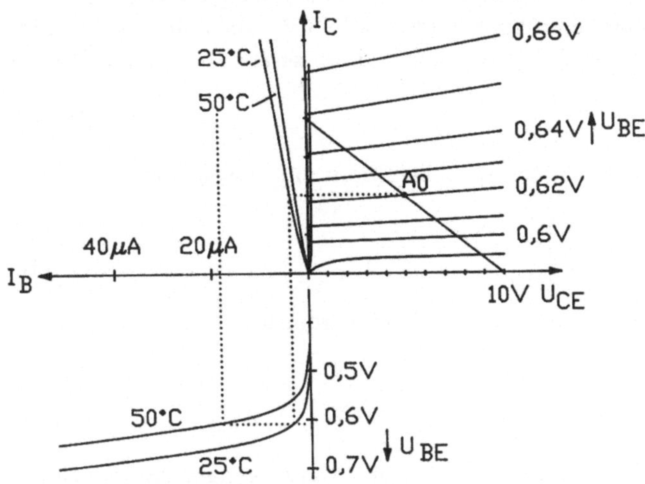

Abb. 2.23: Veränderung des Arbeitspunktes durch Temperatureinfluß

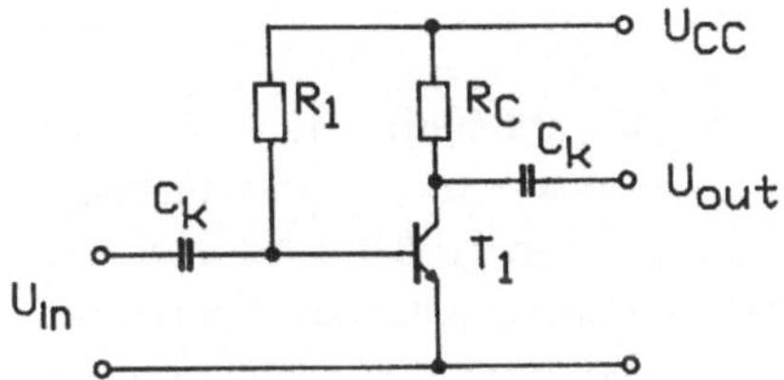

Abb. 2.24: Stabilisierung des Arbeitspunktes durch Stromeinspeisung

Da die temperaturabhängigen Änderungen der Basis-Emitterspannung klein sind gegenüber der Versorgungsspannung, bleibt der Spannungsabfall an R_1 nahezu konstant und damit der Strom durch R_1.

Eine weitere Möglichkeit der Stabilisierung des Arbeitspunktes kann durch Stromgegenkopplung erfolgen. Man kompensiert den temperaturabhängigen Anstieg des Kollektorstromes durch Reduzierung der Basis-Emitterspannung. Dazu die Schaltung nach Abbildung 2.25.

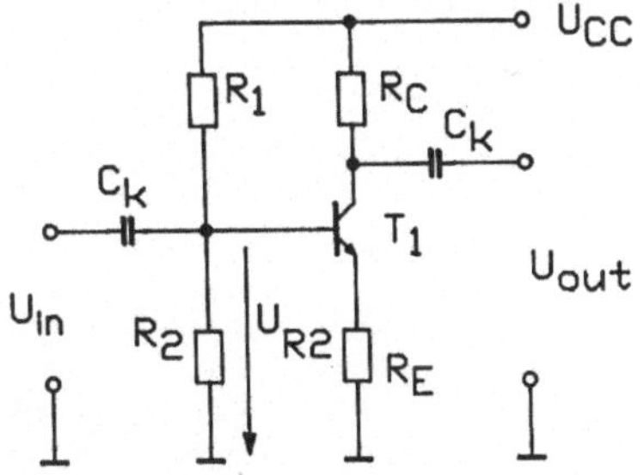

Abb. 2.25: Stabilisierung des Arbeitspunktes durch Stromgegenkopplung

Die Spannung an R_2 wird konstant gehalten. Eine temperaturabhängige Vergrößerung des Kollektorstromes hat einen größeren Spannungsabfall an R_E zur Folge, womit die Basis-Emitterspannung verringert wird. Die Spannung an R_2 setzt sich zusammen aus:

$$U_{R2} = U_{BE} + I_E R_E \tag{2.39}$$

Der Emitterstrom setzt sich zusammen aus Kollektorstrom und Basisstrom

$$I_E = I_C + I_B = I_C + \frac{I_C}{\beta} = I_C\left(1 + \frac{1}{\beta}\right) \tag{2.40}$$

eingesetzt in Gl. 2.39 und aufgelöst nach dem Kollektorstrom folgt

$$I_C = \frac{(U_{R2} - U_{BE})}{R_E} \cdot \frac{\beta}{\beta + 1} \tag{2.41}$$

Wie man sieht, hat sich der temperaturabhängige Einfluß von β weitgehend reduziert. Um den Einfluß von U_{BE} abzuschätzen, wird die Spannung an R_C betrachtet.

$$U_C = R_C \cdot I_C = \frac{U_{R2} \cdot R_C}{R_E} \cdot \frac{\beta}{\beta + 1} - U_{BE} \cdot \frac{R_C}{R_E} \cdot \frac{\beta}{\beta + 1} \tag{2.42}$$

Man sieht, daß der Einfluß von U_{BE} vom Verhältnis R_C/R_E abhängig ist.

Man wird also versuchen, den Emitterwiderstand so groß wie möglich zu machen. Doch gibt es einige Einschränkungen. Je größer R_E wird, um so größer wird auch der Spannungsabfall an ihm. Das wiederum schränkt den Arbeitsbereich des Transistors ein ($U_C + U_{CE} = U_{CC} - U_{RE}$). Des weiteren hat der Widerstand R_E auch Auswirkungen auf die Kleinsignalverstärkung des Transistors. Dazu das Ersatzschaltbild der Anordnung nach Abbildung 2.25 (mit der Vereinfachung $g_0 = 0$!).

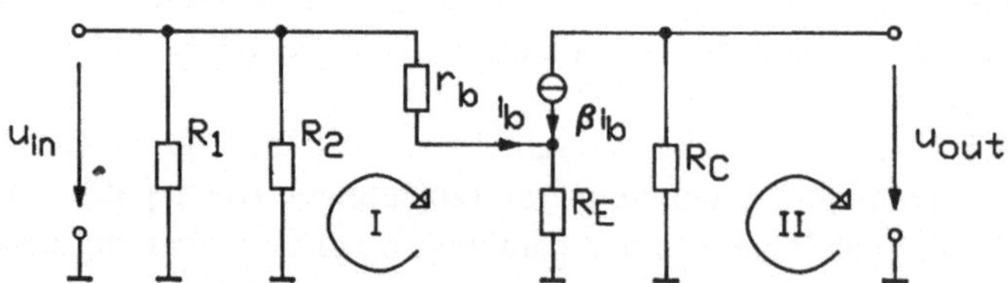

Abb. 2.26: Kleinsignalersatzschaltung der Anordnung nach Abbildung 2.25

Für den Spannungsumlauf im Eingangskreis gilt

$$- u_{in} + i_b \cdot r_b + (\beta + 1) i_b \cdot R_E = 0 \tag{2.43}$$

Für den Ausgangskreis gilt

$$\beta \cdot i_B \cdot R_C + u_{out} = 0 \tag{2.44}$$

Für die Spannungsverstärkung folgt dann

$$A_v = \frac{u_{out}}{u_{in}} = -\frac{\beta \cdot R_C}{r_b + (\beta + 1)\,R_E} \tag{2.45}$$

Man sieht, daß durch das Einbringen des Emitterwiderstandes die Spannungsverstärkung zurückgeht und der Eingangswiderstand auf $r_b + (\beta + 1)\,R_E$ ansteigt. Um dennoch eine maximale Spannungsverstärkung für Wechselspannungen zu erzielen, muß der Emitterwiderstand durch einen geeigneten Kondensator überbrückt werden. Andererseits läßt sich durch einen Widerstand in Reihenschaltung zu solch einen Kondensator recht einfach die Spannungsverstärkung der Emitterschaltung gezielt einstellen.

Eine Stabilisierung des Arbeitspunktes läßt sich auch durch Spannungsgegenkopplung erzielen. Dazu die Abbildung 2.27.

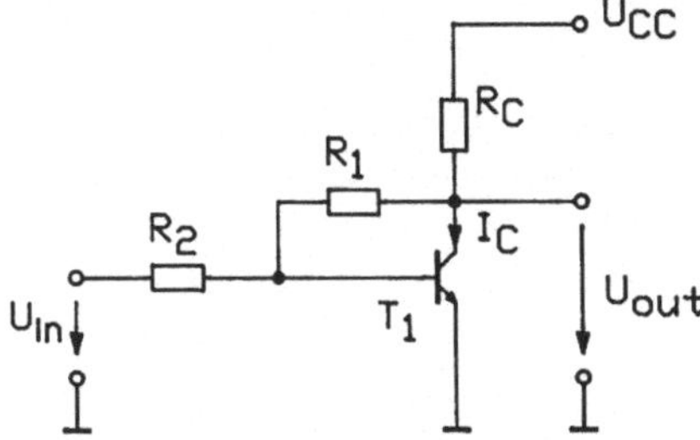

Abb. 2.27: Stabilisierung des Arbeitspunktes durch Spannungsgegenkopplung

Die Basis-Emitterspannung wird hierbei aus der Ausgangsspannung abgeleitet. Steigt durch Temperatureinfluß der Kollektorstrom, so sinkt die Spannung U_{out} und damit die Basis-Emitterspannung, was wiederum einen Anstieg des Kollektorstromes entgegenwirkt. In Gl. 2.46 ist die Abhängigkeit des Kollektorstromes angegeben

$$I_C = \frac{(U_{CC} - U_{BE})\,\beta}{R_1 + (\beta + 1)\,R_C} \tag{2.46}$$

Man sieht, daß die temperaturabhängigen Schwankungen von U_{BE} vernachlässigbar sind, da U_{BE} im allgemeinen sehr viel kleiner als U_{CC} ist. Der Einfluß der Schwankungen von β lassen sich verringern, wenn man R_1 möglichst klein macht. Doch hier sind Grenzen gesetzt, denn wenn $R_1 = 0$ ist, würde der Arbeitspunkt auf U_{BE} sinken. Angestrebt ist aber ein Arbeitspunkt bei $U_{CC}/2$. Auch beeinflußt ein zu kleines R_1 das Kleinsignalverhalten des Verstärkers. Dazu das Kleinsignalersatzschaltbild in Abbildung 2.28.

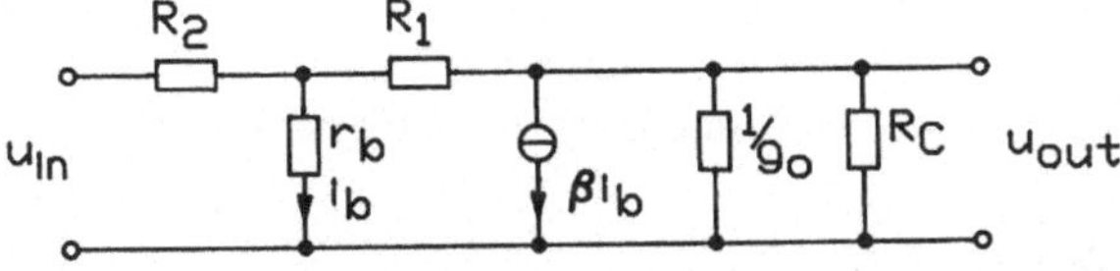

Abb. 2.28: Kleinsignalersatzschaltung der Verstärkerschaltung mit Spannungsgegenkopplung

Die Spannungsverstärkung ergibt sich zu

$$\frac{1}{A_v} = \frac{1}{A_{v0}} - \frac{R_2}{R_1}$$

(2.47)

mit

$$A_{v0} = -\beta \, \frac{R_C \parallel R_1 \parallel \frac{1}{g_0}}{r_b}$$

(2.48)

Man sieht, daß eine Verringerung von R_1 auch die Spannungsverstärkung im Kleinsignalbetrieb herabsetzt. Der Eingangswiderstand der Schaltung ergibt sich zu

$$r_{in} = R_2 + \left(r_b \parallel -\frac{R_1}{A_{v0}} \right)$$

(2.49)

Der Gegenkopplungswiderstand wirkt für den Eingangswiderstand so, als läge der um den Verstärkungsfaktor der Stufe verminderte Gegenkopplungswiderstand parallel zur Basis-Emitter-Strecke (siehe Millertheorem Kapitel 3.3).

2.6 Emittergrundschaltung

Die Emittergrundschaltung war Gegenstand der Ausführungen in den vorangegangenen Kapiteln und soll hier nur noch ergänzend behandelt werden.

2.6.1 Charakteristische Größen

Die Spannungsverstärkung der Emitterschaltung ist

$$A_v = \frac{u_{out}}{u_{in}} = -\frac{R_C \parallel \frac{1}{g_0}}{r_b} = -g_m \left(R_C \parallel \frac{1}{g_0} \right)$$

(2.50)

der Eingangswiderstand ist

$$r_{in} = r_b$$

(2.51)

und der Ausgangswiderstand ist

$$r_{out} = R_C \parallel \frac{1}{g_0}$$

(2.52)

Für einen bestimmten Arbeitspunkt berechnet sich der Eingangswiderstand zu

$$r_{in} = r_b = \frac{dU_{BE}}{dI_B} = \frac{U_T}{I_B} = \frac{U_T \cdot \beta}{I_C}$$

(2.53)

Unter der Voraussetzung, daß $1/g_0 \gg R_C$ ist, folgt für die Spannungsverstärkung in einem Arbeitspunkt

$$A_v = -\frac{\beta \cdot R_C \cdot I_C}{U_T \cdot \beta} \qquad (2.54)$$

Mit

$$U_C = R_C \cdot I_C \qquad (2.55)$$

dem Spannungsabfall an R_C, wird

$$A_v = -\frac{U_C}{U_T} \qquad (2.56)$$

Danach hängt die Spannungsverstärkung in einem Arbeitspunkt nahezu ausschließlich vom Spannungsabfall U_C am Kollektorwiderstand ab, wenn R_C ein ohmscher Widerstand ist, dessen Wert klein gegenüber $1/g_0$ ist. Um möglichst hohe Spannungsverstärkungen zu erhalten, macht man U_C so groß wie möglich. Dann ist dadurch eine Grenze gesetzt, daß U_{out} immer größer sein muß als U_{CEsat}, da der Transistor sonst während der Aussteuerung in die Sättigung kommt.

Die Wahl von I_C hat praktisch keinen Einfluß auf die Spannungsverstärkung. Man muß jedoch beachten, daß nach Gl. 2.53 der Eingangswiderstand bei hohen Kollektorströmen kleine Werte annimmt und die Signalquelle belastet. Weitere Gesichtspunkte für die Wahl des Kollektorstromes können das Rauschen und das Hochfrequenzverhalten sein.

Nun einige Betrachtungen zum Klirrfaktor der Emittergrundschaltung. Der Klirrfaktor ist definiert als

$$k = \frac{\sqrt{\hat{U}_1^2 + \hat{U}_2^2 + \ldots}}{\sqrt{\hat{U}_0^2 + \hat{U}_1^2 + \hat{U}_2^2 + ..}} \cdot 100\,\% \approx \frac{\sqrt{\hat{U}_1^2 + \hat{U}_2^2 + \ldots}}{\sqrt{\hat{U}_0^2}} \cdot 100\,\% \qquad (2.57)$$

Er ist ein Maß für die Verzerrungen, die eine Schaltung bei sinusförmiger Eingangsspannung verursacht. $\hat{U}_0$ ist die Amplitude der Grundwelle am Ausgang, $\hat{U}_1$, $\hat{U}_2$, .. sind die Amplituden der Oberwellen.

Mit der Näherung $1/g_0 \approx \infty$ erhält man für die Ausgangsspannung

$$U_{out} = U_{CC} - I_C \cdot R_C = U_{CC} - \beta \cdot I_B \cdot R_C \qquad (2.58)$$

Für die Eingangsspannung gilt nach Gl. 2.15

$$I_B \approx I_0 \cdot e^{\frac{U_{in}}{U_T}} \qquad (2.59)$$

Damit erhält man

$$U_{out} = U_{CC} - \beta \cdot R_C \cdot I_0 \cdot e^{\frac{U_{in}}{U_T}} \qquad (2.60)$$

Bei sinusförmiger Aussteuerung um das Ruhepotential ergibt sich die Eingangsspannung zu

$$U_{in} = U_{inA} + \hat{U}_{in0} \cdot \sin \omega t \qquad (2.61)$$

Daraus folgt

$$U_{out} = U_{CC} - \beta \cdot R_C \cdot I_0 \cdot e^{\frac{U_{inA}}{U_T}} \cdot e^{\frac{\hat{U}_{in0}}{U_T} \sin \omega t} \qquad (2.62)$$

Durch Reihenentwicklung ergibt sich

$$U_{out} = U_{CC} - \beta \cdot R_C \cdot I_0 \cdot e^{\frac{U_{inA}}{U_T}} \left[1 + \frac{\hat{U}_{in0}}{U_T} \sin \omega t + \frac{\hat{U}_{in0}^2}{4U_T^2} (1 - \cos 2\omega t) + \ldots \right] \qquad (2.63)$$

Daraus läßt sich die Amplitude der Grundwelle und der ersten Oberwelle am Ausgang entnehmen und man erhält

$$k \approx \frac{\hat{U}_{out1}}{\hat{U}_{out0}} = \frac{\hat{U}_{in0}}{4U_T} \cdot 100 \, \% \qquad (2.64)$$

Der Klirrfaktor ist also proportional zur Eingangsamplitude und unabhängig von der Lage des Arbeitspunktes. Ein Beispiel dazu: unter der Annahme, daß der Klirrfaktor den Wert 1 % nicht überschreiten soll, darf die Eingangsamplitude nicht größer als

$$\hat{U}_{in0max} = \frac{4U_T}{100} \approx 1{,}4 \, \text{mV} \qquad (2.65)$$

sein.

2.7 Basisgrundschaltung

Bei der Basisgrundschaltung wird anstelle des Emitters die Basis auf konstantem Potential gehalten.

Das hat Auswirkungen auf das Hochfrequenzverhalten der Schaltung. Wie in Kapitel 2.5.2 (Spannungsgegenkopplung) gezeigt, belastet ein Widerstand zwischen Kollektor und Basis die Signalspannungsquelle so, als ob ein Widerstand $R' = R/A_v$ von der Basis nach Masse geschaltet wäre. Dasselbe gilt für den komplexen Widerstand der Kollektor-Basis-Kapazität. Bei der Emitterschaltung wirkt die Kollektor-Basis-Kapazität demnach so, als ob die A_v-fache Kapazität zum Eingang parallel geschaltet wäre (Miller-Effekt, siehe Kapitel 3.3). Bei der Basisschaltung hingegen liegt zum Eingang nur die Emitter-Basis-Kapazität parallel, die in der Regel nur wenige pF beträgt. Sie bildet zusammen mit dem Signalquelleninnenwiderstand einen Tiefpaß mit einer wesentlich höheren Grenzfrequenz als bei der Emitterschaltung (siehe auch Kap. 3). Daher findet man die Basisschaltung häufig in Anwendungen, wo eine hohe Grenzfrequenz erforderlich ist.

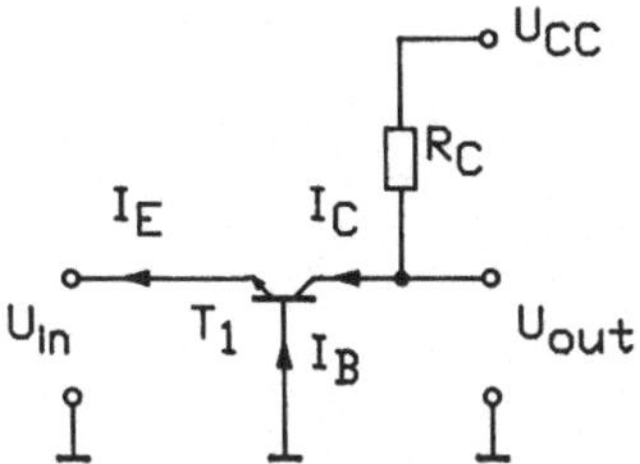

Abb. 2.29: Prinzip der Basisgrundschaltung

2.7.1 Charakteristische Größen

Die Stromverstärkung der Basisschaltung ist

$$A_i = \frac{\beta}{\beta + 1} \approx 1 \tag{2.66}$$

die Spannungsverstärkung ist

$$A_v = \beta \frac{R_C \parallel 1/g_o}{r_b} = g_m (R_C \parallel 1/g_o) \tag{2.67}$$

also genau so groß wie bei der Emitterschaltung. Der Eingangswiderstand ist

$$r_{in} = \frac{r_b}{\beta} = \frac{U_T}{I_C} = 1/g_m \tag{2.68}$$

und der Ausgangswiderstand ist

$$r_{out} = R_C \parallel 1/g_o \tag{2.69}$$

Im Vergleich zur Emitterschaltung hat die Basisschaltung einen wesentlich geringeren Eingangswiderstand und keine Stromverstärkung. Außerdem ist die Spannungsverstärkung positiv, d.h. es besteht keine 180 ° Phasenverschiebung zwischen Eingangs- und Ausgangssignal wie bei der Emitterschaltung.

Die Arbeitspunkteinstellung und die Stabilisierung des Arbeitspunktes geschieht bei der Basisschaltung in ähnlicher Weise wie bei der Emittergrundschaltung. Der Unterschied hier ist nur, daß das Eingangssignal über die Emitterleitung eingekoppelt wird. Dazu zeigt Abbildung 2.30 die Prinzipschaltung der Arbeitspunkteinstellungen für Spannungsgegenkopplung und Stromgegenkopplung.

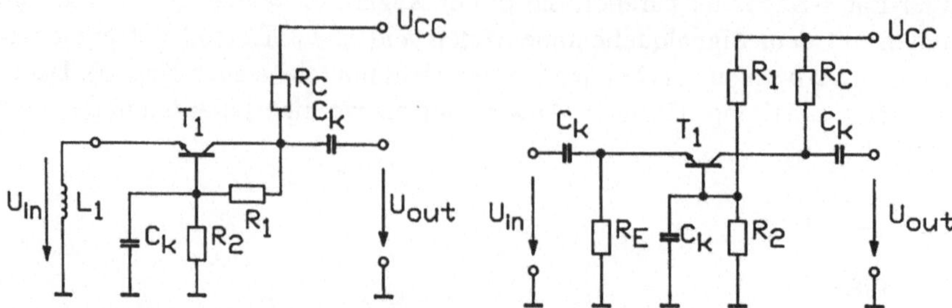

Abb. 2.30: Arbeitspunkteinstellung in Basisschaltung

2.8 Kollektorgrundschaltung

Die Kollektorgrundschaltung ist eine voll stromgegengekoppelte Emitterschaltung. Wegen der hohen Gegenkopplung sind die auftretenden Verzerrungen klein. Die Schaltung wird als Impedanzwandler verwendet, weil ihr Eingangswiderstand hoch und ihr Ausgangswiderstand niedrig ist.

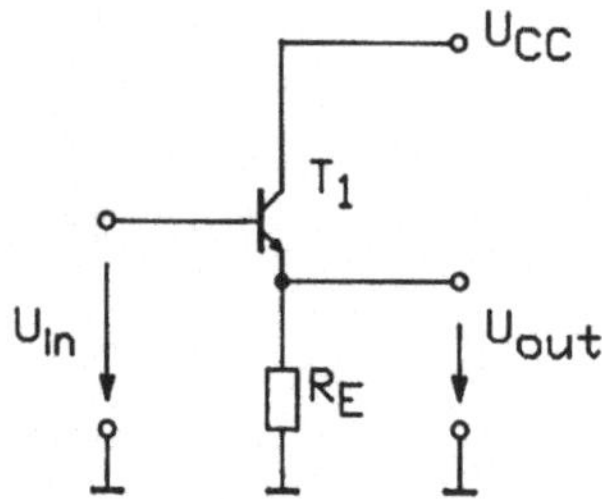

Abb. 2.31: Prinzip der Kollektorgrundschaltung

Die Wirkungsweise der Kollektorschaltung ist folgende: Legt man eine Eingangsspannung U_{in} an, die größer ist als 0,6 V, fließt ein Kollektorstrom, der an R_E einen Spannungsabfall hervorruft. Die Ausgangsspannung steigt soweit an, daß sich eine Basis-Emitter-Spannung von ca. 0,6 V einstellt. Vergrößert man U_{in}, nimmt der Kollektorstrom und damit auch der Spannungsabfall an R_E zu. Wegen des steilen Verlaufs der Eingangskennlinie vergrößert sich U_{BE} bei der Kollektorstromzunahme nur geringfügig. Die Ausgangsspannung steigt also fast genauso an wie die Eingangsspannung, daher wird die Kollektorschaltung meist als Emitterfolger bezeichnet.

2.8.1 Charakteristische Größen

Die Spannungsverstärkung der Kollektorschaltung ist

$$A_v = 1 - \frac{r_b}{\beta\,(R_E \parallel 1/g_o)} \tag{2.70}$$

Der Eingangswiderstand ist gegeben durch

$$r_{in} = r_b + \beta \cdot R_E \tag{2.71}$$

und der Ausgangswiderstand ist

$$r_{out} = R_E \parallel \left(\frac{U_T}{I_C} + \frac{R_G}{\beta} \right) \tag{2.72}$$

wobei R_G der Innenwiderstand der Signalquelle ist.

Der Arbeitspunkt der Kollektorschaltung bei Wechselspannungskopplung wird durch einen Basisspannungsteiler bestimmt.

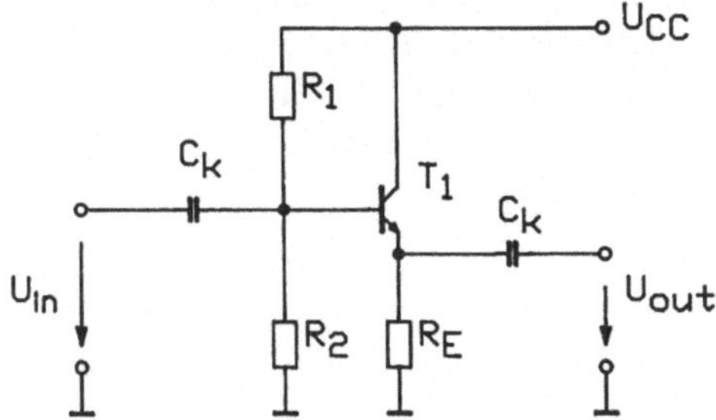

Abb. 2.32: Arbeitspunkteinstellung bei der Kollektorschaltung

Wobei dieser Basisspannungsteiler den Eingangswiderstand der Schaltung auf

$$r_{in} = (r_b + \beta R_E) \parallel R_1 \parallel R_2 \tag{2.73}$$

verringert. Das läßt sich umgehen, wenn man den Emitterwiderstand an eine zusätzliche negative Versorgungsspannung schaltet, wie in Abbildung 2.33 gezeigt.

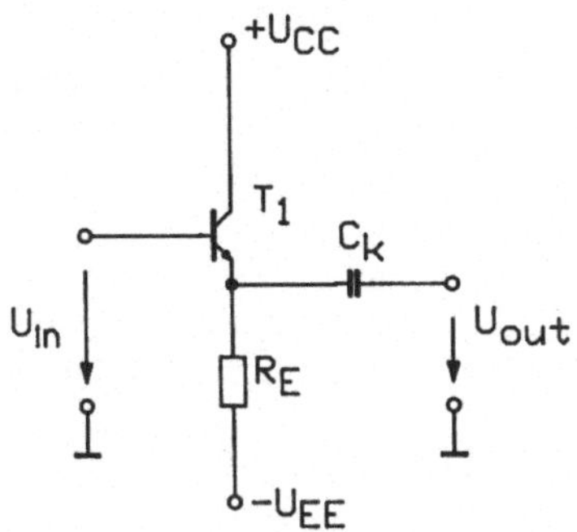

Abb. 2.33: Emitterfolger mit positiver und negativer Betriebsspannung

2.9 Vierpolparameter

Um die Betriebsdaten des Transistors im Kleinsignalbetrieb zu charakterisieren, sieht man ihn als Vierpol an und beschreibt ihn mit Hilfe der Koeffizienten (den sog. Vierpolparametern), die sich aus den Vierpolgleichungen ergeben. Je nach Anwendungsfall sind verschiedene Arten von Vierpolparametern gebräuchlich.

Im niederfrequenten Bereich findet man die h-Parameter. Sie werden h- oder Hybrid-Parameter genannt, weil in den einzelnen Parametern unterschiedliche Einheiten auftreten. Die h-Parameter lassen sich leicht aus dem vereinfachten Kleinsignalersatzschaltbild ableiten und werden weiter unten näher behandelt.

Im unteren HF-Bereich werden oft die Y-Parameter benutzt. Die einzelnen Parameter sind jeweils Leitwerte, weshalb die Y-Parameter auch Leitwert-Parameter genannt werden. Die Y-Parameter lassen sich relativ einfach aus dem Giacoletto-Ersatzschaltbild (siehe Kapitel 3) ableiten und sollen hier nicht weiter behandelt werden.

Im gesamten HF-Bereich werden zunehmend die S-Parameter oder Streu-Parameter eingesetzt. Ihr Vorteil ist, daß sie sich leichter messen lassen, als z.B. die Y-Parameter. Die S-Parameter werden ausführlicher im Kapitel 17 behandelt.

2.9.1 Definition der h-Parameter

Die h-Parameter beschreiben einen aktiven Vierpol, wie er z.B. in Abbildung 2.34 dargestellt ist.

Abb. 2.34: Verstärker als aktiver Vierpol

Die daraus resultierenden Vierpolgleichungen lauten

$$U_i = h_{11} \cdot i_1 + h_{12} \cdot u_2 \tag{2.74}$$

und

$$i_2 = h_{21} \cdot i_1 + h_{22} \cdot u_2 \tag{2.75}$$

Der Eingangswiderstand des Vierpols bei kurzgeschlossenem Ausgang wird durch den Parameter h_{11} beschrieben

$$h_{11} = \left. \frac{u_1}{i_1} \right|_{u_2 = 0} \tag{2.76}$$

Das Verhältnis von Eingangsspannung zu Ausgangsspannung bei offenem Eingang
(auch rückwertige Leerlauf-Spannungsverstärkung genannt) wird durch den Parameter
h_{12} beschrieben

$$h_{12} = \left. \frac{u_1}{u_2} \right|_{i_1 = 0} \qquad (2.77)$$

Der negative Stromübertragungsfaktor bei kurzgeschlossenem Ausgang (der Strom vom
Ausgang in eine Last wäre $-i_2$), oder auch Kurzschlußstromverstärkung genannt, wird
durch den Parameter h_{21} beschrieben

$$h_{21} = \left. \frac{i_2}{i_1} \right|_{u_2 = 0} \qquad (2.78)$$

und der Ausgangsleitwert bei offenem Eingang wird durch den Parameter h_{22} beschrieben

$$h_{22} = \left. \frac{i_2}{u_2} \right|_{i_1 = 0} \qquad (2.79)$$

Alternativ zu den numerischen Indizes sind auch folgende Notationen gebräuchlich:

11 = i   (input)
12 = r   (reverse)
21 = f   (forward)
22 = o   (output)

Die durch die Parameter beschriebenen Elemente lassen sich durch das Ersatzschaltbild
nach Abbildung 2.35 darstellen.

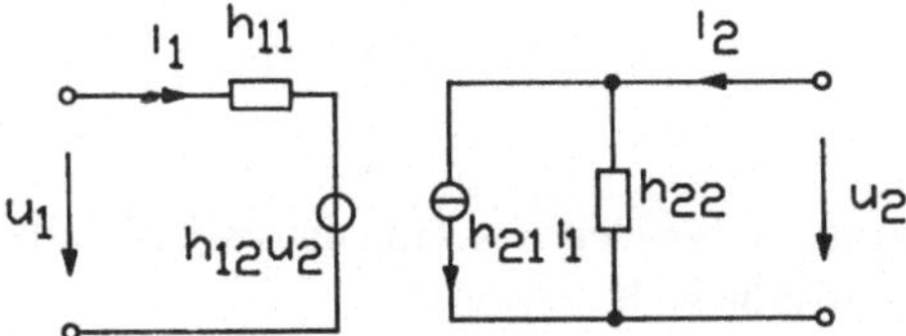

Abb. 2.35: Elemente des h-Modells im Ersatzschaltbild

2.9.2 Das Transistor h-Modell der Emitterschaltung

Die Voraussetzung für die Angabe von h-Parametern für einen Transistor ist die Angabe
eines Arbeitspunktes und die Linearisierung der Kennwerte in diesem Arbeitspunkt,
damit konstante Parameterwerte für diesen Arbeitspunkt ermittelt werden können. Die

h-Parameter sind reelle Werte für niederfrequente Anwendungen, sie sind leicht zu messen und werden deshalb häufig von Halbleiterherstellern angegeben.

Zur Ermittlung der h-Parameter soll folgende Schaltung dienen:

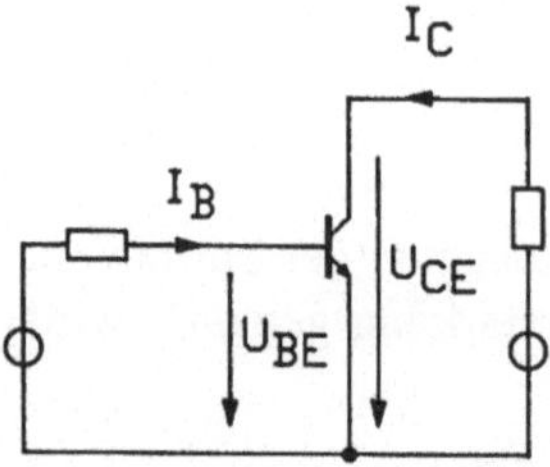

Abb. 2.36: Schaltung zur Ermittlung der h-Parameter

In dieser Schaltung beschreiben I_B, U_{BE}, I_C und U_{CE} alle Spannungen und Ströme des Transistors. Man kann nun I_B und U_{CE} als unabhängige Variable definieren, da U_{BE} und I_C als Funktionen von I_B und U_{CE} ausgedrückt werden können und kann schreiben

$$U_{BE} = f_1\,(I_B, U_{CE}) \tag{2.80}$$

und

$$I_C = f_2\,(I_B, U_{CE}) \tag{2.81}$$

die totalen Differentiale dieser Funktionen lauten

$$dU_{BE} = \frac{\partial f_1}{\partial I_B}\bigg|_{U_{CE}} \cdot dI_B + \frac{\partial f_1}{\partial U_{CE}}\bigg|_{I_B} \cdot dU_{CE} \tag{2.82}$$

und

$$dI_C = \frac{\partial f_2}{\partial I_B}\bigg|_{U_{CE}} \cdot dI_B + \frac{\partial f_2}{\partial U_{CE}}\bigg|_{I_B} \cdot dU_{CE} \tag{2.83}$$

dU_{BE}, dI_C, dI_B und dU_{CE} entsprechen den Kleinsignalgrößen des Transistors und sollen durch u_{BE}, i_C, i_B und u_{CE} ersetzt werden, dann läßt sich schreiben

$$u_{BE} = h_{11_e} \cdot i_B + h_{12_e} \cdot u_{CE} \tag{2.84}$$

und

$$i_C = h_{21_e} \cdot i_B + h_{22_e} \cdot u_{CE} \tag{2.85}$$

wobei die h-Parameter durch folgende Beziehungen gegeben sind

$$h_{11e} = \left.\frac{\partial f_1}{\partial I_B}\right|_{U_{CE}} = \left.\frac{u_{BE}}{i_B}\right|_{u_{CE}=0} \tag{2.86}$$

$$h_{12e} = \left.\frac{\partial f_1}{\partial U_{CE}}\right|_{I_B} = \left.\frac{u_{BE}}{u_{CE}}\right|_{i_B=0} \tag{2.87}$$

$$h_{21e} = \left.\frac{\partial f_2}{\partial I_B}\right|_{U_{CE}} = \left.\frac{i_C}{i_B}\right|_{u_{CE}=0} \tag{2.88}$$

$$h_{22e} = \left.\frac{\partial f_2}{\partial U_{CE}}\right|_{I_B} = \left.\frac{i_C}{u_{CE}}\right|_{i_B=0} \tag{2.89}$$

Die Ableitung der h-Parameter soll aus dem vereinfachten Kleinsignalersatzschaltbild nach Abbildung 2.17 vorgenommen werden (Vereinfachung $R_{BB'} = R_E = R_C = 0$, alle C's = 0). Dieses vereinfachte Hybrid-Pi-Ersatzschaltbild ist in Abbildung 2.37 angegeben.

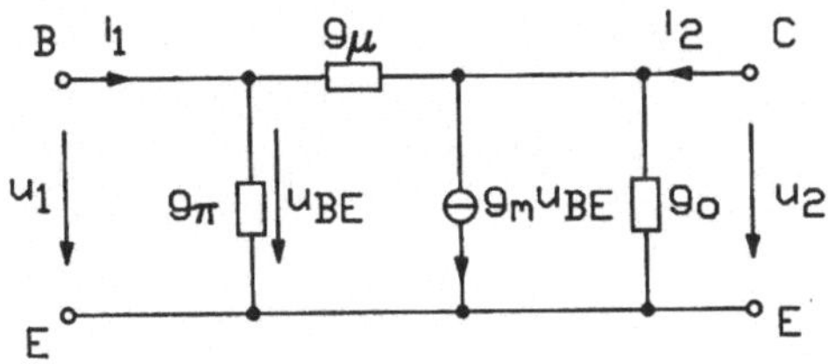

Abb. 2.37: Vereinfachtes Pi-Ersatzschaltbild des Transistors

Die h-Parameter lassen sich wie folgt aus diesem Ersatzschaltbild ableiten. Der Eingangswiderstand bei kurzgeschlossenem Ausgang läßt sich relativ einfach angeben. Er ist

$$h_{11e} = \frac{1}{(g_\pi + g_\mu)} \triangleq r_b \tag{2.90}$$

die Spannungsrückwirkung des Ausgangs auf den Eingang bei offenen Eingang ist gegeben durch den Spannungsteiler g_μ und g_π und ist

$$h_{12e} = \frac{g_\mu}{(g_\pi + g_\mu)} \tag{2.91}$$

Zur Bestimmung der Kurzschlußstromverstärkung berechnet sich der Ausgangsstrom zu

$$i_2 = g_m \cdot u_{B'E} \tag{2.92}$$

und der Eingangsstrom wird

$$i_1 = u_1 (g_\pi + g_\mu) \tag{2.93}$$

Damit ergibt sich die Kurzschlußstromverstärkung zu

$$h_{21_e} = \frac{g_m}{(g_\pi + g_\mu)} \triangleq \beta \tag{2.94}$$

Die Berechnung des Ausgangsleitwertes soll durch Abbildung 2.38 veranschaulicht werden.

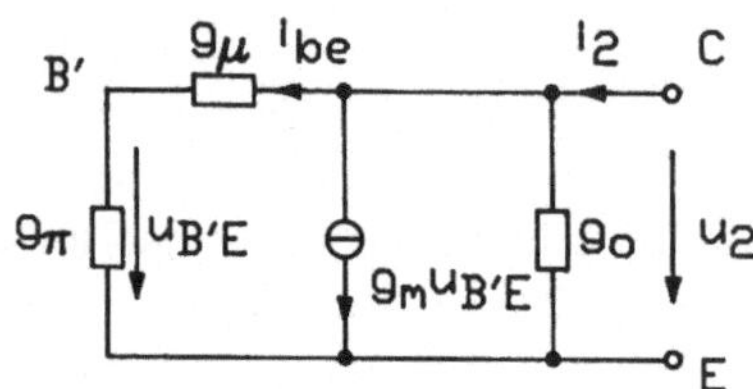

Abb. 2.38: Ersatzschaltbild zur Ableitung von h_{22_e}

Der Ausgangsstrom ist gegeben durch

$$i_2 - g_0 \cdot u_1 - g_m \cdot u_{B'E} - i_{BE} = 0 \tag{2.95}$$

Der Eingangsstrom ergibt sich zu

$$i_{BE} = \frac{u_2 \cdot g_\pi \cdot g_\mu}{(g_\mu + g_\pi)} \tag{2.96}$$

Die Basis-Emitter-Spannung wird dann

$$u_{B'E} = \frac{i_{BE}}{g_\pi} = \frac{u_2 \cdot g_\mu}{(g_\mu + g_\pi)} \tag{2.97}$$

Durch Einsetzten von Gleichung 2.96 und 2.97 in Gleichung 2.95 und Auflösen nach i_2/u_2 ergibt sich der Ausgangsleitwert h_{22_e} zu

$$h_{22_e} = \frac{g_m \cdot g_\pi}{(g_\mu + g_\pi)} + \frac{g_\pi \cdot g_\mu}{(g_\mu \cdot g_\pi)} + g_0 \tag{2.98}$$

Durch Einsetzen von Gleichung 2.94 kann man auch schreiben

$$h_{22_e} = g_0 + \beta \cdot g_\mu + g_\pi \parallel g_\mu \tag{2.99}$$

Da der Leitwert g_μ üblicherweise sehr klein ist, läßt sich Gleichung 2.99 vereinfachen zu

$$h_{22_e} \approx g_o \approx \frac{I_C}{V_A + U_{CE}} \tag{2.100}$$

Typische Werte der h-Parameter für den Transistor BC107B (I_C = 2 mA, U_{CE} = 5 V, f = 1 kHz) sind

$$h_{11_e} = 3{,}5\,k\Omega = h_{i_e} \tag{2.101}$$

$$h_{12_e} = 2 \cdot 10^{-4} = h_{r_e} \tag{2.102}$$

$$h_{21_e} = 270 = h_{f_e} \tag{2.103}$$

$$h_{22_e} = 32\,\mu S = h_{o_e} \tag{2.104}$$

Die h-Parameter lassen sich auch für andere Grundschaltungen angeben. Da man üblicherweise in Datenbüchern nur die h-Parameter der Emitterschaltung findet, sollen die h-Parameter der anderen Grundschaltungen auf den h-Parametern der Emittergrundschaltung basierend ermittelt werden.

2.9.3 Transistor h-Modell in Basisschaltung

Zur Umrechnung der h-Parameter der Emittergrundschaltung in die Basisschaltung soll Abbildung 2.39 behilflich sein.

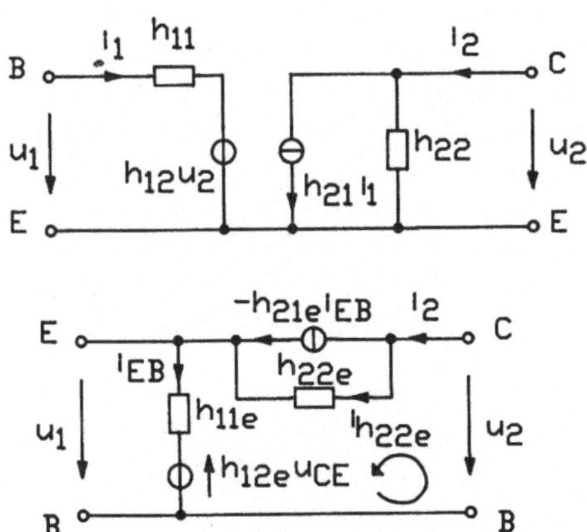

Abb. 2.39: Umrechnung von h-Parametern der Emitterschaltung in Basisschaltung

Exemplarisch soll hier der Ausgangsleitwert der Basisschaltung abgeleitet werden. Die Spannung u_{CE} berechnet sich zu

$$u_{CE} = \frac{(h_{21_e} \cdot i_2 + i_2)}{h_{22_e}} \tag{2.105}$$

damit wird der Spannungsumlauf

$$u_2 = i_2 \cdot h_{11_e} - h_{12_e} \frac{i_2\,(h_{21_e} + 1)}{h_{22_e}} + \frac{i_2\,(h_{21_e} + 1)}{h_{22_e}} \tag{2.106}$$

und der Ausgangleitwert errechnet sich zu

$$h_{22_b} = \frac{i_2}{u_2} = \frac{h_{22_e}}{(1 - h_{12_e})(h_{21_e} + 1) + h_{22_e} \cdot h_{11_e}} \tag{2.107}$$

die Zahlenwerte für h_{12_e} und $h_{22_e} \cdot h_{11_e}$ sind im allgemeinen sehr viel kleiner als 1, so daß sich die Gleichung 2.107 noch vereinfachen läßt. Alle h-Parameter der Basisschaltung sind im folgenden angegeben

$$h_{11_b} \approx \frac{h_{11_e}}{1 + h_{21_e}} \tag{2.108}$$

$$h_{12_b} \approx \frac{\Delta h_e - h_{12_e}}{1 + h_{21_e}} \tag{2.109}$$

$$h_{21_b} \approx \frac{- h_{21_e}}{1 + h_{21_e}} \tag{2.110}$$

$$h_{22_b} \approx \frac{h_{22_e}}{1 + h_{21_e}} \tag{2.111}$$

mit

$$\Delta h_e = h_{11_e} \cdot h_{22_e} - h_{12_e} \cdot h_{21_e} \tag{2.112}$$

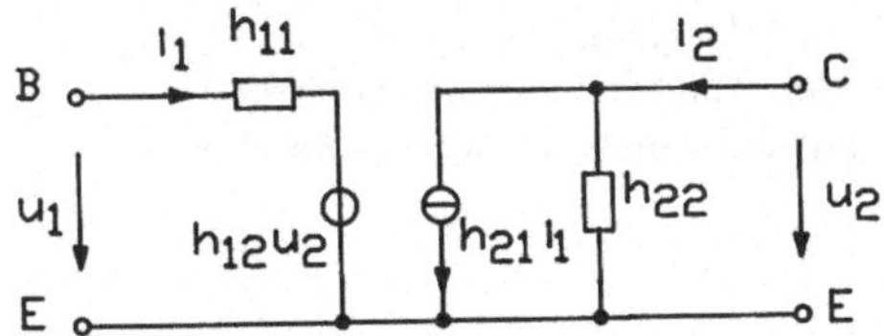

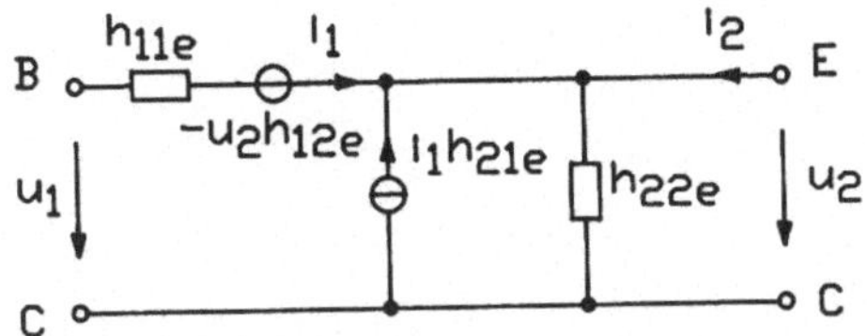

Abb. 2.40: Umrechnung von h-Parametern der Emitterschaltung in Kollektorschaltung

2.9.4 Transistor h-Modell in Kollektorschaltung

Zur Ermittlung der h-Parameter in Kollektorschaltung soll Abbildung 2.40 dienen. Die Parameter lassen sich recht einfach aus der Abbildung 2.40 ableiten, sie sind

$$h_{11_c} = h_{11_e} \tag{2.113}$$

$$h_{12_c} = 1 - h_{12_e} \tag{2.114}$$

$$h_{21_c} = -(1 + h_{21_e}) \tag{2.115}$$

$$h_{22_c} = h_{22_e} \tag{2.116}$$

Bei diesen Werten ist zu beachten, daß sie ohne äußere Beschaltung ermittelt wurden.

2.9.5 Vergleich der verschiedenen Schaltungsarten

In den nachfolgenden Abbildungen sind Ein- und Ausgangswiderstand und die verschiedenen Verstärkungen (Strom-, Spannungs- und Leistungsverstärkung) in Abhängigkeit der äußeren Beschaltung für einen typischen Bipolartransistor angegeben.

Hier zeigt sich, daß sich die Kollektorgrundschaltung durch einen hohen Eingangswiderstand auszeichnet, während bei der Basisschaltung der niedrige Eingangswiderstand dominiert. Bei der Emittergrundschaltung ist der Eingangswiderstand nahezu unabhängig von dem Lastwiderstand.

Beim Ausgangswiderstand liegen die Verhältnisse für Basis- und Kollektorschaltung dann umgekehrt. Die Basisgrundschaltung hat den hohen Ausgangswiderstand und die Kollektorgrundschaltung den niedrigen Ausgangswiderstand. Bei der Emittergrundschaltung zeigt sich widerum nur eine schwache Abhängigkeit vom Generatorwiderstand.

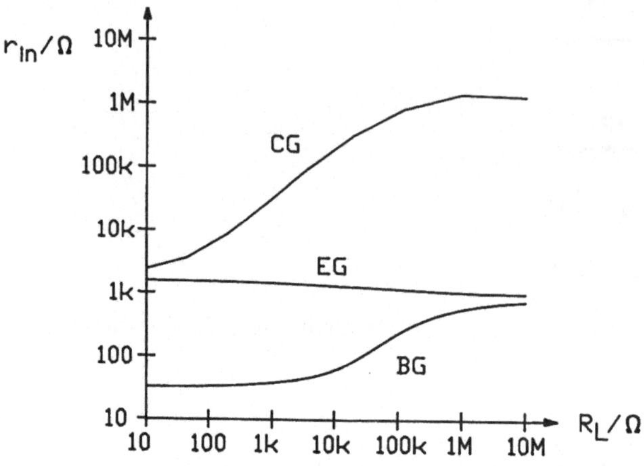

Abb. 2.41: Eingangswiderstand als Funktion von R_L

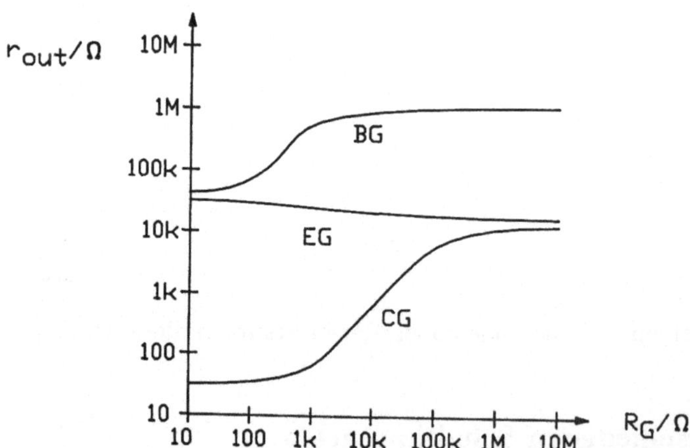

Abb. 2.42: Ausgangswiderstand als Funktion von R_G

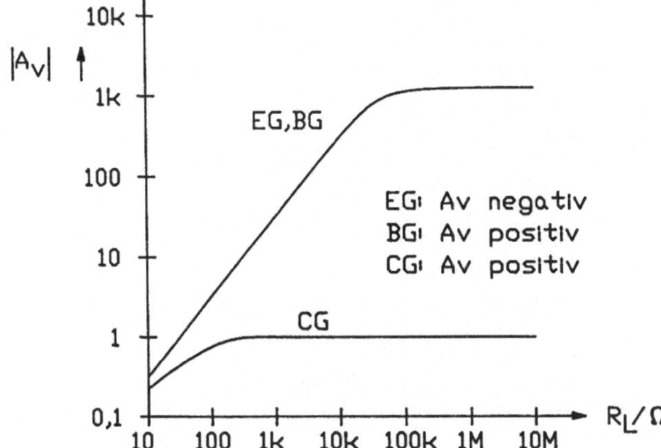

Abb. 2.43: Spannungsverstärkung als Funktion von R_L

In diesem Bild kommt zum Ausdruck, daß die Kollektorgrundschaltung keine Spannungsverstärkung besitzt.

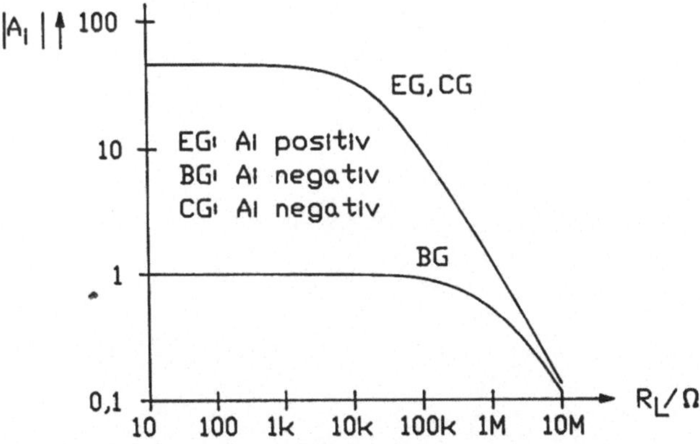

Abb. 2.44: Stromverstärkung als Funktion von R_L

Hier wird deutlich, daß die Basisschaltung keine Stromverstärkung besitzt.

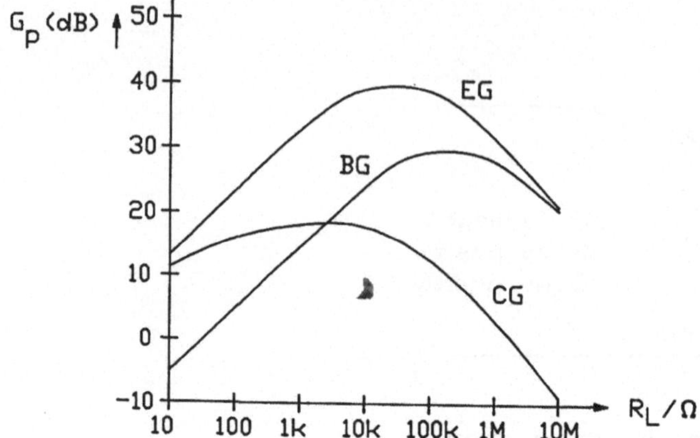

Abb. 2.45: Leistungsverstärkung als Funktion von R_L

Abbildung 2.45 zeigt, daß die Emittergrundschaltung die maximalste Leistungsverstärkung besitzt. Sie wird daher am häufigsten eingesetzt, wenn nicht besondere Eigenschaften benötigt werden (besonders hohe oder besonders niedrige Innenwiderstände).

3 HF-Verhalten des Bipolartransistors

3.1 Giacolletto-Ersatzschaltung

Die Hochfrequenzverstärkung des Transistors ist beeinflußt von den kapazitiven Elementen des Ersatzschaltbildes nach Abbildung 2.17. Üblicherweise beschreibt man das Hochfrequenzverhalten des Transistors durch das Hybrid-Pi-Ersatzschaltbild, daß auch Ersatzschaltung nach Giacolletto genannt wird und aus Abbildung 2.17 abgeleitet werden kann. Das Hybrid-Pi-Ersatzschaltbild ist in Abbildung 3.1 dargestellt.

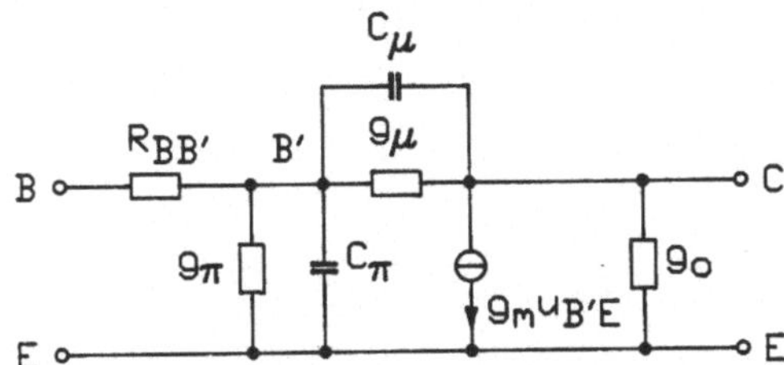

Abb. 3.1: Ersatzschaltung nach Giacolletto

3.2 Grenzfrequenz des Transistors

Die Frequenzgrenze eines Transistors wird in der Praxis meist damit spezifiziert, indem man die Frequenz bestimmt, bei der der Betrag der Kurzschlußstromverstärkung der Emittergrundschaltung den Wert 1 bekommt. Diese Frequenz nennt man Transitfrequenz f_T, und sie bezeichnet die maximale Frequenz, bei der ein Transistor als Verstärker arbeiten kann. Die Transitfrequenz läßt sich mit einer Wechselstromanordnung nach Abbildung 3.2 bestimmen.

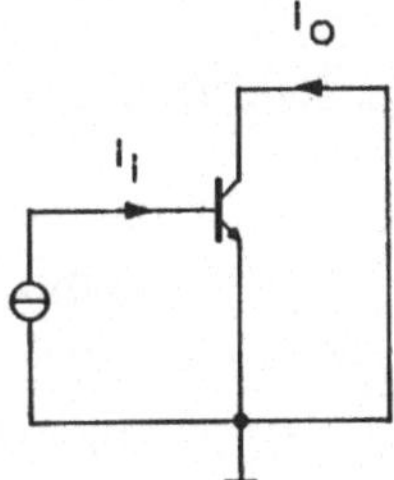

Abb. 3.2: Schaltung zur Bestimmung von f_T

Ein Wechselstrom wird der Basis zugeführt und der Ausgangsstrom wird bei wechselspannungsmäßig kurzgeschlossenem Ausgang gemessen.

Für diese Anordnung wird nach Abbildung 3.1 unter Vernachlässigung des Leitwertes g_μ die Spannung $u_{B'E}$

$$u_{B'E} = \frac{r_\pi}{1 + r_\pi\,(C_\pi + C_\mu)\,j\omega} \cdot i_i \qquad\qquad (3.01)$$

wenn die Rückwirkung durch $C\mu$ vernachlässigt wird, ist

$$i_o = g_m \cdot u_{B'E} \qquad\qquad (3.02)$$

eingesetzt in Gleichung 3.01 ergibt sich

$$i_o = i_i\,\frac{g_m \cdot r_\pi}{1 + r_\pi\,(C_\pi + C_\mu)\,j\omega} \qquad\qquad (3.03)$$

und damit wird

$$\frac{i_o}{i_i}\,(j\omega) = \frac{\beta_0}{1 + \beta_0\,\dfrac{C_\pi + C_\mu}{g_m}\,j\omega} \qquad\qquad (3.04)$$

mit

$$\beta_0 = g_m \cdot r_\pi \qquad\qquad (3.05)$$

Nun läßt sich das frequenzabhängige Verhältnis von Ausgangsstrom zu Eingangsstrom als frequenzabhängige Stromverstärkung $\beta_{(j\omega)}$ definieren

$$\beta_{(j\omega)} = \frac{\beta_0}{1 + \beta_0\,\dfrac{C_\pi + C_\mu}{g_m}\,j\omega} \qquad\qquad (3.06)$$

Bei hohen Frequenzen ist der Imaginärteil des Nenners dominierend und man kann schreiben

$$\beta_{(j\omega)} \approx \frac{g_m}{j\omega\,(C_\pi + C_\mu)} \qquad\qquad (3.07)$$

Der Betrag der frequenzabhängigen Stromverstärkung wird 1 bei einer Kreisfrequenz

$$\omega = \omega_T = \frac{g_m}{(C_\pi + C_\mu)} \qquad\qquad (3.08)$$

Damit ergibt sich die Transitfrequenz zu

$$f_T = \frac{1}{2\,\pi}\,\frac{g_m}{(C_\pi + C_\mu)} \tag{3.09}$$

Das Frequenzverhalten des Transistors kann durch Auftragen von $\beta(j\omega)$ über der Frequenz, wie in Abbildung 3.3 geschehen, veranschaulicht werden.

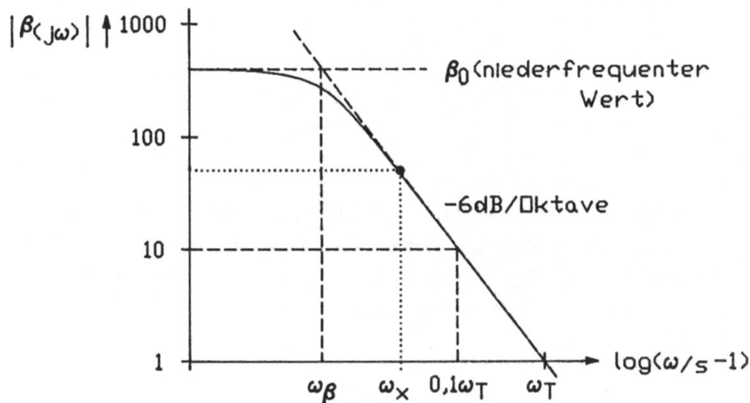

Abb. 3.3: Betrag der Kleinsignalstromverstärkung über der Frequenz für einen typischen Bipolartransistor

Die Frequenz ω_β ist definiert als die Frequenz, wo der Betrag von $\beta(j\omega)$ um 3 dB gegenüber dem Wert für niedrige Frequenzen abgesunken ist. Aus Gleichung 3.06 kann man ω_β bestimmen

$$\omega_\beta = \frac{1}{\beta_o}\cdot\frac{g_m}{C_\pi + C_\mu} = \frac{\omega_T}{\beta_o} \tag{3.10}$$

Aus Abbildung 3.3 geht hervor, daß ω_T bestimmt werden kann, indem man den Betrag der frequenzabhängigen Stromverstärkung $|\beta(j\omega)|$ bei irgendeiner Frequenz ω_x mißt, wo $|\beta(j\omega)|$ mit 6 dB/Oktave fällt. Die Transitfrequenz bestimmt sich dann zu

$$\omega_T = \omega_x \cdot |\beta_{(j\omega)}| \tag{3.11}$$

Diese Methode wird in der Praxis benutzt, da Abweichungen vom idealen Verhalten des Transistors meist dann auftreten, wenn die Stromverstärkung gegen eins geht.

Interessant ist auch die Analyse der Zeitkonstante τ_T. Sie ist definiert als

$$\tau_T = \frac{1}{\omega_T} \tag{3.12}$$

unter Benutzung von Gleichung 3.08 wird

$$\tau_T = \frac{C_\pi}{g_m} + \frac{C_\mu}{g_m} \tag{3.13}$$

Die Kapazität C_π setzt sich zusammen aus der Ladung der Basiszone C_b und der Sperrschichtkapazität des Emitter-Basis-Übergangs.

$$C_\pi = C_b + C_{je} \tag{3.14}$$

wobei die Ladung der Basiszone vom Kollektorstrom abhängig ist

$$C_b = \tau_F \cdot g_m \tag{3.15}$$

Eingesetzt in Gleichung 3.13 liefert

$$\tau_T = \tau_F + \frac{C_{je}}{g_m} + \frac{C_\mu}{g_m} \tag{3.16}$$

Gleichung 3.16 zeigt, daß τ_T und damit die Transitfrequenz von I_C (über g_m) abhängt. Bei großen Stromwerten erreicht τ_T den konstanten Wert τ_F. Bei kleinen Kollektorstromwerten dominieren die Kapazitäten C_{je} und C_μ, was zu einer Vergrößerung von τ_T und damit zum Absinken der Transitfrequenz führt. Dieser Zusammenhang ist in Abbildung 3.4 dargestellt.

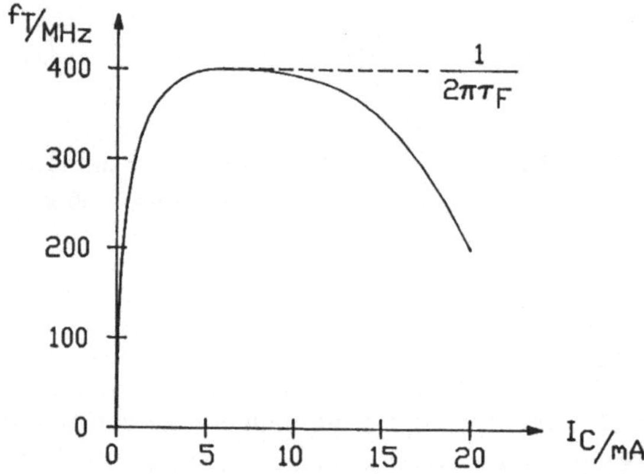

Abb. 3.4: Typischer Verlauf von f_T in Abhängigkeit des Kollektorstromes für einen Bipolartransistor

Der Abfall von f_T bei hohen Kollektorströmen läßt sich mit diesem einfachen Zusammenhang nicht mehr beschreiben. Hier kommt der Transistor in den Bereich der Hochstrominjektion in der auch die Kurzschlußstromverstärkung β abnimmt.

3.3 Millereffekt

In Abbildung 3.1, dem Ersatzschaltbild nach Giacolletto, ist der innere Basisanschluß und der Kollektor mit der komplexen Impedanz

$$\underline{Z}_\mu = \frac{1}{j\omega\, C_\mu + g_\mu} \qquad\qquad (3.17)$$

verbunden. Berechnungen des Transistorverhaltens lassen sich vereinfachen, wenn man diese komplexe Impedanz in zwei Teilimpedanzen umrechnet, die jeweils zwischen Basis und Emitter bzw. Kollektor und Emitter zu liegen kommen. Diese Möglichkeit bietet das Millertheorem.

In einer beliebigen Schaltungsanordnung seien zwei Anschlüsse mit der Impedanz $\underline{Z}'$ verbunden (siehe Abbildung 3.5).

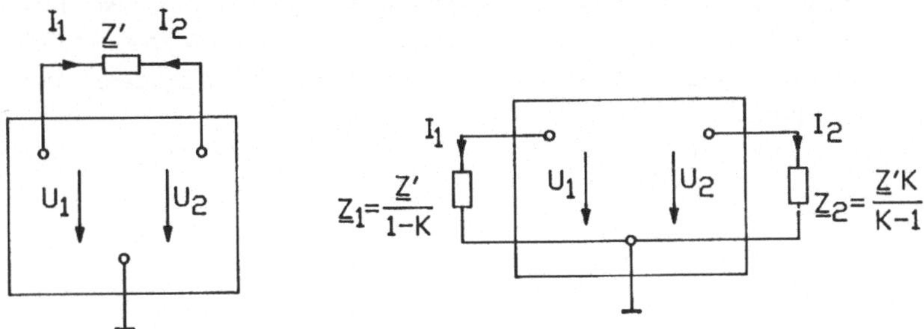

Abb. 3.5: Das Millertheorem

Die Spannungen dieser Anschlüsse zu Masse U_1 und U_2 seien bekannt. Dann kann das Verhältnis von U_2/U_1 durch K beschrieben werden. Der Strom I_1 durch $\underline{Z}_1$ kann auch erreicht werden, wenn $\underline{Z}'$ entfernt wird und durch eine Impedanz

$$\underline{Z}_1 = \frac{\underline{Z}'}{(1-K)} \qquad\qquad (3.18)$$

vom Anschluß 1 nach Masse ersetzt wird. Der Strom I_1 ist gegeben durch

$$I_1 = \frac{U_1 - U_2}{\underline{Z}'} = \frac{U_1\,(1-K)}{\underline{Z}'} = \frac{U_1}{\dfrac{\underline{Z}'}{(1-K)}} = \frac{U_1}{\underline{Z}_1} \qquad\qquad (3.19)$$

Damit ist der Strom durch eine Impedanz $\underline{Z}_1$, die vom Anschluß 1 nach Masse gelegt wird, derselbe wie in der ursprünglichen Anordnung. In ähnlicher Weise läßt sich die Impedanz $\underline{Z}_2$ bestimmen

$$\underline{Z}_2 = \frac{\underline{Z}'}{1 - \dfrac{1}{K}} = \frac{\underline{Z}' \cdot K}{K - 1} \qquad\qquad (3.20)$$

Auf die Ersatzschaltung nach Giacolletto angewandt heißt das, daß der komplexe Rückwirkungsleitwert umgerechnet werden kann auf den Eingangs- bzw. Ausgangsleitwert. Der Teil des komplexen Rückwirkungsleitwertes, der dem Eingangsleitwert parallel geschaltet werden muß, berechnet sich zu

$$\underline{Y}'_{\mu} = (1 - K)(j\omega\, C_{\pi} + g_{\mu})$$ (3.21)

Der Teil, der dem Ausgang parallel geschaltet werden muß, wird

$$\underline{Y}''_{\mu} = \frac{(K - 1)}{K}\,(j\omega\, C_{\mu} + g_{\mu})$$ (3.22)

Daraus läßt sich entnehmen, daß man sich parallel zum Eingang den um den Verstärkungsfaktor der Stufe erhöhten Leitwert der Rückwirkung vorstellen muß, also auch eine um den Faktor (1–K) erhöhte Rückwirkungskapazität der Basis-Emitter-Kapazität parallel geschaltet werden muß. Damit ist im wesentlichen das Hochfrequenzverhalten der Emitterschaltung bestimmt.

4 Rauschen des Bipolartransistors

4.0 Allgemeines über Rauschen

Die *Rauschzahl* ist eine Kenngröße, die besagt, mit welchem Faktor eine Eingangsrauschquelle versehen werden muß, damit der nachfolgende rauschende Vierpol durch
einen rauschfreien Vierpol ersetzt werden kann (bei gleicher Rauschausgangsleistung).
Die Ausgangsrauschleistung eines Vierpols ist gegeben durch

$$N_2 = G_p \cdot N_1 + N_z \tag{4.01}$$

mit

$$N_2 = F \cdot G_p \cdot N_1 \tag{4.02}$$

damit wird

$$F = \frac{N_2}{G_p \cdot N_1} = 1 + \frac{N_z}{G_p \cdot N_1} = 1 + F_z \tag{4.03}$$

wobei F_z der Zusatzrauschfaktor ist. Die Rauschzahl wird auch im logarithmischen
Maß angegeben, sie heißt dann *Rauschmaß*

$$F = 10 \log F \ \mathrm{dB} \tag{4.04}$$

Eine etwas andere Darstellung der Rauschzahl, die zum selben Ergebnis führt, ist das
Verhältnis von Eingangs-Signalrauschabstand zu Ausgangs-Signalrauschabstand

$$F = \frac{P_1/N_1}{P_2/N_2} = \frac{N_2}{N_1 G_p} \tag{4.05}$$

Anstatt die Rauschleistung der Quelle mit einem Faktor zu versehen, kann man sie
als thermisch rauschenden Widerstand mit erhöhter Temperatur ansehen

$$T_e = (F - 1) T_0 = F_z T_0 \tag{4.06}$$

mit T_0 = Raumtemperatur (290 K).
  Die Kettenschaltung von rauschenden Vierpolen liefert eine Gesamtrauschzahl bzw.
Gesamtrauschtemperatur

$$F_{ges} = F_1 + \frac{F_2 - 1}{G_1} + \frac{F_3 - 1}{G_1 G_2} + \cdots \frac{F_n - 1}{G_1 G_2 \cdots G_{n-1}} \tag{4.07}$$

$$T_{eges} = T_1 + \frac{T_2}{G_1} + \frac{T_3}{G_1\,G_2} + \cdots \frac{T_n}{G_1\,G_2\,\cdots\,G_{n-1}}$$
(4.08)

Eine Alternative zur Angabe einer Rauschzahl ist die Angabe einer Rauschstromquelle und einer Rauschspannungsquelle am Eingang eines rauschfrei gedachten Vierpols (siehe Abbildung 4.1).

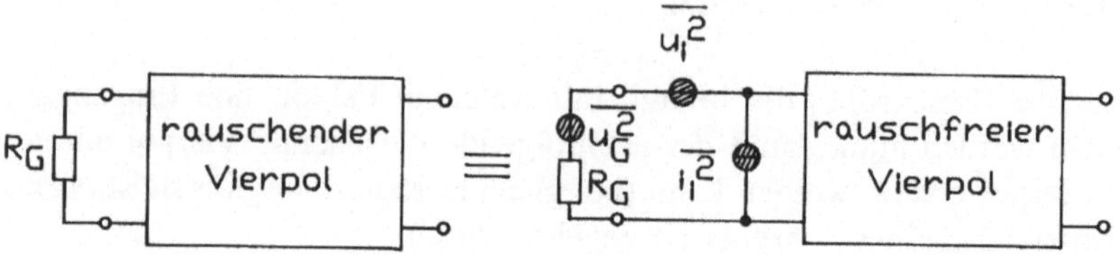

Abb. 4.1: Ersatz des rauschenden Vierpols durch eine Rauschstrom- und Rauschspannungsquelle am Vierpoleingang

Der Zusammenhang zwischen Rauschzahl und dieser Stromquellen ist gegeben durch

$$F_z = \frac{\overline{u_i^2}}{4 \cdot k \cdot T \cdot B \cdot R_G} + \frac{\overline{i_i^2} \cdot R_G}{4 \cdot k \cdot T \cdot B}$$
(4.09)

Diese Darstellungsform hat den Vorteil, daß die Ersatzquellen unabhängig vom Generatorwiderstand R_G sind.

4.1 Rauscharten

4.1.1 Thermisches Rauschen (Widerstandsrauschen)

Thermisches Rauschen ensteht durch wärmebedingte Bewegung der Elektronen und wird nicht durch einen äußeren Stromfluß hervorgerufen. Die Rauschleistung dieses Rauschens ist gegeben durch

$$P = 4 \cdot k \cdot T \cdot B$$
$$(4\,kT = 1{,}66 \cdot 10^{-20}\,\text{Ws}, T = 290\,\text{K}, B = \text{Bandbreite})$$
(4.10)

Die spektrale Rauschspannung ist

$$\frac{\overline{u^2}}{B} = 4 \cdot k \cdot T \cdot R$$
(4.11)

und der spektrale Rauschstrom ist

$$\frac{\overline{i^2}}{B} = 4 \cdot k \cdot T \cdot \frac{1}{R}$$
(4.12)

es handelt sich hier um sog. weißes Rauschen, d.h. die spektrale Leistungdichte dieses Rauschens ist gleichmäßig über das Frequenzband verteilt (bis ca. 10 THz).

4.1.2 Schrotrauschen (Shotnoise)

Schrotrauschen ist ein Phänomen des Stromflusses und tritt bei PN-Übergängen auf. Da die Ladungsträger die Potentialbarriere der Sperrschicht überwinden müssen, gelingt dies nur solchen Ladungsträgern, die zufällig die nötige Energie haben. Der scheinbar konstante Strom, der von außen zugeführt wird, ist tatsächlich eine Summe von zufälligen unabhängigen Stromstößen. Die Schwankung des Stromes I gegenüber einem Durchschnittswert I_D wird als Schrotrauschen bezeichnet, und man gibt die mittlere quadratische Abweichung vom Durchschnittswert als $\overline{i^2}$ an.

$$\overline{i^2} = \overline{(I - I_D)^2} \tag{4.13}$$

$$\overline{i^2} = \lim_{T \to \infty} \frac{1}{T} \int_0^T (I - I_D)^2 \, dt \tag{4.14}$$

dieser Rauschstrom hat den quadratischen Mittelwert

$$\overline{i^2} = 2 \cdot e \cdot I_D \cdot B \tag{4.15}$$

wobei B die Bandbreite ist. Die Gleichung zeigt, daß der Rauschstrom proportional zur Meßbandbreite ist. Damit ist die spektrale Rauschdichte dieses Rauschens konstant über die Frequenz, und es handelt sich um weißes Rauschen, wie das thermische Rauschen.

Ein Vergleich, die spektrale Rauschdichte eines 1-kOhm-Widerstandes bei Raumtemperatur (300 K) ist

$$\frac{\overline{u^2}}{B} \approx 16 \cdot 10^{-18} \frac{V^2}{Hz} \tag{4.16}$$

die spektrale Rauschspannung ist dann

$$u \approx 4 \frac{nV}{\sqrt{Hz}} \tag{4.17}$$

das entspricht einem Schrotrauschen bei einem Strom von 50 µA.

4.1.3 Funkelrauschen (1/f-Rauschen, Flickernoise)

Eine weitere Form des Rauschens, die man bei aktiven Bauelementen wie auch bei manchen passiven Bauelementen (Kohleschichtwiderstände) findet, ist das Flickerrauschen. Die Ursachen des Flickerrauschens sind unterschiedlich. Bei Bipolartransistoren wird dieses Rauschen hauptsächlich durch Traps (Fallen) verursacht, die durch Verunreinigungen bzw. durch Fehlstellen im Kristall entstehen. Diese Traps halten in zufälliger Folge Ladungsträger fest und geben sie dann wieder frei. Die Zeitkonstanten, die diesem Prozeß zuzuordnen sind, lassen das Rauschsignal bei niedrigen Frequenzen ansteigen. Funkelrauschen wird immer durch einen Stromfluß verursacht und kann durch die Form

$$\overline{i^2} = K_1 \cdot \frac{I^a}{f^b} \cdot B \tag{4.18}$$

beschrieben werden. Dabei ist

$$
\begin{aligned}
B \quad &= \quad \text{Bandbreite} \\
I \quad &= \quad \text{Strom} \\
K_1 \quad &= \quad \text{Konstante für das betreffende Bauteil} \\
a \quad &= \quad \text{Exponent im Bereich 0,5 bis 2} \\
b \quad &= \quad \text{Exponent im Bereich 1}
\end{aligned}
$$

Wenn $b = 1$ ist, hat dieses Rauschen einen $1/f$ Verlauf und wird daher auch $1/f$-Rauschen genannt. Die Konstante K_1 kann sehr unterschiedliche Werte annehmen. So können Bauelemente, die demselben Prozeß unterworfen waren und sogar vom selben Wafer stammen, Werte von K_1 besitzen, die bis zu einigen Zehnerpotenzen auseinanderliegen. Das ergibt sich eben daraus, daß Funkelrauschen von Verunreinigungen und Kristalldefekten verursacht wird, die sehr zufällig, sogar auf demselben Wafer, verteilt sein können. Trotzdem läßt sich für einen bestimmten Bauelementtyp ein durchschnittliches Funkelrauschen angeben. Gekennzeichnet ist das Funkelrauschen durch die Angabe, bei welcher Eckfrequenz das $1/f$-Rauschen aus dem weißen Rauschen hervortritt. Bei Bipolartransistoren liegt diese Eckfrequenz in einem Bereich von ca. 100 Hz bis 1 kHz.

4.1.4 Popcornrauschen (Burstnoise)

Ein weiteres niederfrequentes Rauschen, daß man in einigen integrierten Schaltungen und diskreten Transistoren findet, ist das Popcornrauschen. Die Quelle dieses Rauschens ist nicht voll bekannt, aber man nimmt an, daß es an den Schwermetallionen entsteht, die zur Beeinflussung der Minoritätsträgerlebensdauer zusätzlich eingebracht werden. Das Popcorn- oder Burstrauschen wird so genannt, weil das Rauschsignal zwischen bestimmten Pegeln hin und her springt. Die Sprungfrequenz liegt üblicherweise im Hörbereich und produziert, wenn es über einen Lautsprecher wiedergegeben wird, ein Geräusch, daß dem Knacken von Popcorn ähnlich ist. Dieser Rauschstrom kann durch folgende Beziehung angegeben werden

$$\overline{i^2} = K_2 \cdot \frac{I^c}{1 + \left(\dfrac{f}{f_c}\right)^2} \cdot B \tag{4.19}$$

wobei

K_2 = Konstante für das betreffende Bauteil
I = Strom
c = Konstante im Bereich zwischen 0,5 und 2
f_c = Kennfrequenz für das betreffende Bauteil

4.1.5 Avalancherauschen (Zenerrauschen)

Diese Form des Rauschens tritt beim Zenerdurchbruch an PN-Übergängen auf. Beim Zenerdurchbruch bekommen die Elektronen und Löcher in der Raumladungszone eines gesperrten PN-Übergangs so viel Energie, daß durch Kollision an Si-Atomen neue Elektron-Lochpaare entstehen können. Dieser Vorgang steigert sich, und es entsteht eine zufällige Folge von starken Rauschspitzen. Dieses Rauschen steht immer in Zusammenhang mit einem Stromfluß. Eine mathematische Beziehung kann dafür nicht angegeben werden, aber typische Meßwerte liegen in der Größenordnung

$$\frac{\overline{u^2}}{B} \approx 10^{-14} \frac{V^2}{Hz}$$

(4.20)

bei einem Strom von 0,5 mA. Das entspricht der thermischen Rauschspannung eines Widerstandes von 600 kOhm und ist damit wesentlich stärker als das thermische Rauschen des Durchbruchswiderstandes, der in der Größenordnung zwischen 10 und 100 Ohm liegt. Die spektrale Verteilung dieses Rauschens ist nahezu weiß.

4.2 Ersatzschaltbild des rauschenden Transistors

Abbildung 4.2 zeigt das Ersatzschaltbild des rauschenden Transistors.

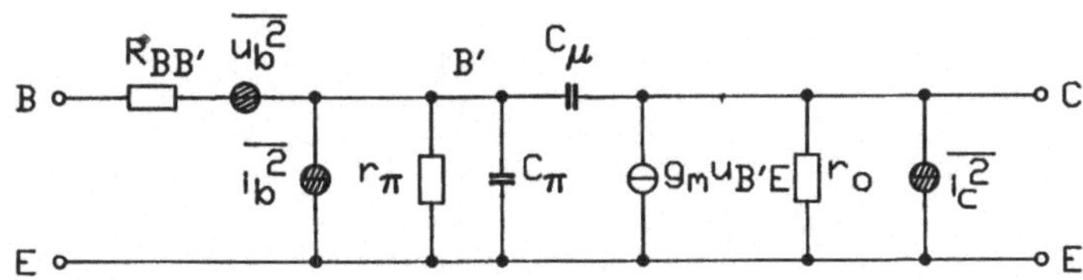

Abb. 4.2: Ersatzschaltbild des rauschenden Transistors

Das Rauschen wird durch 3 Rauschquellen modelliert. Zwischen Kollektor und Emitter wird das Rauschen des Kollektorstromes durch eine Rauschstromquelle dargestellt. Da der Kollektorstrom ein Strom durch PN-Übergänge ist, kommt hier das Schrotrauschen zum Tragen. Der Basisstrom ist auch ein Strom durch einen PN-Übergang und muß daher auch Schrotrauschen produzieren. Dies wird durch die Rauschstromquelle zwischen innerer Basis und Emitter dargestellt. Der Basisbahnwiderstand ist ein echter

Widerstand und produziert thermisches Rauschen, das durch eine Rauschspannungs-quelle dargestellt wird. Das thermische Rauschen des Kollektorserienwiderstandes kann in erster Näherung vernachlässigt werden. Die Widerstände r_π und r_0 sind keine echten Widerstände, sondern dienen nur zum Modellieren des Kleinsignalverhaltens und steuern daher kein thermisches Rauschen bei. Funkelrauschen und Popcornrauschen werden zusammen mit dem Schrotrauschen des Basisstroms modelliert. Avalancherauschen tritt im normalen Betrieb des Transistors (Kollektor-Emitterspannung < Durchbruchspannung) praktisch nicht auf und soll hier nicht weiter berücksichtigt werden. Somit wird das Rauschen des Transistors durch folgende 3 unabhängige Quellen dargestellt

$$\overline{u_b^2} = 4 \cdot k \cdot T \cdot R_{BB'} \cdot B \tag{4.21}$$

$$\overline{i_c^2} = 2 \cdot e \cdot I_C \cdot B \tag{4.22}$$

$$\overline{i_b^2} = 2 \cdot e \cdot I_B \cdot B + K_1 \cdot \underbrace{\frac{I_B^a}{f} \cdot B}_{\text{Flickernoise}} + K_2 \cdot \underbrace{\frac{I_B^c}{1 + \left(\dfrac{f}{f_c}\right)^2} \cdot B}_{\text{Burstnoise}}$$

$$\underbrace{}_{\text{Shotnoise}} \tag{4.23}$$

4.2.1 Umrechnung in äquivalente Rauschgeneratoren am Transistoreingang

Rauschquellen des Transistors lassen sich in äquivalente Rauschquellen am Eingangstor umrechnen (siehe Abbildung 4.3).

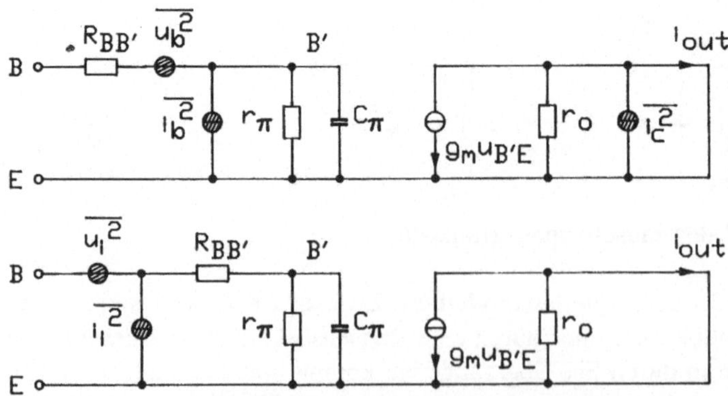

Abb. 4.3: Umrechnung der Transistorrauschquellen in äquivalente Eingangsrausch-quellen

Das Ausgangsrauschsignal wird bei kurzgeschlossenem Ausgang berechnet. Der Kondensator C_μ ist hier vernachlässigt und wird später bei der frequenzabhängigen Stromverstärkung berücksichtigt.

Der Wert der Rauschspannungsquelle $\overline{u_i^2}$ kann berechnet werden, indem man die Eingänge beider Schaltungen kurzschließt und das resultierende Rauschen am Ausgang gleichsetzt. Unter der Annahme, daß $R_{BB'}$ vernachlässigbar ist, erhält man

$$g_m \cdot u_b + i_c = g_m \cdot u_i \tag{4.24}$$

bzw.

$$u_i = u_b + \frac{i_c}{g_m} \tag{4.25}$$

Da u_b und i_c unabhängige Rauschquellen sind, erhält man

$$\overline{u_i^2} = \overline{u_b^2} + \frac{\overline{i_c^2}}{g_m^2} \tag{4.26}$$

Übernimmt man $\overline{u_b^2}$ und $\overline{i_c^2}$ aus dem vorangegangenen Abschnitt, dann wird

$$\overline{u_i^2} = 4 \cdot k \cdot T \cdot R_{BB'} \cdot B + \frac{2 \cdot e \cdot I_C \cdot B}{g_m^2} \tag{4.27}$$

bzw.

$$\frac{\overline{u_i^2}}{B} = 4 \cdot k \cdot T \left(R_{BB'} + \frac{1}{2g_m} \right) \tag{4.28}$$

Somit scheint das Rauschen der Eingangsrauschquelle von einem äquivalenten Widerstand

$$R_{eq} = R_{BB'} + \frac{1}{2 \cdot g_m} \tag{4.29}$$

zu kommen. $R_{BB'}$ ist der tatsächliche Widerstand am Eingang und $1/(2\,g_m)$ repräsentiert den Anteil am Kollektorschrotrauschen, der am Eingang erscheint. Um den äquivalenten Rauschstromgenerator am Eingang zu berechnen, werden beide Schaltungen mit offenem Eingang betrachtet und die Rauschströme am Ausgang gleichgesetzt.

$$\beta(j\omega) \cdot i_i = i_c + \beta(j\omega) \cdot i_b \tag{4.30}$$

Das ergibt

$$i_i = i_b + \frac{i_c}{\beta(j\omega)} \tag{4.31}$$

Da i_b und i_c unabhängige Generatoren sind, wird

$$\overline{i_i^2} = \overline{i_b^2} + \frac{\overline{i_c^2}}{|\beta(j\omega)|^2}$$

(4.32)

mit

$$\beta(j\omega) = \frac{\beta_0}{1 + j\dfrac{\omega}{\omega\beta}}$$

(4.33)

wobei β_0 die Kleinsignalstromverstärkung bei niedrigen Frequenzen ist. Durch Einsetzen der Rauschströme $\overline{i_b^2}$ und $\overline{i_c^2}$ wird

$$\frac{\overline{i_i^2}}{B} = 2 \cdot e \cdot \left[I_B + K'_1 \cdot \frac{I_B^a}{f} + \frac{I_C}{|\beta(j\omega)|^2} \right]$$

(4.34)

wobei

$$K'_1 = \frac{K_1}{2 \cdot e}$$

(4.35)

ist. Der Popcornrauschanteil wurde zur Vereinfachung vernachlässigt. Der letzte Term in der Klammer berücksichtigt den Kollektorrauschstrom, der am Eingang erscheint. Bei niedrigen Frequenzen wird dieser Term I_C/β_0^2 und kann vernachlässigt werden. Damit sind die beiden Ersatzrauschquellen völlig unabhängig und nicht zueinander korreliert. Bei hohen Frequenzen wird der letzte Term in Gl. 4.34 dominieren, und es besteht Korrelation zwischen den beiden Ersatzrauschquellen, die unter Umständen berücksichtigt werden muß.

Somit scheint der äquivalente Rauschstrom am Eingang von einem Strom I_{eq} herzurühren, der Schrotrauschen produziert.

$$\frac{\overline{i_i^2}}{B} = 2 \cdot e \cdot I_{eq}$$

(4.36)

mit

$$I_{eq} = I_B + K'_1 \cdot \frac{I_B^a}{f} + \frac{I_c}{|\beta(j\omega)|^2}$$

(4.37)

Dieser Strom wird „äquivalenter Eingangsschrotrauschstrom" genannt. Das ist natürlich nur fiktiv, da dieser Strom auch Funkelrauschen repräsentiert. Aus Gl. 4.37 folgt das I_{eq}, und damit $\overline{i_i^2}$ klein wird, wenn der Transistor mit kleinen Strömen betrieben wird und ein hohes β hat. Auf der anderen Seite wird $\overline{u_i^2}$ minimiert, wenn man einen hohen Kollektorstrom wählt.

Der spektrale Rauschstrom ist in Abbildung 4.4 über der Frequenz für einen spezifischen Transistor aufgetragen.

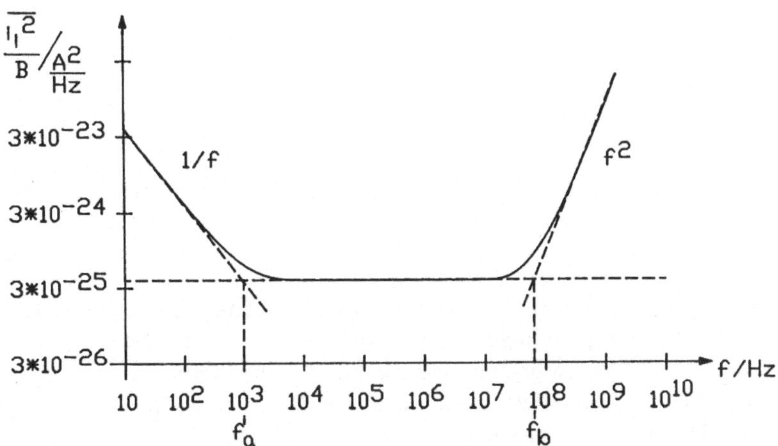

Abb. 4.4: Äquivalenter Eingangsrauschstrom eines typischen Bipolartransistors

Man sieht, daß der spektrale Rauschstrom jeweils am unteren und oberen Bereich frequenzabhängig ist. Im unteren Band wird der Verlauf durch das Funkelrauschen gegeben. Bei hohen Frequenzen steigt das Rauschen durch einen höheren Anteil Schrotrauschens vom Kollektor, da die Stromverstärkung des Transistors abnimmt. f_b ist der Punkt, wo die hochfrequente Rauschasymptote den mittleren Bereich schneidet. Diese Frequenz kann berechnet werden. Die frequenzabhängige Stromverstärkung ist gegeben durch

$$\beta(jf) = \frac{\beta_0}{1 + j\dfrac{f}{f_T} \cdot \beta_0} \tag{4.38}$$

Damit wird der Kollektorstromterm in Gl. 4.36

$$2 \cdot e \cdot \frac{I_C}{|\beta(jf)|^2} = 2 \cdot e \cdot \frac{I_C}{\beta_0^2}\left(1 + \frac{f^2}{f_T^2} \cdot \beta_0^2\right) \approx 2 \cdot e \cdot I_C \frac{f^2}{f_T^2} \tag{4.39}$$

bei hohen Frequenzen. Damit zeigt Gl. 4.39, daß der äquivalente Eingangsrauschstrom mit f^2 bei hohen Frequenzen ansteigt.

Die Frequenz f_b kann durch Gleichsetzen von Gl. 4.39 mit dem mittelfrequenten Rauschanteil ermittelt werden. Für typische Werte von β_0 ist der mittelfrequente Rauschanteil ungefähr $2 \cdot e \cdot I_B$ und damit wird

$$2 \cdot e \cdot I_B = 2 \cdot e \cdot I_C \frac{f_b^2}{f_T^2}$$

$$(4.40)$$

und damit

$$f_b = f_T \sqrt{\frac{I_B}{I_C}}$$

$$(4.41)$$

oder

$$f_b = \frac{f_T}{\sqrt{\beta_0}}$$

$$(4.42)$$

Die obigen Ausführungen zeigen die schon erwähnte Abhängigkeit der spektralen Rauschströme bzw. Rauschspannungen vom Kollektorstrom. Nach Gl. 4.09 ist die Rauschzahl F auch vom Generatorinnenwiderstand R_G abhängig. Daher wird häufig in den Datenblättern der Herstellerfirmen bipolarer Transistoren das Rauschmaß in Abhängigkeit von I_C mit unterschiedlichen Generatorwiderständen angegeben. Abbildung 4.4 zeigt solche Kurven für einen typischen Transistor.

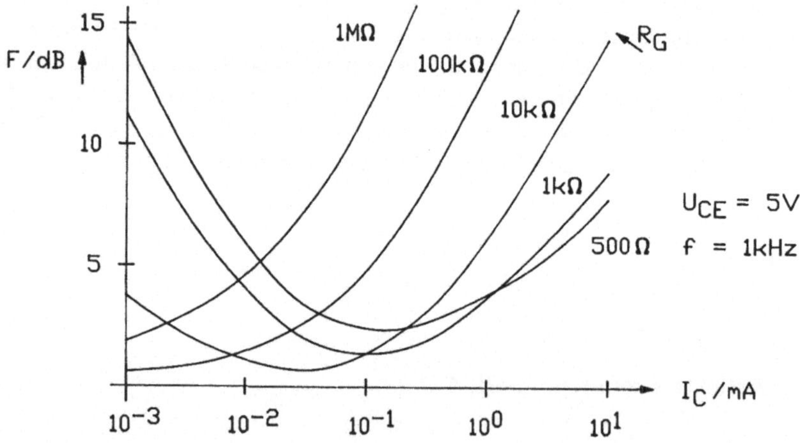

Abb. 4.4: Rauschzahl in Abhängigkeit von Kollektorstrom und Generatorinnenwiderstand des Transistors BC109B

5 Leistungsverstärkung mit Bipolartransistoren

5.1 Ausgangskennlinienfeld

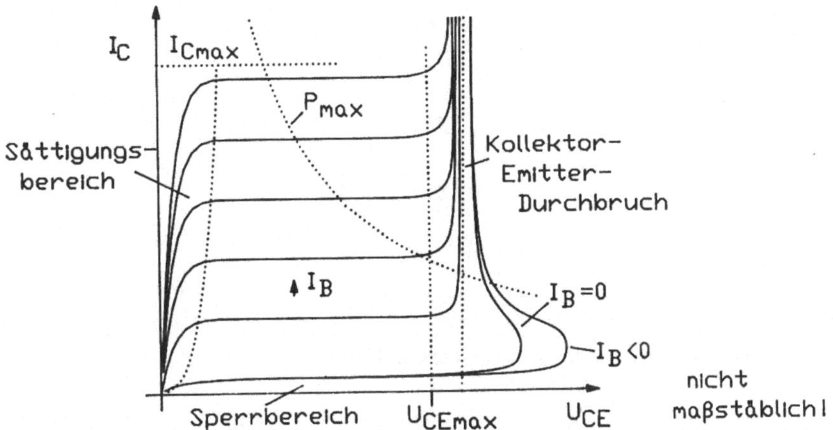

Abb. 5.1: Erweitertes Ausgangskennlinienfeld des Bipolartransistors in Emitterschaltung

Abbildung 5.1 zeigt das erweiterte Ausgangskennlinienfeld eines Leistungstransistors. Wie man sieht, gibt es verschiedene Begrenzungen des zulässigen Arbeitsbereichs. Als erstes sind das der schon bekannte Sättigungsbereich, wo der Kollektorübergang aufhört als guter Kollektor zu arbeiten, gekennzeichnet dadurch, daß die Kollektor-Basis-Diode in Durchlaßrichtung betrieben wird und Ladungsträger in die Basiszone injiziert.

Des weiteren der Sperrbereich, der dadurch charakterisiert ist, daß beide Übergange, also Basis-Emitter-Übergang und der Kollektor-Basis-Übergang, in Sperrichtung betrieben werden.

Die maximale Kollektor-Emitter-Spannung wird durch den Kollektor-Emitter-Durchbruch begrenzt. Auf diesen Mechanismus wird im nächsten Unterkapitel genauer eingegangen.

Auch der maximale Kollektorstrom ist begrenzt. Hier ergibt sich die Begrenzung aus dem maximalen Strom, den die Bonddrähte führen können, ohne thermisch durchzuschmelzen. Des weiteren kann der Kollektorstrom durch die maximale Stromdichte in den Alubahnen begrenzt sein.

Die maximale Verlustleistung des Transistors stellt eine weitere Begrenzung dar. Bedingt durch die Art des Transistorgehäuses kann nur eine bestimmte Wärmemenge an die Außenwelt abgegeben werden. Wird diese Wärmemenge überschritten, führt dies zur thermischen Zerstörung des Transistors.

Innerhalb dieser Begrenzungen arbeitet der Transistor im sog. sicheren Arbeitsbereich (SAFE OPERATING AREA, SOA, SOAR). Dieser sichere Arbeitsbereich wird oft in den Datenblättern der Halbleiterhersteller angegeben. Abbildung 5.2 zeigt ein solches Diagramm für den Transistor 2N3055.

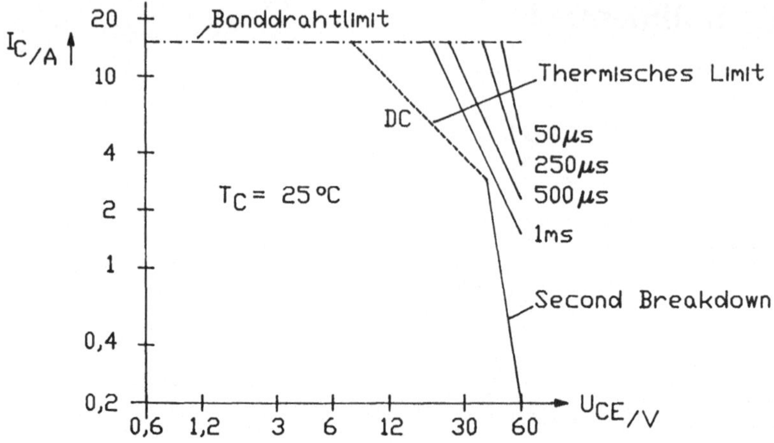

Abb. 5.2: Sicherer Arbeitsbereich des Transistors 2N3055

Das Diagramm enthält zusätzlich Grenzlinien für den Fall, daß der Transistor im Impulsbetrieb arbeitet. Die Zeitangaben beziehen sich auf einen Impuls der angegebenen Länge, bei einer Pausenzeit, die 10 mal länger ist (Dutycycle = 10 %). Außerdem ist zu beachten, daß sich die angegebenen Werte auf eine maximale Gehäusetemperatur beziehen, die in Abbildung 5.2 mit T_C = 25 °C angegeben ist.

5.2 Breakdownproblematik

5.2.1 Avalanche-Breakdown

Der Avalanchedurchbruch tritt auf, wenn die angelegte Sperrspannung an einem PN-Übergang so weit ansteigt, daß freie Ladungsträger genügend Energie bekommen, um die Sperrschicht zu durchqueren. Wenn die Energie eines einzelnen Ladungsträgers hoch genug ist, um bei Kollision mit den Gitteratomen zusätzliche Ladungsträger frei zu machen, steigt der Strom sehr stark mit der angelegten Spannung an und der Durchbruch tritt auf. Da die elektrischen Felder innerhalb der Sperrschicht vom Dotierungsgrad und vom geometrischen Verlauf der Sperrschicht abhängen, ist die Spannung, bei der der Avalanchedurchbruch auftritt, strukturabhängig.

Die maximale Durchbruchspannung, die an einem Transistor gemessen werden kann, ist die Spannung zwischen Kollektor und Basis bei offenem Emitter (Durchbruch in Basischaltung) und wird mit U_{CB0} bezeichnet. Diese Kollektor-Basis-Durchbruchspannung ist eine für den Transistor charakteristische Größe.

Der Avalanchedurchbruch bewirkt eine sog. Avalanchemultiplikation des Stromes I_{C0}, der über die Kollektorsperrschicht fließt. Als Ergebnis dieser Multiplikation wird der Strom $M \cdot I_{C0}$, wobei M die Multiplikation durch den Avalancheeffekt beschreibt. Bei genügend hoher Spannung, wie bei U_{CB0}, geht der Faktor M gegen unendlich und der Durchbruch ist erreicht. Hier steigt der Strom abrupt, und große Stromänderungen werden durch kleine Spannungsänderungen hervorgerufen. Der Multiplikationsfaktor M kann wie folgt beschrieben werden

$$M = \frac{1}{1 - \left(\dfrac{U_{CB}}{U_{CB0}}\right)^n}$$

(5.01)

Der Exponent n liegt in der Größenordnung zwischen 2 und 10 und kontrolliert die Schärfe des Übergangs zum Durchbruch. In Basisschaltung kann dann der Kollektorstrom wie folgt beschrieben werden

$$I_C = M \cdot \alpha \cdot I_E$$

(5.02)

wobei α die Stromverstärkung in Basisschaltung gegeben ist durch

$$\alpha = \frac{\beta}{\beta + 1}$$

(5.03)

In Emitterschaltung ist der Betrag der Durchbruchspannung erheblich niedriger. Bei offener Basis kann die Kollektor-Emitter-Durchbruchspannung wie folgt angegeben werden

$$U_{CE0} = U_{CB0} \sqrt[n]{\frac{1}{\beta}}$$

(5.04)

und liegt meist bei $U_{CB0} \approx 0{,}6 \cdot U_{CB0}$. Der Kollektorstrom in Emitterschaltung läßt sich unter Berücksichtigung des Avalanchemultiplikators zu

$$I_C = \frac{1}{1 - \alpha M} (\alpha I_B + I_{CB0})$$

(5.05)

beschreiben, wobei I_{CB0} der Kollektorsperrstrom (ohne Durchbruch) ist. Wenn $\alpha \cdot M$ zu eins wird, steigt der Kollektorstrom stark an, und es tritt der Durchbruch in Emitterschaltung auf. Wie aus Gl. 5.05 hervorgeht, wird der Avalanchedurchbruch in Emitterschaltung durch die Stromverstärkung des Transistors beeinflußt. Ist z.B. $I_B = 0$ (offene Basis), wenn $\alpha \cdot M$ zu eins wird, dann wird eine gewisse Basis-Emitter-Spannung benötigt, um den Stromfluß zu ermöglichen. Der dann fließende Kollektorstrom läßt α von 0 zu den üblichen Werten ansteigen. Damit reduziert sich bei steigendem recht zu erhalten. Somit tritt während des Rückfalls im U_{CE}-Verlauf ein negativer Widerstand auf. Wenn U_{CE} von einer idealen Spannungsquelle kommt, steigt der Strom grenzenlos, wenn der Punkt $\alpha \cdot M = 1$ erreicht wird, und der Transistor würde zerstört werden. Durch einen entsprechend hohen Lastwiderstand kann das verhindert werden (siehe Abbildung 5.3).

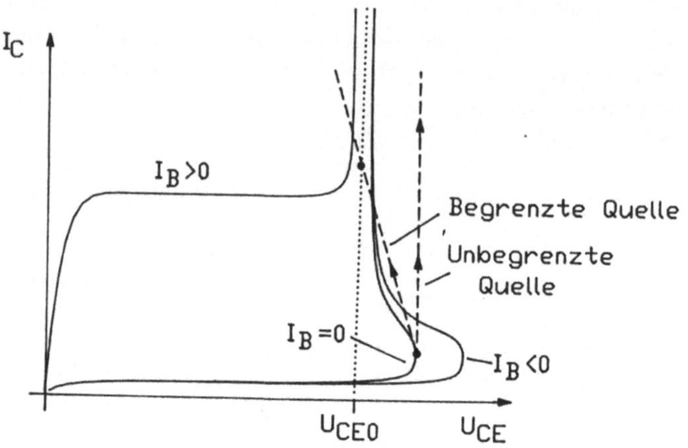

Abb. 5.3: Kollektor-Emitter-Durchbruchscharakteristik

Bei $I_B > 0$ ist die Basis-Emitter-Diode schon in Durchlaß und hängt nur noch minimal vom fließenden Kollektorstrom ab. Daher ist hier dieser Rückfall im U_{CE}-Verlauf nicht feststellbar. Bei $I_B < 0$ wird die Änderung im U_{CE}-Verlauf stärker sein, da zusätzliche Kollektor-Emitter-Spannung nötig ist, um die Basis-Emitter-Diode in Durchlaß zu bringen. Bei steigendem negativen Basisstrom nähert sich die Kollektor-Emitter-Durchbruchspannung der Durchbruchspannung in Basisschaltung. Damit ist die Durchbruchspannung in Basisschaltung ($I_E = 0$) eine fundamentale Maximalgröße des Transistors.

5.2.2 Punch-through

Ein weiterer Durchbruchsmechanismus ist gegeben, wenn durch die angelegte Kollektor-Basis-Sperrspannung die Sperrschicht der Basis-Kollektor-Diode so vergrößert wird, daß sie die Sperrschicht der Basis-Emitter-Diode berührt. Jeder weitere Anstieg der Kollektor-Basis-Spannung reduziert die Potentialbarriere der Basis-Emitter-Diode und führt so zu einem Anstieg der Ladungsträger in der verschmolzenen Übergangszone. Dieser Durchbruchsmechanismus unterscheidet sich vom Avalanchedurchbruch dadurch, daß die Durchbruchspannung unabhängig von der gewählten Grundschaltung ist. Welche Art des Durchbruchs (ob Avalanche- oder Punch-through-Durchbruch) an einem Transistor auftreten wird, ist abhängig von den jeweiligen Gegebenheiten (Dotierung, Basisweite, Geometrien).

5.2.3 Second Breakdown

Neben den spannungsbedingten Durchbrüchen gibt es noch einen Mechanismus, bei dem durch lokale Erhitzung der Transistor zerstört werden kann. Dieser Effekt tritt bei hohen Kollektor-Emitter-Spannungen auf und führt zur Stromanhäufung am Emitterrand. In Abbildung 5.4 ist dies schematisch dargestellt.

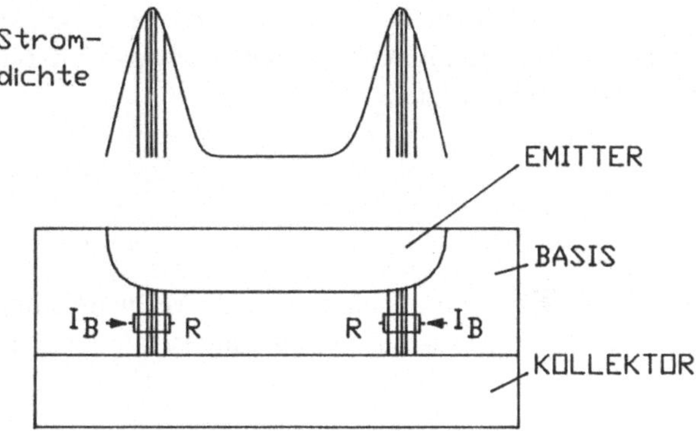

Abb. 5.4: Stromhäufung im aktiven Betrieb

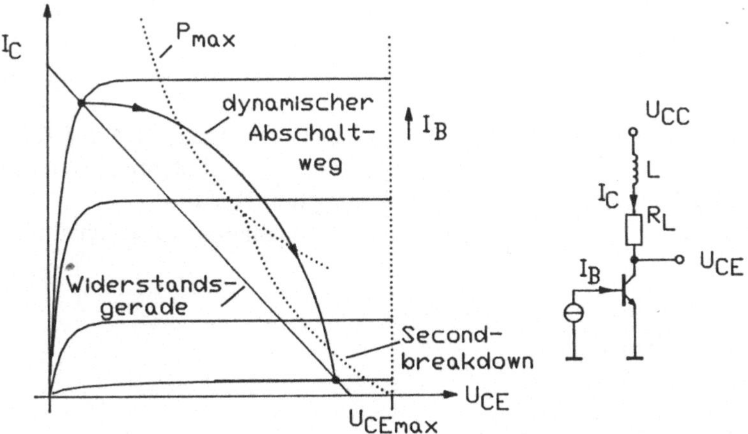

Abb. 5.5: Abschaltverlauf von Strom und Spannung eines Transistors mit induktiver Last

Je höher die Arbeitsspannungen (U_{CE}), um so mehr wird die Basis eingeschnürt (Early-Effekt) und der Schichtwiderstand steigt in der Basisstromzufuhr. Da der Basisstrom unter den Emitter hineininjiziert wird, ist durch den auftretenden Schichtwiderstand die effektive Basis-Emitterspannung an den Ecken des Emitters größer als im mittleren Bereich. Dadurch erhöht sich die Stromdichte an den Emitterkanten, was zu einer lokalen Temperaturerhöhung führt. Dies wiederum senkt die nötige Basis-Emitter-Spannung für den benötigten Strom, was zu einer weiteren lokalen Stromzunahme führt. Das kann im Extremfall zu einem thermischen „Davonlaufen" und damit zur Zerstörung des Transistors führen. Dieser Prozess der lokalen Erhitzung braucht eine gewisse Zeit, um sich aufzubauen, daher ist die Grenze für den sog. „zweiten Durchbruch" für Impulsbetrieb höher als für Gleichstrombetrieb.

Wichtig sind die thermischen Betriebsgrenzen bei komplexen Lastwiderständen. Wie aus Abbildung 5.5 hervorgeht, kann bei entsprechender komplexer Last der dynamische Arbeitspunkt des Transistors in die Bereiche kommen, wo die maximale Verlustleistung überschritten wird oder der „second breakdown" auftritt, was wiederum zur thermischen Zerstörung des Transistors führen kann.

5.3 Kühlprobleme

Eine der wichtigsten Größen bei Leistungstransistoren ist die maximale Verlustleistung. Unter der Verlustleistung versteht man die im Transistor in Wärme umgesetzte Leistung

$$P_D = U_{CE} \cdot I_C + U_{BE} \cdot I_B \approx U_{CE} \cdot I_C \qquad (5.06)$$

Da die Temperatur der Sperrschicht einen bestimmten Wert T_J (bei Si: $T_J = 200\ °C$) nicht überschreiten darf, ist die maximal zulässige Verlustleistung von der Kühlung abhängig. Den Kühlvorgang beschreibt man durch eine Analogie zum Ohmschen Gesetz.

$$P_D = \frac{\Delta T}{R_{th}} \qquad (5.07)$$

Wobei P_D die transportierte Leistung (entsprechend einem Wärmestrom), ΔT der Temperaturunterschied zwischen Quelle und Senke (entsprechend einer Potentialdifferenz) und R_{th} der Wärmewiderstand ist, durch den der Wärmestrom fließt.

Abbildung 5.6 zeigt, dieser Analogie folgend, das wärmemäßige Ersatzschaltbild des Transistors mit Kühlung.

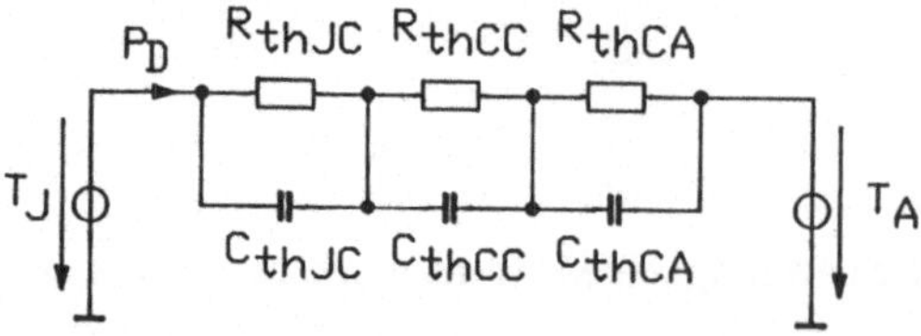

Abb. 5.6: Wärmemäßiges Ersatzschaltbild eines Transistors mit Kühlung

T_J ist die Temperatur der Sperrschicht (Junction) und T_A die Temperatur der Umgebung (Ambient). Dieser Temperaturunterschied und der Gesamtwärmewiderstand bestimmen, welche Verlustleistung an die Umgebung auf Dauer abgegeben werden kann. Man sieht in dem Ersatzschaltbild auch Wärmekapazitäten, die das Verhalten bei Impulsbelastung bestimmen. R_{thJC} bezeichnet den Wärmeübergangswiderstand zwischen Sperrschicht und Transistorgehäuse, R_{thCC} ist der Wärmeübergangswiderstand zwischen Transistor und Kühlkörper und R_{thCA} ist der Wärmewiderstand des Kühlkörpers.

Der Widerstand R_{thJC} ist vom Gehäusetyp des jeweiligen Transistors abhängig und ist dem Datenblatt des Transistorherstellers zu entnehmen. Die übrigen Widerstände sind abhängig von der Montageart des Transistors und vom verwendeten Kühlkörper.

Bei Kleinleistungstransistoren, die oft auch ohne Kühlkörper betrieben werden, wird zusätzlich zum Wärmewiderstand R_{thJC} der Wärmeübergangswiderstand zwischen Sperrschicht und Umgebung R_{thJA} angegeben.

5.4 Emitterfolger und Darlington

Bei Leistungsverstärkern geht es häufig darum, hohe Ausgangsströme am Lastwiderstand zu erzeugen. Also benötigt man eine Grundschaltung, die eine hohe Stromverstärkung, einen hohen Eingangswiderstand und einen niedrigen Ausgangswiderstand besitzt. Die Spannungsverstärkung spielt meist eine untergeordnete Rolle und läßt sich durch geeignete Vorverstärker bereitstellen. Als Leistungsverstärker bietet sich daher die Kollektorgrundschaltung bzw. der Emitterfolger an. In Abbildung 5.7 ist die aus Kapitel 2.8 schon behandelte Schaltung noch einmal dargestellt.

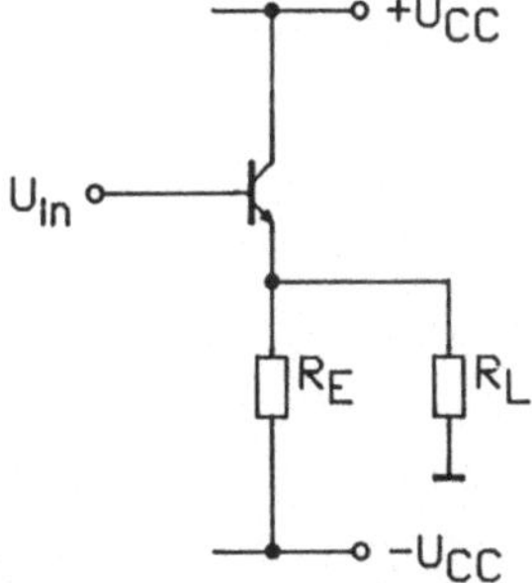

Abb. 5.7: Emitterfolger als Leistungsverstärker

Die charakteristischen Werte dieser Schaltung seien hier noch einmal aufgeführt und um die Leistungsdaten ergänzt.

Spannungsverstärkung: $A_v \approx 1$ (5.08)

Stromverstärkung: $A_i = \tfrac{1}{2}\,\beta$ (5.09)

Lastwiderstand bei Leistungsanpassung: $R_L = R_E$ (5.10)

Ausgangsleistung bei Leistungsanpassung und sinusförmiger Vollaussteuerung:

$$P_{Lmax} = \frac{U_{CC}^2}{8\,R_E} \qquad\qquad (5.11)$$

Wirkungsgrad:

$$\eta = \frac{P_{Lmax}}{P_{ges}} = 6{,}25\ \% \qquad\qquad (5.12)$$

Maximale Verlustleistung des Transistors:

$$P_D = \frac{U_{CC}^2}{R_E} = 8 \cdot P_{Lmax} \qquad\qquad (5.13)$$

Der Transistor arbeitet im sog. A-Betrieb, der dadurch gekennzeichnet ist, daß der Strom durch den Transistor niemals null wird, und daß die von der Schaltung aufgenommene Gesamtleistung konstant ist, also unabhängig von der Aussteuerung ist.

Bei hohen Kollektorströmen sinkt die Stromverstärkung des Transistors erheblich. So beträgt die Stromverstärkung typischerweise bei einem Kollektorstrom von $I_C = 8$ A ungefähr $\beta = 20$. Durch diese geringe Stromverstärkung ist auch ein relativ hoher Basisstrom für die Leistungsendstufe bereitzustellen. Dies läßt sich vermeiden, wenn 2 Transistoren zur sog. „Darlington"-Schaltung zusammengeschaltet werden (siehe Abbildung 5.8).

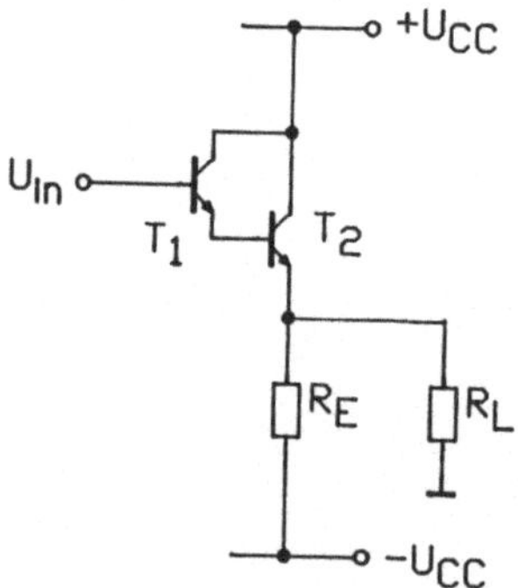

Abb. 5.8: Darlingtonschaltung

Die Zusammenschaltung der beiden Transistoren wirkt wie ein einzelner Transistor mit einer Stromverstärkung $\beta' = \beta_1 \cdot \beta_2$. Allerdings erhöht sich auch der Spannungsabfall zwischen dem gemeinsamen Basisanschluß und dem gemeinsamen Emitteranschluß auf $U_{BE'} = 2 \cdot U_{BE}$.

5.5 Komplementärendstufen

Beim Emitterfolger wird die Ausgangsleistung dadurch beschränkt, daß über R_E nur ein begrenzter Ausgangsstrom fließen kann. Eine wesentlich größere Ausgangsleistung und besseren Wirkungsgrad kann man erzielen, wenn man R_E durch einen weiteren Emitterfolger ersetzt. Dies muß ein PNP-Transistor sein, da für diesen Transistor umgekehrte Strom- und Spannungsrichtungen gelten. Da beide Transistoren die gleichen elektrischen Daten aufweisen müssen, kann man sagen, daß beide Transistoren zueinander komplementär sind. Das Prinzipschaltbild dieser Komplementärendstufe ist in Abbildung 5.9 dargestellt.

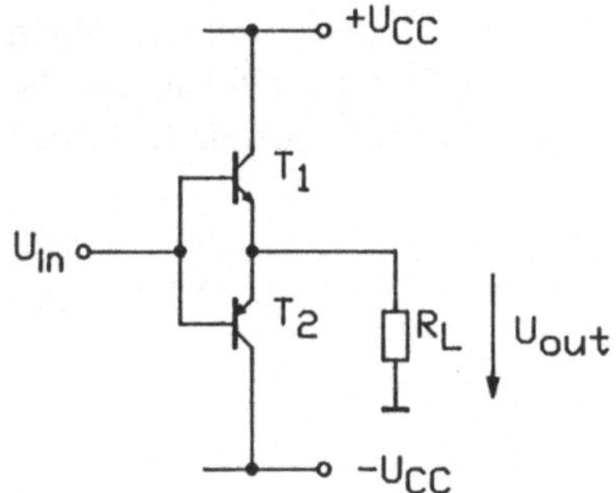

Abb. 5.9: Komplementäre Emitterfolgerschaltung

Einige charakteristische Daten seien hierfür angegeben:

Spannungsverstärkung:
$$A_v \approx 1 \tag{5.14}$$

Stromverstärkung:
$$A_i = \beta \tag{5.15}$$

Ausgangsleistung bei sinusförmiger Vollaussteuerung:
$$P_L = \frac{U_{CC}^2}{2\,R_L} \tag{5.16}$$

Wirkungsgrad bei sinusförmiger Vollaussteuerung:
$$\eta = \frac{P_L}{P_{ges}} = 78,5\,\% \tag{5.17}$$

Maximale Verlustleistung in einem Transistor:

$$P_{D_{T1}} = P_{D_{T2}} = \frac{U_{CC}^2}{\pi^2\,R_L} \approx 0,2\,P_L$$

$$(5.18)$$

Bei positiven Eingangsspannungen arbeitet T_1 als Emitterfolger und T_2 sperrt. Bei negativen Eingangsspannungen ist es umgekehrt. Die Transistoren sind also abwechselnd je eine halbe Periode leitend. Für $U_{In} = 0$ sperren beide Transistoren. Eine solche Betriebsart wird als Gegentakt-B-Betrieb bezeichnet.

Daß nur jeweils ein Transistor leitend ist, gilt jedoch nur bei Frequenzen der Eingangsspannung, die klein gegenüber der Transitfrequenz der verwendeten Transistoren sind. Ein Transistor benötigt eine gewisse Zeit, um vom leitenden in den gesperrten Zustand überzugehen. Unterschreitet die Schwingungsdauer der Eingangsspannung diese Zeit, können beide Transistoren gleichzeitig leitend werden. Dann können sehr hohe Ströme von $+U_{CC}$ nach $-U_{CC}$ durch beide Transistoren fließen, die zur momentanen Zerstörung führen können. Zum Schutz sollten Widerstände in den Kollektorleitungen vorgesehen werden.

Die komplementäre Emitterfolgerschaltung nach Abbildung 5.9 arbeitet im sog. B-Betrieb. Die Übertragungskennlinie dieser Betriebsart ist in Abbildung 5.10 dargestellt.

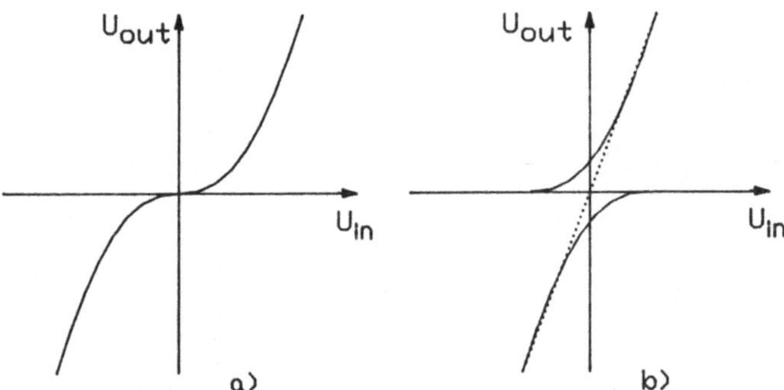

Abb. 5.10: Übernahmeverzerrungen im B-Betrieb und im AB-Betrieb

In Nullpunktnähe wird der Strom auch in dem leitenden Transistor sehr klein und sein Innenwiderstand hoch. Daher ändert sich die Ausgangsspannung bei Belastung in diesem Bereich weniger als die Eingangsspannung. Dies ist die Ursache für den Kennlinienknick in Nullpunktnähe. Die damit verbundenen Verzerrungen der Ausgangsspannung werden als Übernahmeverzerrungen bezeichnet. Läßt man durch beide Transistoren einen kleinen Ruhestrom fließen, verkleinert sich ihr Widerstand in Nullpunktnähe, und man erhält die Übertragungskennlinie nach Abbildung 5.10b. Man erkennt, daß sich die Übernahmeverzerrungen bei geeigneter Wahl des Ruhestroms beträchtlich verkleinern lassen. Diese Betriebsart heißt Gegentakt-AB-Betrieb. Um in den AB-Betrieb zu gelangen, legt man zwischen die Basisanschlüsse von T_1 und T_2 in Abbildung 5.9 eine Gleichspannung, die so groß ist, daß der gewünschte Ruhestrom durch T_1

und T_2 fließt. Dazu dienen die beiden Spannungsquellen U_1 und U_2 in Abbildung 5.11a.

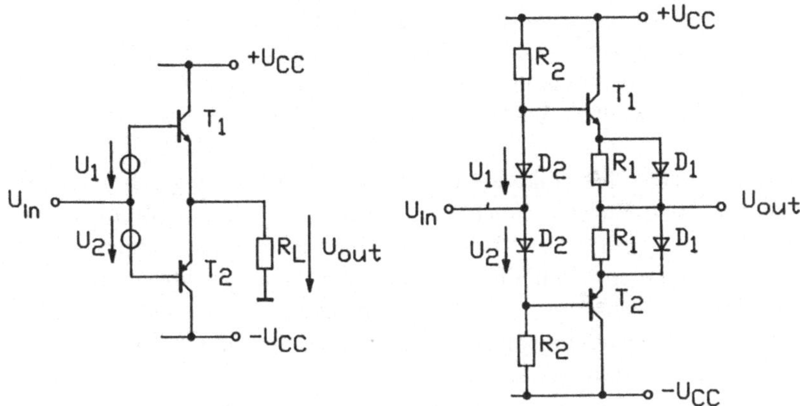

Abb. 5.11: Komplementärendstufe im AB-Betrieb und Stabilisierung des Ruhestroms

Das Hauptproblem beim AB-Betrieb besteht darin, den gewünschten Ruhestrom über einen großen Temperaturbereich konstant zu halten. Wenn sich bei der Schaltung nach Abbildung 5.11a die Transistoren erwärmen, nimmt wegen U_{BE} = const der Ruhestrom zu. Dies kann zu einer weiteren Erwärmung der Transistoren und schließlich zu ihrer Zerstörung führen. Eine Möglichkeit, das Ansteigen des Ruhestroms zu verhindern, besteht darin, die Spannungen U_1 und U_2 entsprechend dem Temperaturgang der Basis-Emitterspannung zu erniedrigen. Dies läßt sich in der Praxis nur schwer mit der nötigen Präzision realisieren, da die Elemente (Regelheißleiter oder Dioden), die zu diesem Zweck verwendet werden, nie genau dieselbe Temperatur besitzen wie die Sperrschicht der Leistungstransistoren. Eine zusätzliche Stabilisierungsmöglichkeit besteht darin, je einen Widerstand in die Emitterleitung von T_1 und T_2 zu schalten, was eine Stromgegenkopplung bewirkt. Sie wird um so wirksamer, je größer man die Widerstände wählt. Die Widerstände liegen jedoch in Reihe mit dem angeschlossenen Verbraucher und setzen daher die erhältliche Ausgangsleistung herab. Um nicht einen Kompromiß zwischen Ruhestromstabilisierung und erhältlicher Ausgangsleistung schließen zu müssen, kann man wie in Abbildung 5.11b Dioden zu den Widerständen parallel schalten. Man wählt die Spannungen U_1 und U_2 so klein, daß die Dioden D_1 bei unbelastetem Ausgang nicht leitend werden können. Belastet man den Ausgang, steigt der Spannungsabfall an R_1 an, jedoch nur so weit, bis die parallel geschaltete Diode leitend wird. Man kann nun beliebige Ausgangsströme entnehmen, ohne daß die maximale Ausgangsspannung um mehr als U_D abnimmt. Eine Möglichkeit, die Spannungen U_1 und U_2 zu erzeugen, zeigt Abbildung 5.11b. An den Dioden D_2 falle eine Spannung von $U_1 = U_2$ = ca. 0,6 V ab. Da die Summe aus Basis-Emitterspannung von T_1 und dem Spannungsabfall an R_1 gleich der Spannung U_1 sein muß, würde sich z.B. ein Gleichgewichtszustand einstellen, bei dem die Basis-Emitterspannung U_{BE} = 0,5 V und der Spannungsabfall an R_1, U_{R_1} = 0,1 V wäre. Wenn sich die Dioden genauso erwärmen wie die Transistoren, nehmen die Spannungen U_1 und U_2 im selben Maß ab, wie die Basis-Emitterspannungen von T_1 und T_2. In diesem Fall bleibt also die Spannung an R_1 und damit der Ruhestrom konstant. Werden die Transistoren T_1 und T_2 infolge der Ausgangsbelastung wärmer als die Dioden, steigt die Spannung an dem Widerstand R_1. Wenn die Transistoren bsw. 100 °C wärmer sind als die Dioden D_2, würde die Spannung an R_1 um ca. 200 mV steigen. Damit sperren die Dioden D_1 noch sicher, und die Stromgegenkopplung bleibt voll wirksam. Der Ruhestrom steigt dann zwar an, aber ist immer noch klein gegenüber den üblicherweise erhältlichen Ausgangsströmen.

Bei der Ansteuerung nach Plus sinkt die Spannung an R_2 ab. Dadurch verringert sich der durch ihn fließende Strom. Gleichzeitig steigt der Ausgangsstrom an und damit auch der Basisstrom von T_1. Der Widerstand R_2 muß so niederohmig gewählt werden, daß durch ihn bei der größten Eingangsspannung noch ein Strom fließt, der größer ist als der benötigte Basisstrom von T_1. Wenn man mit der Aussteuerbarkeit nicht weit unter der Betriebsspannung bleibt, ergeben sich aus dieser Forderung für R_2 sehr niedrige Werte. Dieser Mangel läßt sich beheben, wenn man die Widerstände R_2 durch Konstantstromquellen, wie in Abbildung 5.12, ersetzt. Sie liefern unabhängig von der Eingangsspannung einen konstanten Strom. Man macht den Konstantstrom groß gegenüber den von T_1 und T_2 benötigten Basisströmen. Dann bleibt der Strom durch die Dioden weitgehend konstant und damit auch der an ihnen auftretende Spannungsabfall. Die maximale Aussteuerung ist erreicht, wenn die Kollektor-Emitterspannung an den Stromquellentransistoren T_3 bzw. T_4 null wird. Sie ist also ungefähr um den Betrag kleiner als die Betriebsspannung, der an den Dioden D_3 abfällt. Um möglichst hohe Aussteuerbarkeit zu erreichen, wählt man diesen Betrag nicht zu groß, z.B. 1 bis 2 V, und verwendet zwei bis drei in Durchlaßrichtung betriebene Dioden dazu.

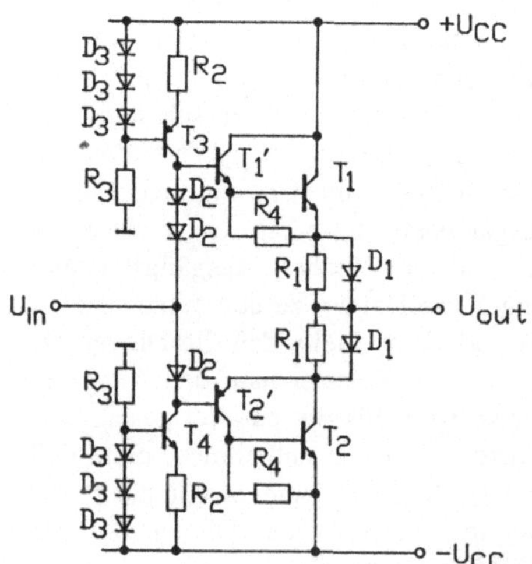

Abb. 5.12: Quasikomplementäre Endstufe

Muß die Endstufe hohe Ausgangsströme liefern, benötigt man Transistoren mit höherer Stromverstärkung. Solche Transistoren kann man aus zwei oder mehr Einzeltransistoren zusammenschalten, indem man sie als Darlingtonschaltung oder Komplementärdarlingtonschaltung betreibt. Mitunter möchte man in der Endstufe Leistungstransistoren desselben Typs verwenden, da es einfacher ist, diese zu paaren. Man verwendet dann in einem Zweig der Schaltung die schon bekannte Darlingtonschaltung und im anderen Zweig eine komplementäre Darlingtonschaltung, wie sie in Abbildung 5.12 dargestellt ist. Diese Schaltung wird als quasikomplementärer Leistungsverstärker bezeichnet. Man benötigt dann drei Dioden D_2, um die Basis-Emitterspannungen der Transistoren T_1, T_1' und T_2' zu kompensieren.

6 Differenzverstärker mit Bipolartransistoren

Transistoren besitzen eine beträchtliche Temperaturdrift, so beträgt die Basis-Emitterspannungsdrift bei bipolaren Transistoren ca. 2 bis 3 mV/°C. Solange es nur darum geht, Wechselspannungen zu verstärken, kann man die Gleichspannungsverstärkung klein halten und damit die temperaturabhängige Verschiebung des Arbeitspunktes reduzieren, wie in Kapitel 2.5 „Gegenkopplung und Stabilisierung" geschehen. Will man jedoch Gleichspannungen verstärken, muß die Driftspannung im in Frage kommenden Temperaturbereich klein gegenüber der Signalspannung sein. Da sich die Drift eines Transistors praktisch nicht beeinflussen läßt, kann man sich dadurch helfen, daß man einen Differenzverstärker verwendet, der lediglich die Differenz zweier Eingangsspannungen verstärkt. Dann wirkt sich nur noch die Driftdifferenz zweier Transistoren auf den Ausgang aus. Die Grundschaltung eines Differenzverstärkers ist in Abbildung 6.1 dargestellt.

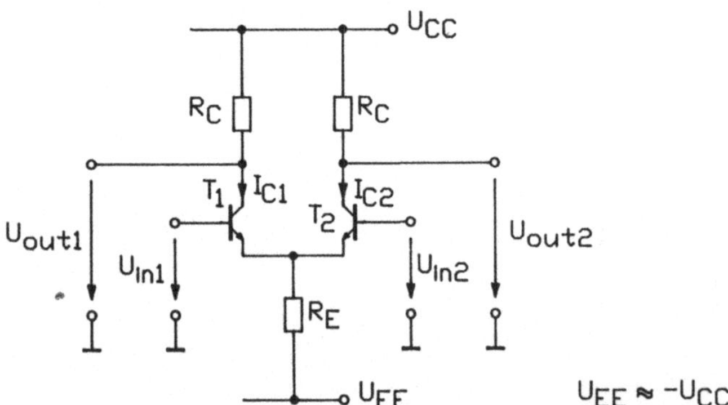

Abb. 6.1: Differenzverstärker

Wegen der niedrigen Drift, die ein Differenzverstärker besitzt, setzt man ihn auch dann ein, wenn man keine Spannungsdifferenz, sondern nur eine Eingangsspannung verstärken will. In diesem Fall legt man einen der beiden Eingänge auf Nullpotential.

Ein Differenzverstärker ist ein symmetrischer Gleichspannungsverstärker mit zwei Eingängen und zwei Ausgängen. Kennzeichnend ist, daß Eingangsspannungsdifferenzen mit einem Faktor A_{Vd}, gleiche Eingangsspannungen jedoch nur mit dem wesentlich kleineren Faktor A_{Vc} verstärkt werden.

Zur Darstellung der Funktionsweise des Differenzverstärkers kann man die Eingangsspannung in zwei Anteile zerlegen, nämlich in eine Gleichtaktspannung $U_{in,c}$, die gleich dem arithmetischen Mittel der Eingangsspannung ist, und in eine Differenzspannung $U_{in,d}$, die gleich der Eingangsspannungsdifferenz ist:

$$U_{in,c} = \frac{U_{in1} + U_{in2}}{2} \qquad (6.01)$$

$$U_{in,d} = U_{in2} - U_{in2} \qquad (6.02)$$

Zur Berechnung der Differenzverstärkung soll

$$\Delta U_{in1} = - \Delta U_{in2} = \tfrac{1}{2} \cdot \Delta U_{in,d} \qquad (6.03)$$

sein. Aus Symmetriegründen bleibt dabei das Emitterpotential konstant und man erhält

$$\Delta U_{BE1} = - \Delta U_{BE2} = \tfrac{1}{2} \cdot \Delta U_{in,d} \qquad (6.04)$$

Die beiden Transistoren arbeiten demnach so, als ob sie in Emitterschaltung betrieben würden und besitzen die Spannungsverstärkung

$$\frac{\Delta U_{out1}}{\Delta U_{in,d}} = \frac{\Delta U_{out1}}{2 \cdot \Delta U_{BE1}} = - \beta \frac{R_C}{2\,r_b} \qquad (6.05)$$

und

$$\frac{\Delta U_{out2}}{\Delta U_{in,d}} = \frac{\Delta U_{out2}}{2 \cdot \Delta U_{BE2}} = + \beta \frac{R_C}{2\,r_b} \qquad (6.06)$$

Die Kollektorspannungsänderungen sind also entgegengesetzt gleich und nur halb so groß wie bei der Emitterschaltung, weil sich die Eingangsspannung hier gleichmäßig auf beide Transistoren aufteilt. Die Differenzspannungsverstärkung, die sich aus ΔU_{out} und $\Delta U_{in,d}$ ergibt, ist demnach

$$A_{Vd} = \frac{\Delta U_{out}}{\Delta U_{in,d}} = - \beta \frac{R_c}{r_b} = - g_m R_C \qquad (6.07)$$

Anders liegen die Verhältnisse bei der Gleichtaktaussteuerung. Legt man an beide Eingänge dieselbe Spannung $U_{in,c}$, teilt sich der Emitterstrom nach wie vor gleichmäßig auf die beiden Transistoren auf. Sie wirken in diesem Fall wie parallel geschaltete Emitterfolger. Abbildung 6.2 zeigt dazu das Kleinsignalersatzschaltbild der Anordnung bei Gleichtaktaussteuerung. Umlauf I liefert

$$U_{in,c} - i_b\,r_b - i_b\,(\beta + 1) \cdot 2 \cdot R_E = 0 \qquad (6.08)$$

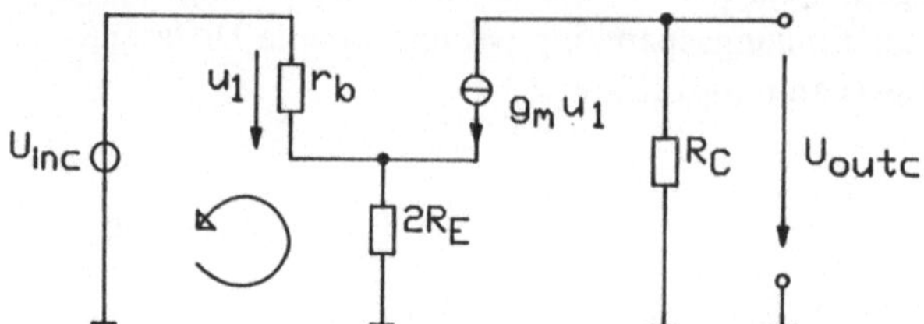

Abb. 6.2: Ersatzschaltung zur Bestimmung der Gleichtaktverstärkung

nach i_b aufgelöst erhält man

$$i_b = \frac{U_{in,c}}{r_b + 2 \cdot R_E (\beta + 1)} \tag{6.09}$$

Die Ausgangsspannung ist gegeben durch

$$U_{out,c} = - R_C \cdot i_c = - R_C \cdot \beta \cdot i_b = U_{in,c} \left(\frac{- \beta \cdot R_C}{r_b + 2 \cdot R_E (\beta + 1)} \right) \tag{6.10}$$

Damit wird die Gleichtaktverstärkung

$$A_{Vc} = \frac{U_{out,c}}{U_{in,c}} = - \frac{g_m \cdot R_C}{1 + 2 \cdot g_m \cdot R_E \left(1 + \dfrac{1}{\beta} \right)} \tag{6.11}$$

Um die unerwünschte Gleichtaktverstärkung klein zu halten, wird man versuchen, R_E so groß wie möglich zu machen. Wenn die negative Betriebsspannung konstant ist, macht dies keinen Sinn, den mit erhöhtem R_E sinkt dann auch der Kollektorstrom und damit die Differenzverstärkung, so daß die Gleichtaktunterdrückung (CMRR = Common Mode Rejection Ratio) praktisch gleich bleibt.

$$CMRR = 1 + 2 \cdot g_m \cdot R_E \left(1 + \frac{1}{\beta} \right) \tag{6.12}$$

Wünscht man besonders hohe Gleichtaktunterdrückung, so muß man R_E durch eine Konstantstromquelle ersetzen, wie in Abbildung 6.3 gezeigt.

Sie ermöglicht ein hohes R_E, ohne den Kollektorstrom herabzusetzen. Die Gleichtaktunterdrückung wird dann im wesentlichen durch Unsymmetrien der beiden Transistoren T_1 und T_2 bestimmt und kann bei gepaarten Transistoren in Größenordnungen von 80-100 dB kommen.

Die bisherigen Betrachtungen erstreckten sich über das Übertragungsverhalten des Differenzverstärkers im linearen Aussteuerbereich. Es ist auch wichtig, das Großsignalverhalten des Differenzverstärkers zu betrachten, da es zeigt, daß der Eingangsspannungsbereich begrenzt ist, und daß der Differenzverstärker Signale begrenzen kann, ohne in Sättigung zu geraten. Dazu der folgende Spannungsumlauf an der Schaltung nach Abbildung 6.1

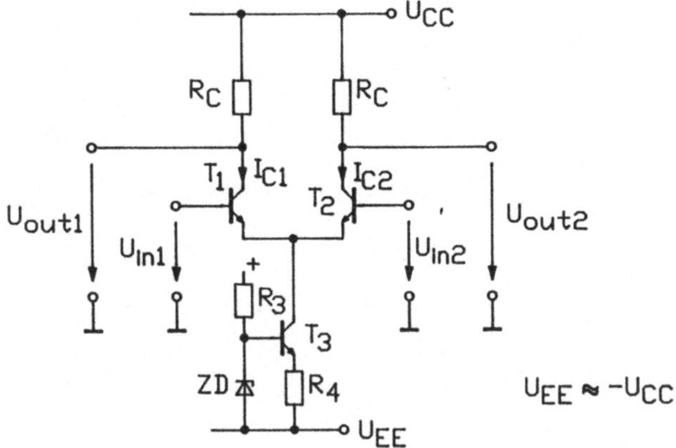

Abb. 6.3: Differenzverstärker mit hoher Gleichtaktunterdrückung

$$- U_{in1} + U_{BE1} - U_{BE2} + U_{in2} = 0 \qquad (6.13)$$

für die Basis-Emitterspannungen folgt nach Gl. 2.11

$$U_{BE1} = U_T \cdot \ln \frac{I_{C1}}{I_{S1}} \qquad (6.14)$$

und

$$U_{BE2} = U_T \cdot \ln \frac{I_{C2}}{I_{S2}} \qquad (6.15)$$

das Einsetzen der Gleichungen liefert, unter der Annahme das $I_{S1} = I_{S2}$ ist

$$\frac{I_{C1}}{I_{C2}} = e^{\frac{U_{in2} - U_{in2}}{U_T}} = e^{\frac{U_{in,d}}{U_T}} \qquad (6.16)$$

mit $U_{in,d}$ als Differenzeingangsspannung. Die Summe der Kollektorströme an den Emittern der beiden Transistoren ist

$$I_E = \frac{1}{\alpha} (I_{C1} + I_{C2}) \qquad (6.17)$$

damit folgt für die einzelnen Kollektorströme

$$I_{C1} = \frac{\alpha \cdot I_E}{1 + e^{\left(\frac{- U_{in,d}}{U_T} \right)}} \qquad (6.18)$$

und

$$I_{C2} = \frac{\alpha \cdot I_E}{1 + e^{\frac{U_{in,d}}{U_T}}}$$

(6.19)

Diese beiden Ströme sind als Funktion der Differenzeingangsspannung in Abbildung 6.4 eingezeichnet

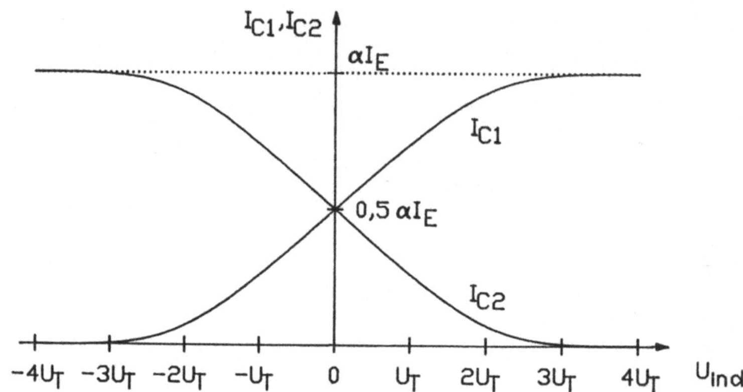

Abb. 6.4: Kollektorströme in Abhängigkeit der Differenzeingangsspannung

Man sieht, daß der Kollektorstrom bei Differenzeingangsspannungen, die größer sind als ein paar hundert Millivolt, unabhängig von der Differenzeingangsspannung wird, da der Strom nur noch durch einen der beiden Transistoren fließt. Nur für Differenzeingangsspannungen, die kleiner als ca. 50 mV sind, arbeitet die Schaltung im linearen Bereich. Die Ausgangsspannung läßt sich wie folgt berechnen

$$U_{out1} = U_{CC} - I_{C1} \cdot R_C$$

(6.20)

und

$$U_{out} = U_{CC} - I_{C2} \cdot R_C$$

(6.21)

Interessant ist hierbei die Ausgangsspannungsdifferenz $U_{out,d}$, sie wird

$$U_{out,d} = U_{out1} - U_{out2} = \alpha \cdot I_E \cdot R_C \cdot \tanh\left(\frac{-U_{in,d}}{2 \cdot U_T}\right)$$

(6.22)

Die Differenzausgangsspannung als Funktion der Differenzeingangsspannung ist in Abbildung 6.5 aufgetragen.

Wenn man den Eingangsspannungsbereich erhöhen möchte, kann man Gegenkopplungswiderstände in die Emitterleitungen der beiden Transistoren einbringen. Die Wirkung dieser Gegenkopplungswiderstände ist auch in Abbildung 6.5 gezeigt. Man sieht, daß das Einbringen der zusätzlichen Emitterwiderstände nicht nur den Eingangsspannungsbereich vergrößert, sondern auch in gleichem Maße die Verstärkung der Schaltung herabsetzt.

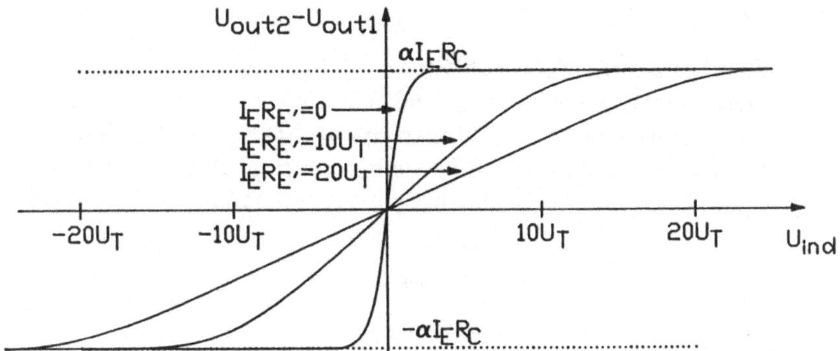

Abb. 6.5: Ausgangsspannung in Abhängigkeit der Differenzeingangsspannung mit verschiedenen Gegenkopplungen

Nun einige Betrachtungen zum Klirrfaktor der Schaltung. Nach Gl. 6.22 ist die Ausgangsspannung gegeben durch

$$U_{out} = \alpha \cdot I_E \cdot R_C \cdot \tanh\left(\frac{-U_{in,d}}{2 \cdot U_T}\right)$$

(6.22)

Durch Reihenentwicklung läßt sich für den tanh-Term schreiben

$$U_{out} = \alpha \cdot I_E \cdot R_C \left[-\frac{U_{in,d}}{2 \cdot U_T} + \frac{(U_{in,d})^3}{24 \cdot U_T^3} - \cdots\right]$$

(6.23)

mit $U_{in,d} = \hat{U}_{in,d} \cdot \sin \omega t$ und Abbruch nach der dritten Potenz folgt daraus

$$U_{out} \approx \alpha \cdot I_E \cdot R_C \left[-\frac{\hat{U}_{in,d}}{2 \cdot U_T} \sin \omega t + \frac{\hat{U}_{in,d}^3}{96 \cdot U_T^3}(3 \cdot \sin \omega t - \sin 3 \omega t)\right]$$

(6.24)

Dabei zeigt sich, daß die Verzerrungen nur aus ungeraden Harmonischen bestehen. Aus dem Verhältnis der Oberwellenamplitude zur Grundwellenamplitude erhält man in erster Näherung den Klirrfaktor zu

$$k = \frac{\dfrac{\hat{U}_{in,d}^3}{96 \cdot U_T^3}}{\dfrac{\hat{U}_{in,d}}{2 \cdot U_T} - \dfrac{3 \cdot \hat{U}_{in,d}^3}{96 \cdot U_T^3}} \approx \frac{1}{48}\left(\frac{\hat{U}_{in,d}}{U_T}\right)^2$$

(6.25)

Der Klirrfaktor nimmt also quadratisch mit $U_{in,d}$ zu. Wenn der Klirrfaktor den Wert 1 % nicht überschreiten soll, läßt sich daraus die maximale Amplitude für die Differenzeingangsspannung berechnen

$$\hat{U}_{in,d_{max}} = 0{,}7 \cdot U_T \approx 18\,\text{mV} \qquad (6.26)$$

Der Eingangswiderstand des Differenzverstärkers wird in zwei Anteilen betrachtet. Diese sind der Differenzeingangswiderstand $r_{in,d}$ und der Gleichtakteingangswiderstand $r_{in,c}$. Der Differenzeingangswiderstand ist definiert als Verhältnis der Kleinsignaldifferenzeingangsspannung zum Kleinsignaldifferenzeingangsstrom. Betrachtet man die Teilschaltung aus einem Transistor, so ist deren Eingangwiderstand gegeben durch

$$\frac{U_{in,d}}{2} = i_b \cdot r_b \qquad (6.27)$$

Damit folgt für den Differenzeingangswiderstand

$$r_{in,d} = \frac{U_{in,d}}{i_b} = 2 \cdot r_b \qquad (6.28)$$

Damit hängt der Differenzeingangswiderstand vom Eingangswiderstand des Transistors ab, und ist damit abhängig von β und dem Kollektorstrom. Hoher Differenzeingangswiderstand läßt sich also erreichen, in dem man die Schaltung bei niedrigen Strömen betreibt.

Der Gleichtaktwiderstand ist definiert als Verhältnis zwischen Kleinsignalgleichtakteingangsspannung und Kleinsignaleingangsstrom eines Eingangs. Für den Verstärker, der dabei als Emitterfolger arbeitet, ergibt sich

$$r_{in,c} = \frac{U_{in,c}}{i_b} = [r_b + 2 \cdot R_E \cdot \beta] \qquad (6.29)$$

Die Kleinsignaleingangsströme können bei gemischter Betriebsart durch Superposition ermittelt werden

$$i_{b1} = \frac{U_{in,d}}{r_{in,d}} + \frac{U_{in,c}}{r_{in,c}} \qquad (6.30)$$

und

$$i_{b2} = -\frac{U_{in,d}}{r_{in,d}} + \frac{U_{in,c}}{r_{in,c}} \qquad (6.31)$$

Damit lassen sich die Eingangswiderstände als sog. Pi-Ersatzschaltbild angeben, wie in Abbildung 6.6 geschehen.

Alternativ dazu läßt sich das Pi-Ersatzschaltbild umrechnen. Dies ist in Abbildung 6.6 gezeigt. Die Umrechnung basiert auf der Voraussetzung, daß der Gleichtaktwiderstand sehr viel größer ist als der Differenzeingangswiderstand.

Ein wichtiger Aspekt für die Qualität eines Differenzverstärkers ist, welche minimale Gleichspannung der Differenzverstärker verarbeiten kann. Durch Ungleichheit der beiden Transistoren und der Widerstände und durch ungleiche Temperaturdrift der Bauelemente können zusätzliche Differenzausgangsspannungen auftreten, die sich nicht

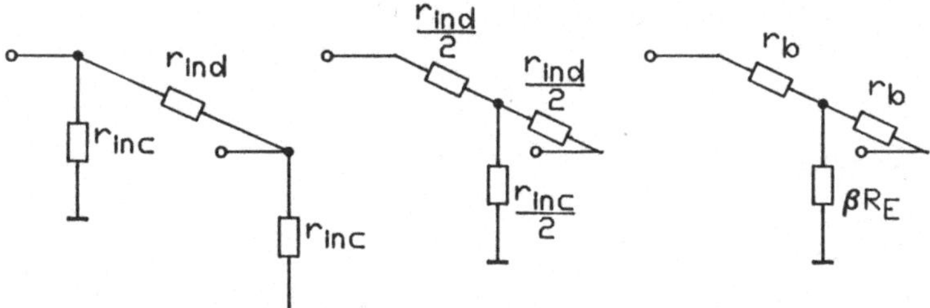

Abb. 6.6: Eingangswiderstände des Differenzverstärkers

mehr vom eigentlichen Signal trennen lassen. In vielen analogen Systemen bestimmt diese Fehlerquelle die Auflösung des Systems und ist daher ein zentraler Punkt beim Design von analogen Schaltungen.

Bei Differenzverstärkern wird dieser Effekt der Unsymmetrie durch zwei Elemente beschrieben, die Eingangsoffsetspannung und der Eingangsoffsetstrom. Diese Elemente repräsentieren alle Ungleichheiten der Schaltung und beziehen sie auf den Eingang der Schaltung. In Abbildung 6.7 ist dies gezeigt. Man ersetzt den fehlerhaften Differenzverstärker durch einen idealen Differenzverstärker und addiert eine Offsetspannungsquelle und eine Offsetstromquelle zum Eingang dieses idealen Differenzverstärkers.

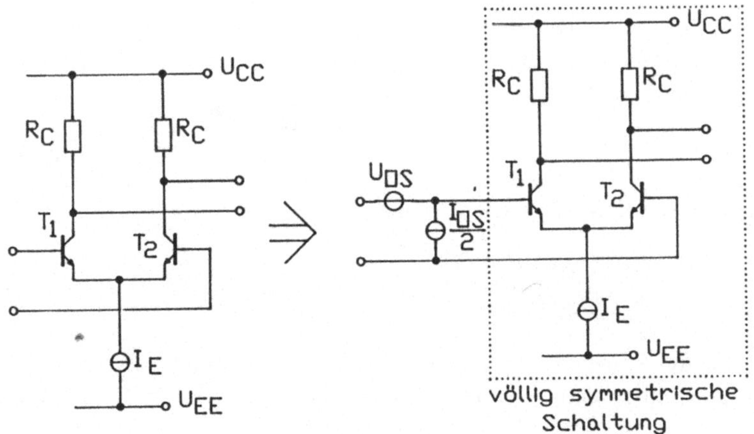

Abb. 6.7: Vergleich zwischen realem und idealem Differenzverstärker mit Offsetquellen

Die meisten Quellen des sog. Offsetfehlers eines Differenzverstärkers sind Unsymmetrien in der Basisweite, dem Basisdotierungsgrad und dem Kollektordotierungsgrad der Transistoren, Unsymmetrien in der effektiven Emitterfläche der Transistoren, und die Unsymmetrien der Kollektorwiderstände.

Die Offsetspannung gibt an, welche Differenzeingangsspannung angelegt werden muß, damit die Differenzausgangsspannung null wird. Unter der Annahme, daß die Differenzausgangsspannung null ist, läßt sich schreiben

$$U_{OS} - U_{BE} + U_{BE} = 0 \tag{6.32}$$

Damit wird die Offsetspannung

$$U_{OS} = U_T \cdot \ln \frac{I_{C1}}{I_{S1}} - U_T \cdot \ln \frac{I_{C2}}{I_{S2}} \tag{6.33}$$

bzw.

$$U_{OS} = U_T \cdot \ln \frac{I_{C1} \cdot I_{S2}}{I_{C2} \cdot I_{S1}} \tag{6.34}$$

Die Sättigungsströme der beiden Transistoren sind nach Gl. 2.12

$$I_{S1} = \frac{e \cdot A_1 \cdot D_n \cdot n_i^2}{w_{B1}(U_{CB}) \cdot N_{A_1}} = \frac{e \cdot n_i^2 \cdot D_n}{Q_{B1}(U_{CB})} A_1 \tag{6.35}$$

und

$$I_{S2} = \frac{e \cdot A_2 \cdot D_n \cdot n_i^2}{w_{B2}(U_{CB}) \cdot N_{A_2}} = \frac{e \cdot n_i^2 \cdot D_n}{Q_{B2}(U_{CB})} A_2 \tag{6.36}$$

Das Produkt aus effektiver Basisweite und Löcherdichte in der Basis läßt sich zur Gesamtstörstellendotierung der Basis $Q_B(U_{CB})$ zusammenfassen. Damit die Differenzausgangsspannung null wird, muß

$$I_{C1} \cdot R_{C1} = I_{C2} \cdot R_2 \tag{6.37}$$

sein. Kombiniert man diese Gleichungen, erhält man

$$U_{OS} = U_T \cdot \ln \left[\left(\frac{R_{C2}}{R_{C1}} \right) \left(\frac{A_2}{A_1} \right) \left(\frac{Q_{B1}(U_{CB})}{Q_{B2}(U_{CB})} \right) \right] \tag{6.38}$$

Berücksichtigt man nur die Abweichung vom Nominalwert und nimmt an, daß diese Abweichung gering gegenüber dem Nominalwert ist, läßt sich Gl. 6.38 wie folgt vereinfachen

$$U_{OS} = U_T \cdot \ln \left[\left(1 - \frac{\Delta R_C}{R_C} \right) \left(1 - \frac{\Delta A}{A} \right) \left(1 + \frac{\Delta Q_B}{Q_B} \right) \right] \tag{6.39}$$

Berücksichtigt man nur den linearen Term der Logarithmusfunktion wird

$$U_{OS} = U_T \left(- \frac{\Delta R_C}{R_C} - \frac{\Delta A}{A} + \frac{\Delta Q_B}{Q_B} \right) \tag{6.40}$$

Damit zeigt sich, daß die Offsetspannung durch die lineare Überlagerung aus den Unsymmetrien der verschiedenen Bauelemente dargestellt werden kann.

Der Eingangsoffsetstrom ist gleich der Differenz der Eingangsströme beider Transistoren und damit abhängig von β und I_C der beiden Transistoren.

$$I_{OS} = \frac{I_{C1}}{\beta_1} - \frac{I_{C2}}{\beta_2} = \frac{I_{C2}}{\beta_1}\left(\frac{I_{C1}}{I_{C2}} - \frac{\beta_1}{\beta^2}\right) \qquad (6.41)$$

Berücksichtigt man auch hier die Abweichungen vom Nominalwert, wird

$$I_{OS} = \frac{I_C}{\beta}\left(\frac{\Delta I_C}{I_C} - \frac{\Delta\beta}{\beta}\right) \qquad (6.42)$$

Unsymmetrien in den Kollektorströmen ergeben sich aus den Unsymmetrien der Kollektorwiderstände

$$\frac{\Delta I_C}{I_C} = -\frac{\Delta R_C}{R_C} \qquad (6.43)$$

Somit wird

$$I_{OS} = -\frac{I_C}{\beta}\cdot\frac{\Delta R_C}{R_C} - \frac{I_C}{\beta}\cdot\frac{\Delta\beta}{\beta} \qquad (6.44)$$

Eingangsoffsetspannung und Eingangsoffsetstrom müssen für viele Anwendungen minimiert werden, so z.B. in der Eingangsstufe eines Operationsverstärkers (siehe Kap. 13). Bei diskret aufgebauten Differenzverstärkern und bei einfachen Operationsverstärkern läßt sich, durch Einspeisen einer zusätzlichen abgleichbaren Spannung, der Offsetfehler kompensieren.

7 Lateraler PNP-, Substrat-PNP-Transistor

Die üblichen Prozesse zur Herstellung analoger integrierter Schaltungen erlauben die optimierte Herstellung eines Typus von Bipolartransistoren. Dies sind meist NPN-Transistoren, wegen der höheren Beweglichkeit ihrer Ladungsträger und der damit verbundenen höheren Grenzfrequenz und Stromverstärkung. PNP-Transistoren lassen sich in demselben Prozeß nicht so einfach herstellen. So fanden sich in den ersten analogen integrierten Schaltungen überhaupt keine PNP-Transistoren. Das Fehlen von komplementären Bauelementen bei der Arbeitspunkteinstellung, beim Pegelverschieben und als Lastelement in Verstärkerstufen (siehe Kapitel 20) führte zur Entwicklung von verschiedenen PNP-Transistorstrukturen, die kompatibel zum bestehenden Standardprozeß waren. Da die Bauteile das schwach n-dotierte Epitaxiematerial als Basis für den Transistor benutzen, sind diese Transistoren in bezug auf den Frequenzgang und des Hochstromverhaltens generell minderwertiger gegenüber den NPN-Transistoren. Trotz allem sind diese PNP-Transistoren sehr nützlich.

7.1 Lateraler PNP-Transistor

Eine typische laterale PNP-Transistorstruktur ist in Abbildung 7.1 gezeigt.

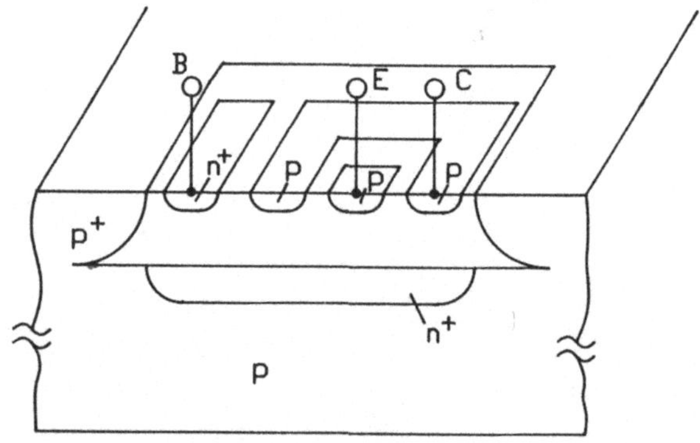

Abb. 7.1: Lateraler PNP-Transistor

Der Emitter und der Kollektor bestehen aus den p-Diffusionen, aus denen sonst die Basis des NPN-Transistors entsteht. Der Kollektor ist ein p-dotierter Ring um den Emitter, und der Basiskontakt wird durch n-Diffusion im epitaktischen n-Material „außerhalb" des Kollektorringes gebildet.

Die Minoritätsträger (hier Löcher) werden vom Emitter injiziert, fließen parallel zur Substratoberfläche durch die epitaktische n-Region und sollten im Idealfall vom p-Kollektor aufgesaugt werden, bevor sie den Basiskontakt erreichen. Durch diese

Stromflußrichtung spricht man von einem lateralen Transistor, während der bekannte NPN-Transistor ein vertikaler Transistor ist. Der prinzipielle Nachteil dieser Struktur ist der Umstand, daß die Basis schwächer dotiert ist als der Kollektor. Daraus resultiert, daß die Kollektorsperrschicht nahezu vollständig in die Basiszone hineinreicht. Daher muß die Basisregion weit genug gemacht werden, so daß die Sperrschichtzone die Emitterzone nicht erreicht, wenn die maximale Kollektor-Emitterspannung angelegt wird.

Ein Beispiel: Bei einer Kollektor-Emitterspannung von 40 V beträgt die Sperrschichtweite ca. 6 bis 8 µm. Wählt man nun die minimale Basisweite für einen PNP-Transistor zu 8 µm, kann man die Basislaufzeit abschätzen

$$\tau_F = \frac{w_B^2}{2 \cdot D_p} \tag{7.01}$$

mit w_B = 8 µm und D_p = 10E–4 m^2/s ergibt

$$\tau_F = \frac{8 \cdot 10^{-6} \cdot 8 \cdot 10^{-6} \, m^2 \, s}{2 \cdot 10 \cdot 10^{-4} \, m^2} = 32 \, ns \tag{7.02}$$

Das bedeutet ein f_T von ca. 5 MHz, was etwa einen Faktor 100 niedriger ist als beim typischen NPN-Transistor. Außerdem ist die Stromverstärkung solch eines Transistors gering. Das hat verschiedene Gründe. Zum einen werden vom Emitter die Minoritätsträger (Löcher) nicht nur lateral, sondern auch vertikal injiziert. Ein Teil der vertikal injizierten Löcher wird vom Substrat aufgenommen. Dieser Substratstrom wirkt wie ein parasitärer Substrat-PNP-Transistor. Zum zweiten ist der Emitter nicht so stark dotiert, wie es üblicherweise beim NPN-Transistor der Fall wäre. Damit ist die Effektivität der Emitterinjektion nicht so optimal wie beim NPN. Zum dritten führt auch die große Basisweite zu einer geringen Stromverstärkung. Ein weiterer Nachteil ist, daß durch die schwach dotierte Basisregion die Stromverstärkung bei hohen Strömen sehr stark fällt, wenn durch den hoch dotierten Kollektor Minoritäten vom Kollektor in die Basis injiziert werden.

7.2 Substrat-PNP-Transistor

Einer der Gründe für die schlechten Hochstromeigenschaften des lateralen PNP-Transistors ist die relativ kleine effektive Querschnittsfläche des Emitters, da die Injektion der Ladungsträger lateral erfolgt. Ein üblicher Anwendungsfall für PNP-Transistoren ist in Endstufen gegeben, in denen die Bauteile mit Kollektorströmen bis zu 10 mA arbeiten sollen. Da ein lateraler PNP-Transistor, der für solch einen Zweck ausgelegt wäre, eine große Chipfläche beanspruchen würde, benutzt man hier eine andere Struktur, bei der anstatt einer diffundierten p-Zone das Substrat als Kollektor benutzt wird. Dieser sog. Substrat-PNP-Transistor ist in Abbildung 7.2 dargestellt.

Die p-Diffusion für den Emitter ist rechteckförmig ausgebildet, und in der Mitte ist die Basisdiffusion als n-Diffusion eingebracht. Der Fluß der Minoritätsträger geht vom Emitterkontakt in das Substrat. Der prinzipielle Vorteil des Bauteils ist, daß der

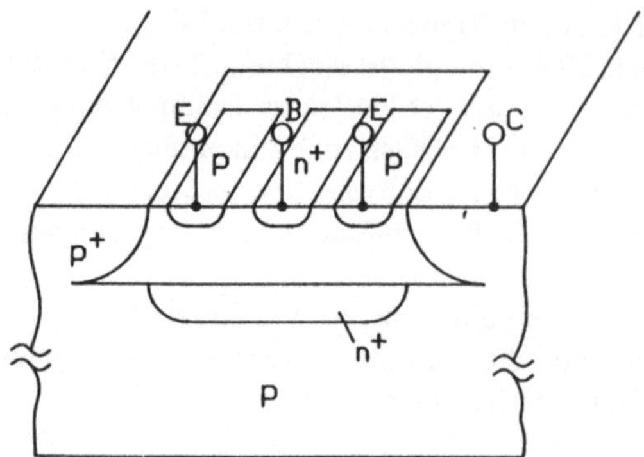

Abb. 7.2: Substrat PNP-Transistor

Stromfluß vertikal ist, und daß die effektive Emitterfläche bei gleicher Gesamtfläche wesentlich größer ist als beim lateralen PNP-Transistor. Allerdings ist das Bauteil auf Emitterfolgeranwendungen beschränkt, da der Kollektor elektrisch gesehen identisch mit dem Substrat ist und daher immer mit dem negativsten Potential der Gesamtschaltung verbunden sein muß. Ein weiterer wichtiger Zusammenhang im Hinblick auf die Anwendung des Substrat-PNP-Transistors ist folgender: Der Strom fließt in das Substrat, das relativ hochohmig ist. Wenn man nun nicht für einen niederohmigen Pfad für den Kollektorstrom sorgt, können zwei Effekte in Erscheinung treten. Erstens können durch die hohen Kollektorströme Spannungsabfälle im Substrat auftreten, die die Sperrschicht benachbarter Bauteilinseln in Durchlaßrichtung schalten können, was dann katastrophale Auswirkungen haben kann. Zum zweiten begünstigt ein hoher Kollektorwiderstand die Wirkung des Millereffekts. Um diese Effekte zu minimieren, ist es notwendig, die Isolationsdiffusion direkt beim Substrat-PNP-Transistor zu kontaktieren.

Um einen Vergleich zum NPN-Transistor zu geben, sind in Abbildung 7.3 die Stromverstärkungen für die verschiedenen Typen über den Kollektorstrom aufgetragen.

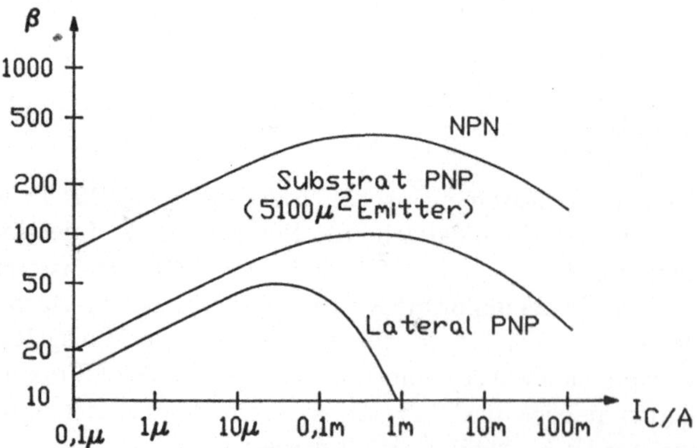

Abb. 7.3: Stromverstärkung als Funktion des Kollektorstromes für typische NPN-, laterale PNP- und Substrat-PNP-Strukturen

8 Feldeffekttransistoren

Die prinzipielle Wirkungsweise eines Feldeffekttransistors besteht darin, daß ein leitender Kanal durch eine äußere Spannung in seinem Querschnitt verändert werden kann, und daß man damit den Strom durch den Kanal steuern kann. Man unterscheidet grundsätzlich 2 Arten von Feldeffekttransistoren, nämlich Sperrschichtfeldeffekttransistoren (JFET, Junction FET) und Metalloxidfeldeffekttransistoren (MOSFET).

8.1 Sperrschichtfeldeffekttransistoren

8.1.1 Wirkungsweise

Der Aufbau eines Sperrschichtfeldeffekttransistors ist in Abbildung 8.1 gezeigt.

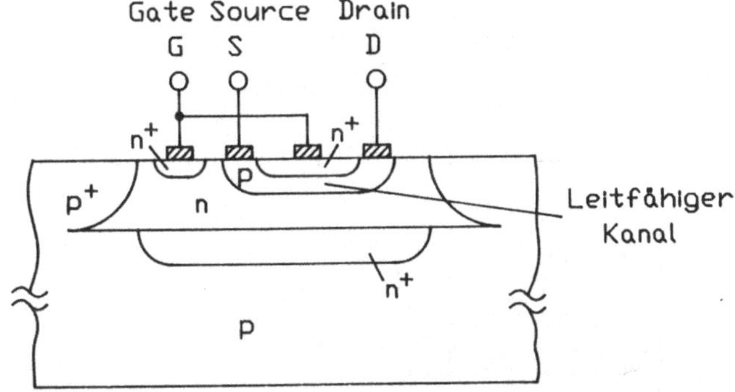

Abb. 8.1: Aufbau eines Sperrschichtfeldeffekttransistors

Im Prinzip sind hier ähnliche Prozeßschritte nötig wie beim Bipolartransistor. Der Bereich, der beim Bipolartransistor als Basis ausgebildet ist, hat hier die Funktion des Kanals und ist daher mit 2 Elektroden angeschlossen. Die beim Bipolartransistor vorhandene Emitter- und Kollektorzone dienen hier zum Steuern des Kanalwiderstandes und sind daher zu einer gemeinsamen Elektrode, der sog. „Gateelektrode" (Gitter, entsprechend der Röhrenanalogie) verbunden. Die Elektroden, die mit dem Kanal verbunden sind, sind prinzipiell äquivalent. Man bezeichnet einen von ihnen als „Source" (Quelle) und den anderen als „Drain" (Senke). Da in Abbildung 8.1 der Kanal aus P-leitendem Material besteht, nennt man diese Art P-Kanal-JFET. In Abbildung 8.2a ist das Schaltzeichen des P-Kanal-JFET gezeigt. Im Gegensatz dazu ist der N-Kanal-JFET, dessen Schaltzeichen in Abbildung 8.2b gezeigt ist.

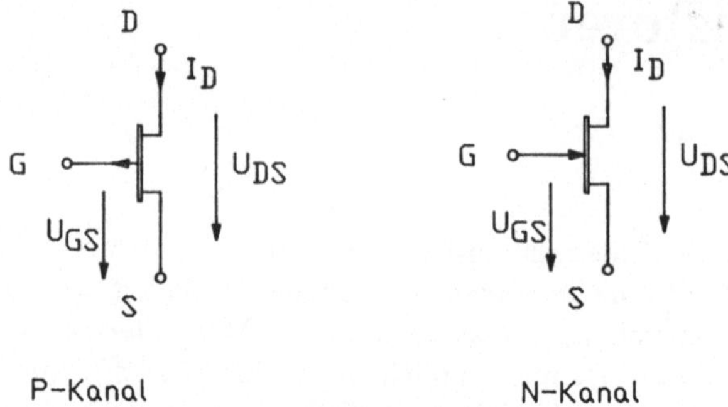

Abb. 8.2: Schaltzeichen der JFETs

Wie im Kapitel 2 sollen sich die Ableitungen der Funktionsgleichungen auf einen Typus beziehen und zwar auf den P-Kanal-JFET. Für den anderen Typus gilt dann das entsprechende mit den vorzeichenrichtig angepaßten Größen.

Die Funktionsweise und Übertragungscharakteristik kann am besten von einer simplifizierten Struktur, wie in Abbildung 8.3, abgeleitet werden.

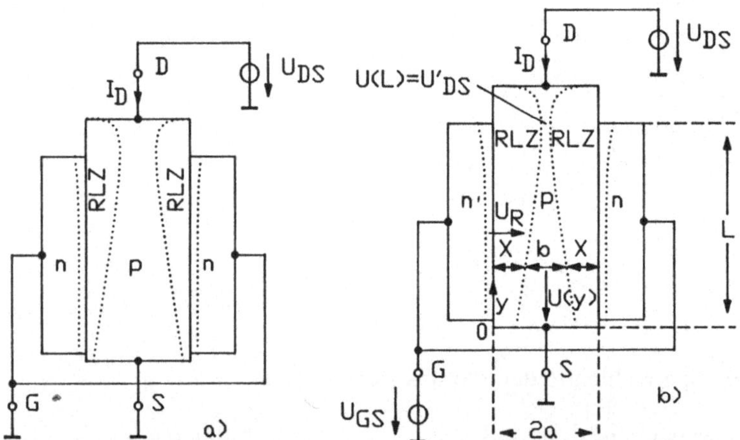

Abb. 8.3: Idealisierter P-Kanal-JFET, a) Source und Gate mit Masse verbunden, bei kleinem U_{DS} und b) großes U_{DS} und positive Gatespannung

Diese simplifizierte Struktur besteht aus einem gleichmäßig dotierten P-Kanal mit beidseitig symmetrischen Gatezonen, die n-dotiert sind. Wenn alle Anschlüsse mit Masse verbunden sind, befinden sich zu beiden Seiten des Kanals gleichmäßig geformte Sperrschichtzonen. Legt man nun eine *negative* Spannung U_{DS} am Drain an, wird ein Strom von der Source zum Drain fließen. Dabei entsteht ein Spannungsgradient im Kanal und die Sperrschichten werden zum Drainanschluß hin noch stärker in Sperrichtung vorgespannt. Da die Vorspannung der Sperrschicht über die Kanallänge variiert, variiert auch die Dicke der Sperrschicht mit der Kanallänge. Die beiden Sperrschichtzonen sind beim Drainanschluß am dichtesten zusammengerückt. Mit der spannungs-abhängigen Verdünnung des Kanals steigt der Kanalwiderstand. Im Grenzfall (bei genügend hoher negativer Spannung U_{DS}) wird die Kanaldicke am Drainanschluß zu Null und man erreicht den sog. „Pinch off" (Abschnürung). Die Spannung zwischen Gate und Kanal, die benötigt wird, um den Kanal abzuschnüren, nennt man Pinch-off-Spannung U_P. Diese Spannung ist positiv für den P-Kanal-JFET.

Nun soll die Situation in Abbildung 8.3b betrachtet werden, wo eine positive Spannung U_{GS} am Gate und eine negative Spannung U_{DS} am Drain anliegt. Die angelegte Gatespannung wird die Sperrschicht in den Kanal ausdehnen. Wenn U_{GS} gleich der Abschnürspannung U_P wird (bei kleinem U_{DS}), wird sich die Sperrschicht über den gesamten Kanal ausdehnen und der Strom zwischen Source und Drain wird zu Null. Der JFET ist dann gesperrt. Betrachtet man Abbildung 8.3b, so hat die Sperrschicht an der Stelle y die Ausdehnung X(y). Die Ausdehnung der Sperrschicht ist abhängig von der internen Diffusionsspannung U_D der Sperrschicht und von der an der Stelle y herrschenden Sperrspannung $U_{R(y)}$.

$$X(y) = K_1 \sqrt{U_D + U_{R(y)}} \qquad (8.01)$$

Die Konstante K_1 berücksichtigt hier das Dotierungsprofil der Sperrschicht (entspre-chend der sog. „Schottkyformel"). Die Sperrspannung $U_{R(y)}$ resultiert aus dem Span-nungsabfall im Kanal U(y) und der angelegten Gatespannung

$$U_{R(y)} = U_{GS} - U(y) \qquad (8.02)$$

Entsprechend der Stromrichtung im Kanal ist die Spannung U(y) in einem P-Kanal-JFET negativ und somit addiert sich der Kanalspannungabfall zur anliegenden U_{GS}. Die Kanalbreite b(y) ergibt sich aus Abbildung 8.3b zu

$$b(y) = 2a - 2X(y) \qquad (8.03)$$

Einsetzen von Gl. 8.01 und 8.02 liefert

$$b(y) = 2a - 2K_1 \sqrt{U_D + U_{GS} - U(y)} \qquad (8.04)$$

Nach dem ohmschen Gesetz ist die Stromdichte im Kanal abhängig vom elektrischen Feld in y-Richtung

$$\frac{-I_D}{w \cdot b(y)} = -\sigma \frac{dU(y)}{dy} \qquad (8.05)$$

mit w der Kanaldicke in z-Richtung und σ der Leitfähigkeit des Kanals. Da I_D im Kanal konstant ist, liefert die Integration

$$I_D \int_0^L dy = \sigma \cdot w \int_0^{U(L)} b \, dU \qquad (8.06)$$

U(L) ist die Spannung im Kanal im Abstand L vom Sourceanschluß. Es ist der Punkt, wo die Abschnürung (Pinch-off) auftritt, und man kann diesen Punkt als inneren

Drainanschluß ansehen. Die externe Drain-Sourcespannung UDS wird demgegenüber etwas größer sein, weil der Spannungsabfall zwischen Pinch-off-Punkt und Drainkontakt dazukommt. Wenn man die Spannung U(L) = U'$_{DS}$ bezeichnet, folgt für den Drainstrom

$$I_D = \frac{2 \cdot a \cdot \sigma \cdot w}{L} \left[U'_{DS} + \frac{2}{3} \cdot \frac{K_1}{a} \left(U_D + U_{GS} - U'_{DS} \right)^{3/2} - \frac{2}{3} \cdot \frac{K_1}{a} \left(U_D + U_{GS} \right)^{3/2} \right] \qquad (8.07)$$

Die Konstante K_1/a kann leicht angegeben werden, da die Sperrschichtausdehnung $X(y)$ genau die halbe Kanalbreite beträgt, wenn die Sperrspannung U_R die Abschnürspannung U_P erreicht. Daher ist

$$a = K_1 \sqrt{U_D + U_p} \qquad (8.08)$$

bzw.

$$\frac{K_1}{a} = \frac{1}{\sqrt{U_D + U_p}} \qquad (8.09)$$

damit wird

$$I_D = \frac{2 \cdot a \cdot \sigma \cdot w}{L} \left[U'_{DS} + \frac{2}{3} \cdot \frac{(U_D + U_{GS} - U'_{DS})^{3/2} - (U_D + U_{GS})^{3/2}}{(U_D + U_p)^{1/2}} \right] \qquad (8.10)$$

Gleichung 8.10 kann man benutzen, um die Übertragungscharakteristik des JFETs aufzutragen (siehe dazu Abbildung 8.4).

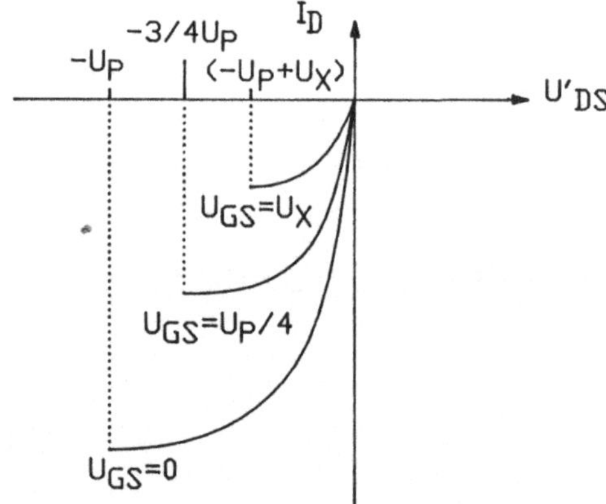

Abb. 8.4: P-Kanal-JFET-Charakteristik

Der P-Kanal-JFET arbeitet mit negativen Spannungen. Der Drainstrom I_D fließt aus dem Drainanschluß heraus und ist daher auch negativ. Für kleine Werte der Drain-Sourcespannung arbeitet das Bauteil als nahezu linearer Widerstand, dessen Wert über U_{GS} eingestellt werden kann. Bei größeren Werten von U_{DS} weitet sich die Sperrschicht in Nähe des Drainanschlusses aus, erhöht den Kanalwiderstand und führt so zur Abflachung der Kennlinie.

Wenn $U_{GS} = 0$ ist, erreicht man die Abschnürung, wenn U'_{DS} gegen $-U_P$ geht. Dann wird die Steigung der Kennlinie nahezu Null. Da die Abschnürung erreicht ist, führt ein weiterer Anstieg der äußeren Drain-Sourcespannung lediglich zur Verengung des restlichen Kanals in Nähe des Drainanschlusses, und der Strom bleibt nahezu konstant (siehe Abbildung 8.5). Zu bemerken ist, daß in dieser Betriebsweise der Kanalquerschnitt nie wirklich Null wird, sondern so klein, daß der Drainstrom I_D noch fließen kann.

Nun soll die Situation betrachtet werden, wenn die Gatespannung ungleich Null ist. Bei positiv angelegtem U_{GS} dehnen sich die Sperrschichten nach Abbildung 8.3 in den Kanal aus. Wenn U_{GS} gleich der Abschnürspannung U_P wird, haben sich die Sperrschichten soweit im Kanal ausgedehnt, daß der Kanalquerschnitt Null wird und kein Drainstrom mehr fließen kann. Bei kleineren Werten von U_{GS} liegt dann ein teilweise eingeschnürter Kanal vor, und der Transistor arbeitet ähnlich wie bei $U_{GS} = 0$, nur daß nun eine um U_{GS} verringerte Drain-Sourcespannung nötig ist, um den Abschnüreffekt zu erreichen. Man kann also sagen, daß Abschnürung erreicht wird, wenn die Spannung an der Sperrschicht in Drainnähe gleich der Abschnürspannung U_P wird. In diesem Falle ist

$$U_{GS} - U'_{DS} = U_p \tag{8.11}$$

und damit

$$U'_{DS} = -U_p + U_{GS} \tag{8.12}$$

Da der Kanal durch die angelegte Gatespannung schon teilweise eingeschnürt ist, wird auch der Drainstrom am Abschnürpunkt entsprechend kleiner sein.

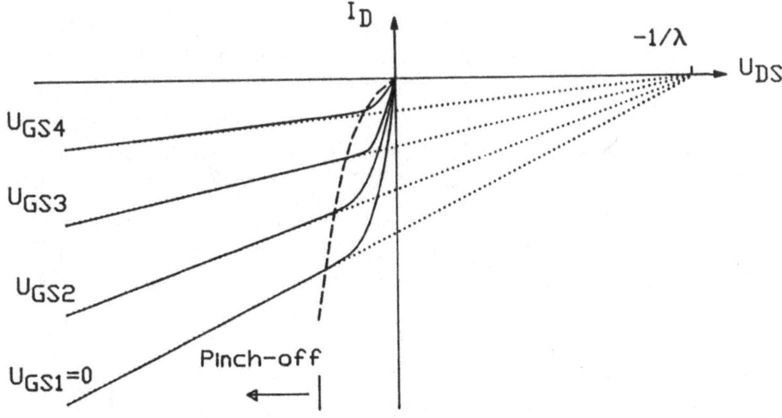

Abb. 8.5: Vollständiges Ausgangskennlinienfeld des P-Kanal-JFETs

Der typische Kennlinienverlauf ist in Abbildung 8.5 dargestellt. Über den Pinch-off-Punkt hinaus bleibt der Drainstrom nahezu konstant, die Kennlinien zeigen hier lediglich geringe Steigungen, die sich ähnlich wie beim Bipolartransistor (Early-Effekt) zu einem Punkt auf der U_{DS}-Achse extrapolieren lassen. In der Abschnürregion läßt sich der Zusammenhang zwischen dem Drainstrom und der Gatespannung durch einen quadratischen Funktionsansatz approximieren. Dieser lautet ohne den Einfluß des Early-Effektes

$$I_D = I_{DSS}\left(1 - \frac{U_{GS}}{U_p}\right)^2 \tag{8.13}$$

mit I_{DSS} als Drainstrom bei $U_{GS} = 0$ im Abschnürbereich. Dieser Strom ist negativ für den P-Kanal-JFET. Der Abschnürbereich ist der Bereich wo der JFET am häufigsten zu Verstärkerzwecken eingesetzt wird. Man nennt den Abschnürbereich oft „Sättigungsbereich", obwohl Sättigung hier dann eine ganz andere Bedeutung hat als beim Bipolartransistor. Daher soll hier an der Bezeichnung Abschnürbereich festgehalten werden.

Neben dem Parameter I_{DSS} ist die Pinch-off-Spannung U_P ein weiterer wichtiger Parameter des JFETs, und ist durch folgenden Zusammenhang gegeben

$$U_p = a^2 \cdot \frac{e \cdot N_A\left(1 + \frac{N_A}{N_D}\right)}{2 \cdot \varepsilon} - U_D \tag{8.14}$$

wobei die Diffusionsspannung U_D gegeben ist durch

$$U_D = U_T \cdot \ln \frac{N_D \cdot N_A}{n_i^2} \tag{8.15}$$

Man sieht, daß die Pinch-off-Spannung vom Quadrat der Kanalbreite abhängt. Damit der JFET bei vernünftig kleinen Werten von U_{DS} im Abschnürbereich arbeitet, ist es notwendig, eine kleine Pinch-off-Spannung zu haben. Typische Werte liegen bei $U_P = 1...3$ V. Da die Spannung an der Gateelektrode den PN-Übergang normalerweise in Sperrichtung betreibt, tritt hier nur ein sehr geringer Sperrstrom auf (I_{GSS} ca. 1E–10...1E–12 A). Somit erscheint an der Gateelektrode eine hohe Impedanz.

Die bisherigen Betrachtungen erstreckten sich auf den P-Kanal-JFET. Für einen N-Kanal-JFET gilt grundsätzlich das gleiche, wenn man die Strom- und Spannungswerte negiert. Daher sind beim N-Kanal-JFET U_{DS} und I_D normalerweise positiv und U_{GS} negativ. Der Parameter I_{DSS} ist positiv und U_P ist negativ für einen N-Kanal-JFET.

8.1.2 Großsignalverhalten

Hier kann man im wesentlichen die Zusammenhänge aus dem vorigen Kapitel übernehmen und kann dafür folgendes Ersatzschaltbild angeben.

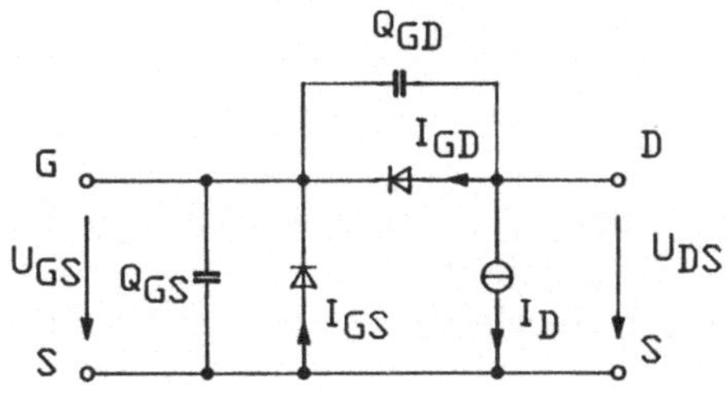

$$I_D = I_{DSS} \left(1 - \frac{U_{GS}}{U_p}\right)^2 (1 + \lambda U_{DS})$$

Abb. 8.6: Großsignalverhalten des JFETs für den Abschnürbereich

Aus Abbildung 8.5 geht hervor, daß der JFET einen endlichen Ausgangswiderstand im Abschnürbereich besitzt, und daß die Kennlinien zu einem gemeinsamen Punkt auf der UDS-Achse extrapoliert werden können. Dieser Verlauf der Kennlinien läßt sich durch folgenden Zusammenhang modellieren

$$I_D = I_{DSS} \left(1 - \frac{U_{GS}}{U_p}\right)^2 (1 + \lambda \cdot U_{DS}) \tag{8.16}$$

Der Kreuzungspunkt mit der U_{DS}-Achse ist dann bei $-(1/\lambda)$. Der Parameter λ ist negativ für einen P-Kanal-JFET und positiv für einen N-Kanal-JFET und hat typische Werte von λ = 1E-2/V. Der Parameter ist das Analogon zum reziproken Wert der Earlyspannung beim Bipolartransistor.

8.1.3 Kleinsignalverhalten

Da der JFET nahezu immer im Abschnürbereich betrieben wird, sollen die Kleinsignalparameter für diese Betriebsart angegeben werden. Die Parameter lassen sich in ähnlicher Weise angeben, wie beim Bipolartransistor. So läßt sich die Vorwärtssteilheit aus Gl. 8.13 ableiten zu

$$g_m = \frac{d\,I_D}{d\,U_{GS}} = -\frac{2 \cdot I_{DSS}}{U_p} \left(1 - \frac{U_{GS}}{U_p}\right) \tag{8.17}$$

bzw.

$$g_m = g_{m0} \left(1 - \frac{U_{GS}}{U_p}\right) \tag{8.18}$$

mit

$$g_{m0} = - \frac{2 \cdot I_{DSS}}{U_p} \tag{8.19}$$

g_{m0} ist immer positiv und typische Werte liegen bei $g_{m0} = 1$ mA/V. Gleichung 8.18 zeigt auch, daß die Vorwärtssteilheit linear mit U_{GS} variiert.

Der Ausgangswiderstand r_o des JFET kann aus Gleichung 8.16 bestimmt werden

$$\frac{1}{r_o} = g_o = \frac{\partial I_D}{\partial U_{DS}} = \lambda \cdot I_{DSS}\left(1 - \frac{U_{GS}}{U_p}\right)^2 \tag{8.20}$$

Durch Einsetzen von Gleichung 8.16 folgt

$$r_o = \frac{1 + \lambda \cdot U_{DS}}{I_D \cdot \lambda} \approx \frac{1}{I_D \cdot \lambda} \tag{8.21}$$

unter der Annahme, daß $\lambda \cdot U_{DS} \ll 1$ ist. Typische Werte für r_o liegen bei ca. 100 kOhm bei $I_D = 1$mA.

Beim Kleinsignalverhalten des JFETs sind auch Kapazitäten zu berücksichtigen. Der JFET enthält im wesentlichen eine Sperrschichtkapazität von Gate zu Source, eine Sperrschichtkapazität von Gate zu Drain und eine Sperrschichtkapazität von Gate zu Substrat. Da die Dotierungskonzentration in der Gate-Kanal-Sperrschicht üblicherweise ortsabhängig ist, kann man die Gate-Sourcekapazität und die Gate-Drainkapazität am besten durch

$$C_{gs} = \frac{C_{gs0}}{\left(1 + \dfrac{U_{DS}}{U_D}\right)^{1/3}} \tag{8.22}$$

und

$$C_{gd} = \frac{C_{gd0}}{\left(1 + \dfrac{U_{GD}}{U_D}\right)^{1/3}} \tag{8.23}$$

approximieren. Die Kapazität C_{gss} vom Gate zum Substrat ist ähnlich der Kollektor-Substratkapazität eines Bipolartransistors und kann wie folgt beschrieben werden

$$C_{gss} = \frac{C_{gss0}}{\left(1 + \dfrac{U_{GSS}}{U_D}\right)^{1/2}} \tag{8.24}$$

mit U_{GSS} der Spannung zwischen Gate und Substrat. Das komplette Kleinsignalersatzschaltbild des JFETs ist in Abbildung 8.7 angegeben.

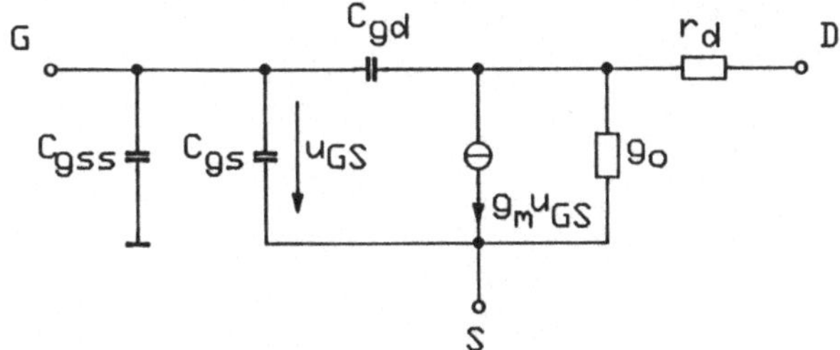

Abb. 8.7: Kleinsignalersatzschaltbild des JFETs

Diese Ersatzschaltung gilt für den N-Kanal-JFET wie für den P-Kanal-JFET. Das Ersatzschaltbild enthält noch den Bahnwiderstand zwischen innerem Drainanschluß und externem Drainanschluß. Dieser Bahnwiderstand liegt üblicherweise in der Größenordnung zwischen 50 und 100 Ohm.

Für die Kapazitäten lassen sich folgende typische Werte angeben:

$$C_{gs0} = 1..4 \text{ pF}$$
$$C_{gd0} = 0,3..1 \text{ pF}$$
$$C_{gss0} = 4..8 \text{ pF}$$

Aus Abbildung 8.7 ist ersichtlich, daß das Kleinsignalersatzschaltbild des JFET ziemlich ähnlich dem des Bipolartransistors ist. Daher läßt sich der JFET in ähnlicher Weise einsetzen wie der Bipolartransistor. Wichtigster Unterschied ist hier, daß der JFET praktisch einen unendlich hohen Eingangswiderstand besitzt, was ihn für Anwendungszwecke interessant macht, wo eine hohe Eingangsimpedanz gefordert ist. Ein weiterer Unterschied zum Bipolartransistor ist, daß die Vorwärtssteilheit des JFET sehr viel niedriger ist (ca. 1/40 des Bipolartransistors). Damit läßt sich mit dem JFET nur eine sehr viel niedrigere Verstärkung erzielen und man wird ihn bevorzugt dort einsetzen, wo der hohe Eingangswiderstand wichtig ist.

Das Hochfrequenzverhalten des JFETs kann in ähnlicher Weise bestimmt werden, wie beim Bipolartransistor. In Analogie folgt für die Transitfrequenz des JFETs

$$f_T = \frac{1}{2\pi} \cdot \frac{g_m}{C_{gs} + C_{gd} + C_{gss}} \tag{8.25}$$

Typische Werte liegen hier bei ca. 50 MHz.

8.2 Metalloxidfeldeffekttransistoren

8.2.1 Aufbau und Wirkungsweise

Der prinzipielle Aufbau eines MOSFETs ist in Abbildung 8.8 gezeigt (hier N-Kanal MOSFET vom Anreicherungstyp).

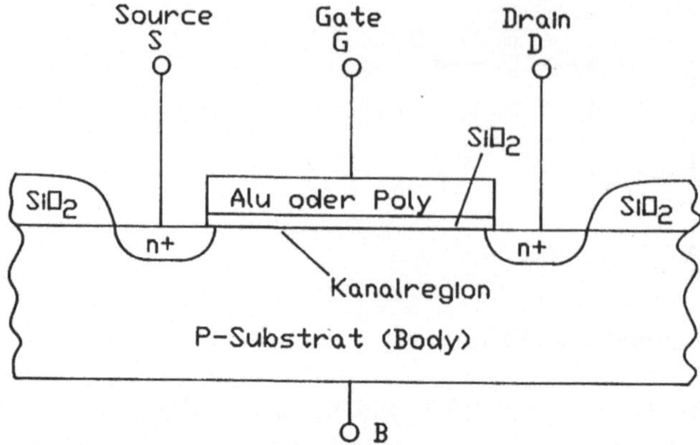

Abb. 8.8: Aufbau eines N-Kanal MOSFETs

In einem P-Substrat (oft auch Body genannt) sind hochdotierte N-Zonen eingebracht, die als Source bzw. Drain dienen. Eine dünne Schicht aus Siliziumdioxid ist über dem Substratbereich zwischen Source und Drain aufgebracht. Darüber befindet sich ein leitfähiges Material (Aluminium oder dotiertes Polysilizium), daß als Gateelektrode dient. Die grundsätzliche Wirkungsweise ist ähnlich der eines JFETs. Auch hier dient die Spannung an der Gateelektrode dazu, die Leitfähigkeit der Zone unter dem Gate zu beeinflussen. Leitfähigkeit zwischen Source und Drain tritt allerdings erst dann auf, wenn unter dem Gate ein N-Kanal existiert, daher auch die Bezeichnung N-Kanal MOSFET. Die Bezeichnung „Anreicherungstyp" resultiert aus der Tatsache, daß keine Leitfähigkeit zwischen Source und Drain herrscht, wenn die Gatespannung Null ist. Die Leitfähigkeit des Kanals muß durch die Gatespannung erst „angereichert" werden.

Um die Wirkungsweise zu verdeutlichen, soll das Bändermodell eines Halbleiters an einer isolierenden Grenzschicht betrachtet werden (siehe Abbildung 8.9).

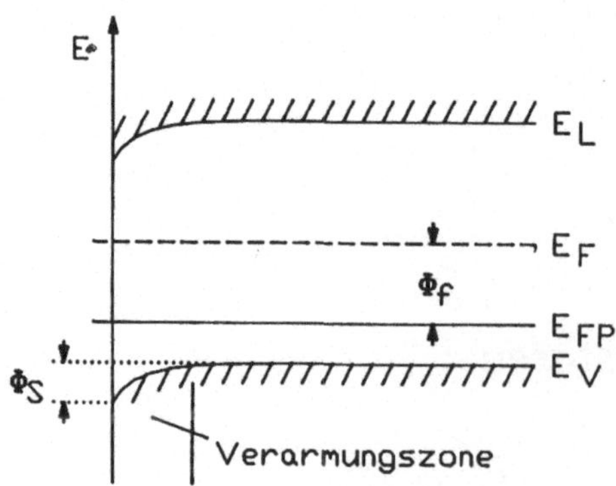

Abb. 8.9: Bändermodell eines P-dotierten Halbleiters an einer isolierten Grenzschicht

Bei einem undotierten Halbleiter liegt das Ferminiveau W_F in der Mitte der verbotenen Zone. Durch die P-Dotierung werden die Bandkanten verschoben und man kann ein sog. Quasiferminiveau E_{FP} definieren. Bei den üblichen Dotierungen beträgt die Verschiebung ca. $\Phi_f = 0{,}3$ eV. Die Grenzschicht zwischen Siliziumdioxid und P-leitendem Silizium ist nicht homogen wegen der unterschiedlichen Kristallstrukturen. Daher werden sich üblicherweise positive Ladungen im Oxid nahe der Grenzschicht anlagern. Diese positiven Ladungen führen zu einer Verbiegung der Bandkanten um Φ_S im Grenzbereich und es tritt eine Verarmung der positiven Ladungsträger in diesem Gebiet auf.

Durch Anlegen einer positiven Spannung am Gate kann die Verarmung noch verstärkt werden. Dies soll durch Abbildung 8.10 verdeutlicht werden.

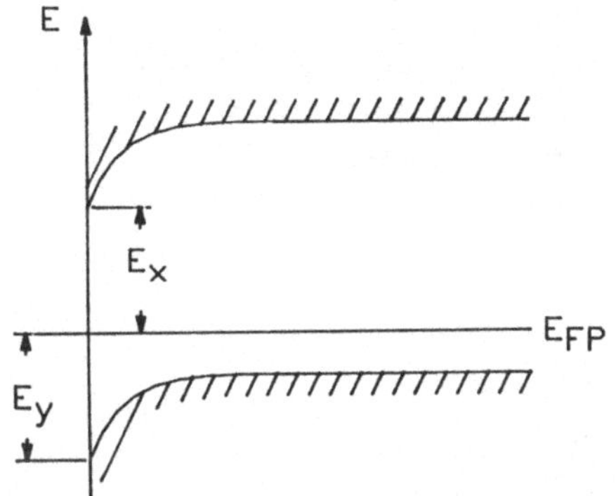

Abb. 8.10: MOS-Grenzschicht mit positiver Spannung am Gate

Die Verhältnisse der beiden Energieabstände E_x und E_y zueinander bestimmen das Verhalten an der Grenzschicht. Solange $E_x > E_y$ ist, befindet sich an der Grenzschicht eine Verarmungszone, die sich mit wachsendem E_y weiter in den Halbleiter ausdehnt. Bei $E_x = E_y$ herrschen an der Grenzschicht Verhältnisse wie bei einem eigenleitenden undotierten Halbleiter. Wenn $E_x < E_y$ wird, tritt sog. „Inversion" auf, d.h. der Leitungstyp wechselt. So wird dann bei P-leitendem Grundmaterial an der Grenzschicht N-Leitung vorliegen. Wenn $E_x \ll E_y$ ist, tritt starke Inversion auf, es bildet sich dann ein N-leitender Kanal zwischen Source und Drain aus. Ist die Verbiegung der Bandkanten im Grenzbereich Φ_S etwa $2 \cdot \Phi_f$, so entspricht die Ladungsträgerdichte im Kanal der des Subtrates, nur mit umgekehrtem Ladungsträgertypus.

Anhand der Transistorstruktur zeigt Abbildung 8.11 noch einmal die Ausbildung der Verarmungszone ohne äußere Gatespannung.

Die Stärke der Ausbildung der Verarmungszone ist prozeßbedingt. So kann es vorkommen, daß sich auch ohne eine äußere Gatespannung eine Inversionsschicht unter dem Gate bildet. Um diese Inversion ohne äußere Spannung zu vermeiden, wird man durch gezielte Ionenimplantation die P-Dotierung direkt unter der Isolierschicht anheben und so dafür sorgen, daß der Transistor ohne Gatespannung sicher sperrt.

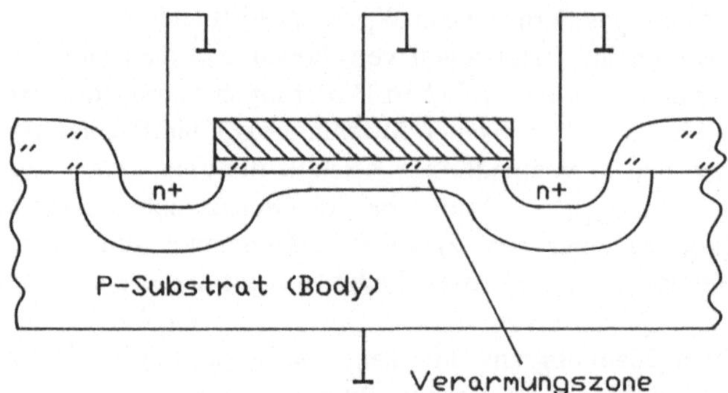

Abb. 8.11: MOS-Grenzschicht ohne äußere Gatespannung

Wird nun an den MOSFET eine positive Gatespannung angelegt, die größer ist als die sog. Schwellenspannung (Threshold Voltage, V_t), so bildet sich unter der Gateisolierung der N-Kanal aus, wie es in Abbildung 8.12 dargestellt ist.

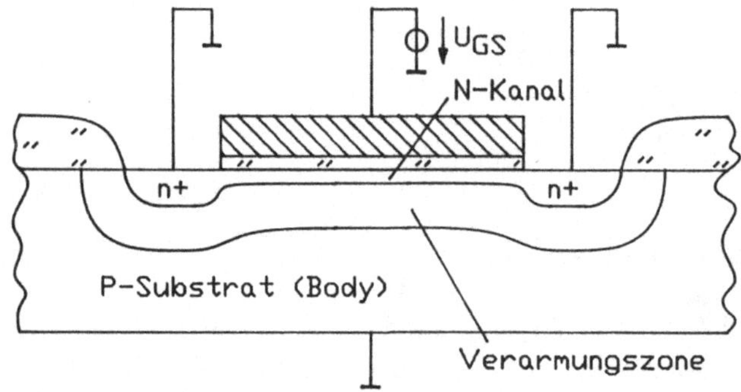

Abb. 8.12: MOS Grenzschicht mit äußerer Spannung

Die Schwellenspannung, d.h. die Spannung, die mindestens nötig ist, um den N-Kanal zu bilden, ist von verschiedenen Parametern abhängig. Die wichtigsten Parameter sind die Lage des Quasiferminiveaus (abhängig von der Dotierung) und die Bandverbiegung an der Grenzschicht (prozeßbedingt). Durch gezielte Dotierung an der Grenzfläche zum Oxid durch Ionenimplantation kann die Schwellenspannung eingestellt werden. Eine zusätzliche P-Dotierung vergrößert die Schwellenspannung. Eine zusätzliche N-Dotierung verkleinert die Schwellenspannung. Bei genügend hoher N-Dotierung kann aus dem selbstsperrenden MOSFET ein selbstleitender MOSFET entstehen.

Damit lassen sich folgende unterschiedliche MOSFET-Arten bezeichnen:

1 N-Kanal MOSFET (NMOS)
  a) selbstleitend *(depletion mode)*
     die angelegte Gatespannung (negativ) sorgt für eine Verarmung *(depletion)* des Kanals.
     Gekennzeichnet durch negative Schwellenspannung.

    b) selbstsperrend *(enhancement mode)*
       die angelegte Gatespannung (positiv) sorgt für eine Anreicherung *(enhancement)* des Kanals.
       Gekennzeichnet durch positive Schwellenspannung.

  2 P-Kanal MOSFET (PMOS)

    a) selbstleitend *(depletion)*
       Gekennzeichnet durch positive Schwellenspannung.

    b) selbstsperrend *(enhancement)*
       Gekennzeichnet durch negative Schwellenspannung.

Die gebräuchlichen Schaltzeichen sind in Abbildung 8.13 angegeben.

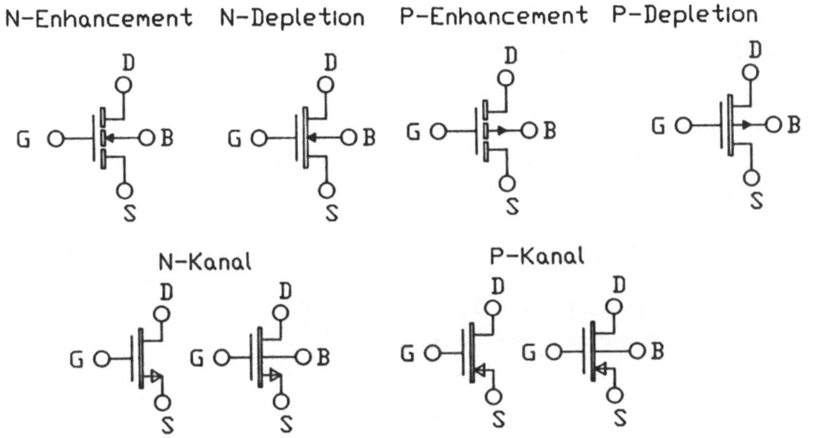

Abb. 8.13: Schaltzeichen für MOSFETs

Es gibt im wesentlichen 2 verschiedene Arten der Schaltzeichen. Die in Abbildung 8.13 obere Reihe bezeichnet mit dem Pfeil die Richtung der P/N-Sperrschicht, die sich zwischen Kanal und Substrat (Body) ausbildet und indiziert das selbstsperrende Verhalten durch die unterbrochene Linie zwischen Source und Drain.

Die in Abbildung 8.13 untere Reihe verzichtet auf ein Unterscheidungsmerkmal zwischen Enhancement und Depletion und gibt statt dessen die Flußrichtung des Drainstromes an.

8.2.2 Ableitung der Transistorgleichungen und Großsignalverhalten

Abbildung 8.14 zeigt noch einmal die Verhältnisse an einem N-Kanal-MOSFET bei positiver Gatespannung U_{GS} und positiver Drain-Sourcespannung U_{DS}, die einen Drainstrom I_D zur Folge haben.

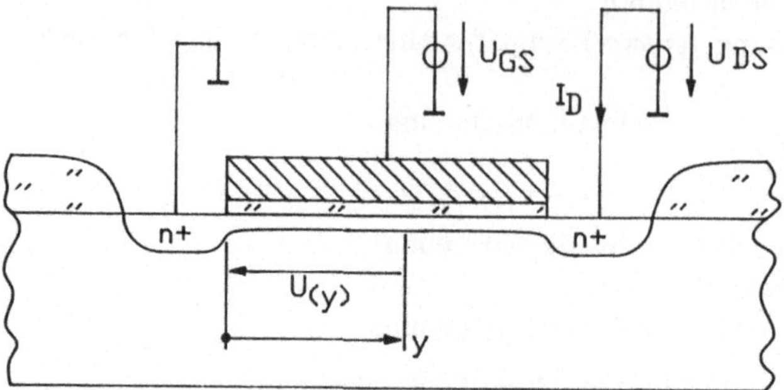

Abb. 8.14: N-Kanal MOSFET mit Gate- und Drainspannung

Beim Abstand y, von der Source aus gesehen, ist der Spannungsabfall im Kanal U(y) und die Gate-Kanal-Spannung an diesem Punkt

$$U = U_{GS} - U(y) \tag{8.26}$$

Wenn diese Spannung die Schwellenspannung überschreiten soll, dann ist die eingebrachte Ladung im Kanal

$$Q_I(y) = C_{ox} (U_{GS} - U(y) - V_t) \tag{8.27}$$

wobei Cox die flächenbezogene Kapazität (F/mm^2) darstellt.
Der Widerstand eines Kanalstückes der Länge dy ist

$$dR = \frac{dy}{W \cdot \mu_n \cdot Q_I(y)} \tag{8.28}$$

mit W der Weite des Bauelements (senkrecht zur Zeichenebene) und μ_n der mittleren Beweglichkeit der Elektronen im Kanal. Der Spannungsabfall dU entlang des Kanales der Länge dy ist

$$dU = I_D \cdot dR = \frac{I_D}{W \cdot \mu_n \cdot Q_I(y)} dy \tag{8.29}$$

Wenn L die Gesamtlänge des Kanals ist, erhält man durch Einsetzen und Integration

$$\int_0^L I_D \, dy = \int_0^{U_{DS}} W \cdot \mu_n \cdot C_{ox} (U_{GS} - U - V_t) \, dU \tag{8.30}$$

Das ergibt dann

$$I_D = \frac{k'}{2} \cdot \frac{W}{L} \left[2 (U_{GS} - V_t) U_{DS} - U_{DS}^2 \right] \tag{8.31}$$

wobei

$$k' = \mu_n \cdot C_{ox} = \frac{\mu_n \cdot \varepsilon_{ox}}{d_{ox}}$$ (8.32)

ist. Gleichung 8.31 beschreibt die Kennlinie des MOS-Transistors. Typische Werte für k' sind bei einer Oxiddicke von d_{ox} = 100 nm ca. k' = 20 $\mu A/V^2$ für N-Kanal Transistoren. Wird U_{DS} vergrößert, verringert sich der Querschnitt des leitenden Kanals in der Nähe des Drainanschlusses, und Gleichung 8.27 wiederum sagt aus, daß Q_I zu Null wird, wenn U_{DS} = $U_{GS} - V_t$ wird. Es erscheint also hier das gleiche Abschnür-phänomen, wie es beim JFET beobachtet werden konnte. Ein weiteres Ansteigen von U_{DS} bewirkt dann nur noch einen geringen Anstieg des Drainstromes I_D. Das heißt aber auch, daß in diesem Fall, wo U_{DS} > $(U_{GS} - V_t)$ ist, die Gleichung 8.31 nicht mehr gilt. Der Strom in diesem Abschnürbereich kann bestimmt werden, wenn man in Gleichung 8.31 UDS = $(U_{GS} - V_t)$ einsetzt.

$$I_D = \frac{k'}{2} \cdot \frac{W}{L} (U_{GS} - V_t)^2$$ (8.33)

Gleichung 8.33 hat Ähnlichkeit mit Gleichung 8.13 vom JFET.

Ähnlich wie beim JFET variiert während Pinch-Off I_D nur noch schwach mit U_{DS}. Das kommt daher, daß zwischen dem physikalischen Pinch-Off und dem Drainanschluß eine Verarmungszone existiert, also die effektive Kanallänge durch U_{DS} reduziert wird. Man kann nun eine effektive Kanallänge L_{eff} einführen

$$L_{eff} = L - X_d$$ (8.34)

mit X_d der Länge der Verarmungszone. Somit wird

$$I_D = \frac{k'}{2} \cdot \frac{W}{L_{eff}} (U_{GS} - V_t)^2$$ (8.35)

Dadurch das X_d (und damit L_{eff}) von U_{DS} abhängig ist, kann man die differentielle Abhängigkeit wie folgt beschreiben.

$$\frac{\partial I_D}{\partial U_{DS}} = -\frac{k'}{2} \cdot \frac{W}{L_{eff}^2} (U_{GS} - V_t)^2 \frac{dL_{eff}}{dU_{DS}}$$ (8.36)

und damit

$$\frac{\partial I_D}{\partial U_{DS}} = \frac{I_D}{L_{eff}} \cdot \frac{dX_d}{dU_{DS}}$$ (8.37)

Ähnlich wie beim bipolaren Transistor läßt sich eine Earlyspannung definieren

$$V_A = \frac{I_D}{\dfrac{\partial I_D}{\partial U_{DS}}}$$ (8.38)

bzw.

$$V_A = \frac{L_{eff}}{\dfrac{dX_d}{dU_{DS}}}$$

(8.39)

Bei MOS-Transistoren (siehe JFET) gibt man üblicherweise den reziproken Wert der Earlyspannung an.

$$\lambda = \frac{1}{V_A}$$

(8.40)

Mit λ wird die Charakteristik des MOSFET

$$I_D = \frac{k'}{2} \cdot \frac{W}{L} (U_{GS} - V_t)^2 (1 + \lambda\, U_{DS})$$

(8.41)

typische Werte für λ = 0,03 ... 0,005 1/V. Der Einfluß von λ ist abhängig von der totalen Kanallänge. So wird bei langem Kanal der Einfluß sehr gering sein, und nahezu idealer Kennlinienverlauf ist gegeben.

Limitationen im Großsignalbetrieb sind der Gateoxiddurchbruch bei ca. 50 V und der PN-Durchbruch Drain-Substrat (Avalanchedurchbruch).

8.2.3 Kleinsignalverhalten

Die Source-Substratspannung beeinflußt V_t und damit I_D. Das Substrat wirkt wie ein 2. Gate; man nennt diesen Vorgang „Bodyeffekt". Damit ist I_D eine Funktion von U_{GS} und U_{BS}, und man braucht 2 Stromquellen (und 2 Steilheiten), um das Verhalten zu modellieren.

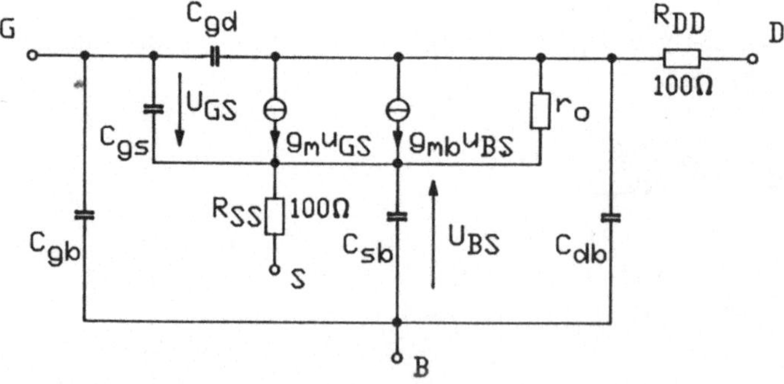

Abb. 8.15: Kleinsignalersatzschaltbild des MOSFETs

Die Steilheit durch Gateansteuerung ist

$$g_m = \frac{\partial I_D}{\partial U_{GS}} = k' \cdot \frac{W}{L} (U_{GS} - V_t)(1 + \lambda\, U_{DS})$$

(8.42)

wenn $\lambda \cdot U_{DS} \ll 1$ ist, dann ist

$$g_m = k' \cdot \frac{W}{L} (U_{GS} - V_t) = \sqrt{2 \cdot k' \cdot \frac{W}{L} \cdot I_D} \qquad (8.43)$$

Die Steilheit durch den Bodyeffekt ist

$$g_{mb} = \frac{\partial I_D}{\partial U_{BS}} = -k' \cdot \frac{W}{L} (U_{GS} - V_t)(1 + \lambda U_{DS}) \frac{\partial V_t}{\partial U_{BS}} \qquad (8.44)$$

mit

$$\frac{\partial V_t}{\partial U_{BS}} = -\chi \qquad (8.45)$$

χ beschreibt den Einfluß des Bodyeffekts und gibt das Verhältnis der beiden Steilheiten an.

$$\chi = \frac{g_{mb}}{g_m} \qquad (8.46)$$

χ liegt in der Größenordnung von ca. 0,1 bis 0,3.
Der Ausgangswiderstand ist

$$g_0 = \frac{1}{r_0} = \frac{\partial I_D}{\partial U_{DS}} = \frac{I_D}{L_{eff}} \frac{dX_d}{dU_{DS}} \qquad (8.47)$$

bzw.

$$r_0 = \frac{1}{\lambda \cdot I_D} = \frac{V_A}{I_D} \qquad (8.48)$$

Die Source-Substratkapazität ist

$$C_{sb} = \frac{C_{sb0}}{\sqrt{1 + \dfrac{U_{SB}}{U_D}}} \qquad (8.49)$$

Die Drain-Substratkapazität ist

$$C_{db} = \frac{C_{db0}}{\sqrt{1 + \dfrac{U_{DB}}{U_D}}} \qquad (8.50)$$

Die Gate-Substratkapazität läßt sich schlecht durch eine Gleichung beschreiben. Sie liegt in der Größenordnung von

$$C_{gb} < 0,1 \text{ pF} \qquad (8.51)$$

Die totale Kapazität unter dem Kanal ist $C_{ox} \cdot W \cdot L$. Bei ohmischem Betrieb wird die Gesamtkapazität auf die beiden Teilkapazitäten

$$C_{gs} = C_{gd} = \frac{1}{2} C_{ox} \cdot W \cdot L \tag{8.52}$$

aufgeteilt. Bei Pinch-Off ist der Kanal am Drainende sehr schmal und Variationen der Drainspannung beeinflussen die Ladung im Kanal kaum. Daher kann C_{gd} bei Pinch-Off vernachlässigt werden.

Die Gesamtladung im Kanal ist nach Gleichung 8.27

$$Q_T = W \cdot C_{ox} \int_0^L (U_{GS} - U(y) - V_t) \, dy \tag{8.53}$$

Einsetzen von Gleichung 8.29 liefert

$$Q_T = \frac{W^2 \cdot C_{ox} \cdot \mu_n}{I_D} \int_0^{U_{GS} - V_t} (U_{GS} - U - V_t)^2 \, dU \tag{8.54}$$

mit $U = (U_{GS} - V_t)$ an der Stelle $y = L$, wo der Pinch-Off auftritt.

Durch Einsetzen von Gleichung 8.33 (I_D bei Pinch-Off) und Gleichung 8.32 (k') liefert die Lösung der Gleichung 8.54

$$Q_T = \frac{2}{3} \cdot W \cdot L \cdot C_{ox} (U_{GS} - V_t) \tag{8.55}$$

und damit

$$C_{gs} = \frac{\partial Q_T}{\partial U_{GS}} = \frac{2}{3} \cdot W \cdot L \cdot C_{ox} \tag{8.56}$$

8.3 Kennlinien

Das Ausgangskennlinienfeld des FETs wurde in Abbildung 8.4 bzw. Abbildung 8.5 gezeigt. Es hat prinzipielle Gültigkeit für alle Arten von FETs. Zu beachten ist allerdings die vorzeichenrichtige Angabe der Spannungen und Ströme.

In Abbildung 8.16 sind die Steuerkennlinien der verschiedenen FET-Typen eingezeichnet.

Die Steuerkennlinien beziehen sich auf die Betriebsart, in der der Transistor im Abschnürbereich arbeitet. Der Bereich der positiven y-Achse bezieht sich auf N-Kanal-Typen, während der Bereich der negativen y-Achse die P-Kanal-Typen beschreibt. Die gestrichelten Kurven zeigen jeweils die Eingangskennlinie des selbstsperrenden (Enhancement) FET, und die ausgezogenen Kurven die des selbstleitenden (Depletion) FET. Die Pfeile geben an, in welche Richtung die Verschiebung der Kennlinien erfolgt, wenn durch Ionenimplantation an der Substratoberfläche zusätzliche n- bzw. p-Dotierungen eingebracht werden.

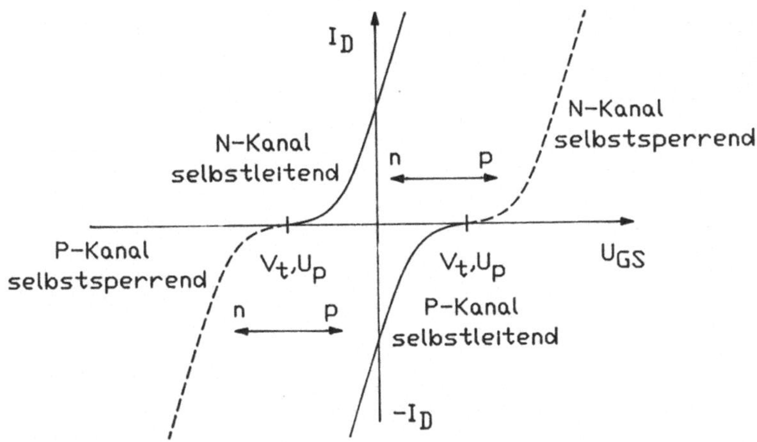

Abb. 8.16: Steuerkennlinien von FETs

8.4 Temperaturabhängigkeit der Steuerkennlinie

Die Kenngrößen der FETs unterliegen einer gewissen Temperaturabhängigkeit. Die Schwellenspannung bzw. Pinch-Off-Spannung hat einen negativen Temperaturkoeffizienten. Er beträgt ca.

$$T_{kV_t} = -2 \cdot 10^{-3}/°C \tag{8.57}$$

Der Widerstand der Drain-Source-Strecke dagegen hat einen positiven Temperaturkoeffizienten. Dieser beträgt ca.

$$T_{kR_{DS}(on)} = +7 \cdot 10^{-3}/°C \tag{8.58}$$

Diese entgegengesetzten Temperaturkoeffizienten führen dazu, daß es einen Punkt auf der Steuerkennlinie gibt, bei dem der Drainstrom als Funktion der Gate-Source-Spannung temperaturunabhängig ist. Dies ist in Abbildung 8.17 dargestellt.

Bei kleinen Drainströmen überwiegt die Temperaturabhängigkeit der Schwellenspannung. Mit steigenden Drainströmen steigt auch der Widerstand der Drain-Source-Strecke. Je größer der Widerstand der Drain-Source-Strecke $r_{ds}(on)$ wird, desto stärker wird die Temperaturabhängigkeit des $r_{ds}(on)$ über der Temperaturabhängigkeit der Schwellenspannung dominieren und es ergibt sich der Verlauf nach Abbildung 8.17. Am Arbeitspunkt K ist der Drainstrom dann temperaturunabhängig. Bei höheren Drainströmen liegt dann, durch den dominierenden positiven T_k des Drain-Source-Widerstandes, ein negativer Temperaturkoeffizient für den Drainstrom vor. Daher sind FETs in diesem Bereich – im Gegensatz zu Bipolartransistoren – thermisch stabil. Die Abnahme des Drainstromes mit der Temperatur führt nämlich zu einer Verringerung der Verlustleistung.

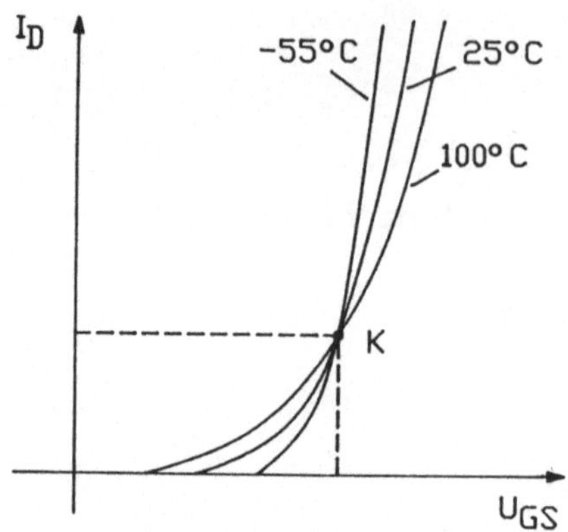

Abb. 8.17: Temperaturabhängigkeit der Steuerkennlinie eines FETs

8.5 Grundschaltungen

Feldeffekttransistoren lassen sich wie bipolare Transistoren in verschiedenen Grundschaltungen betreiben. Die vorliegenden Betrachtungen beziehen sich darauf, daß beim MOSFET das Substrat mit Source verbunden ist, um den „Bodyeffekt" zu vermeiden. In diesem Falle liegt zwischen Drain und Source die Kapazität C_{db}, die nun C_{ds} heißen soll. Die Kapazität C_{sb} wird kurzgeschlossen und die Kapazität C_{gb} liegt nun der Gate-Source-Kapazität parallel und wird in diese hineingerechnet.

Die wichtigste Grundschaltung ist die Sourcegrundschaltung.

8.5.1 Sourcegrundschaltung

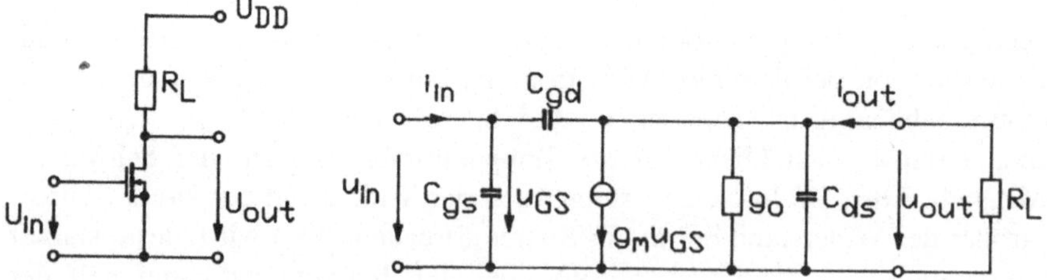

Abb. 8.18: Sourcegrundschaltung und Kleinsignalersatzschaltbild

Die Sourcegrundschaltung entspricht beim Bipolartransistor der Emitterschaltung. Für die *Spannungsverstärkung* der Sourceschaltung gilt

$$A_v = \frac{u_{out}}{u_{in}} = -g_m \left(R_L \parallel r_o \parallel \frac{1}{j\omega\,(C_{ds} + C_{gd})} \right)$$

$$(8.59)$$

Für niederfrequente Anwendungen läßt sich Gleichung 8.59 vereinfachen zu

$$A_v = -g_m (R_L \| r_o) \tag{8.60}$$

Die *Stromverstärkung* der Sourceschaltung ist

$$A_i = \frac{g_m}{j\omega \, [C_{gs} + C_{gd} (1 - A_v)]} \tag{8.61}$$

Sie ist sehr hoch für niedrige Frequenzen und fällt proportional mit der Frequenz ab, weil der Transistor nur eine kapazitive Belastung für die Signalquelle darstellt. Somit ist auch die *Eingangsimpedanz* des FET kapazitiv.

$$Z_{in} = \frac{1}{j\omega \, (C_{gs} + C_{gd} (1 - A_v))} \tag{8.62}$$

Wie beim bipolaren Transistor tritt auch beim FET der Miller-Effekt auf. Die Rückwirkungskapazität C_{gd} erscheint am Eingang um den Faktor $(1 - A_v)$ vergrößert $(A_v < 0)$.

Die *Ausgangsimpedanz* Z_{out} setzt sich im wesentlichen zusammen aus dem Ausgangsleitwert durch den Early-Effekt und den am Ausgang wirkenden Kapazitäten. Sie ist

$$Z_{out} = \frac{1}{g_o + j\omega \, (C_{ds} + C_{gd})} \tag{8.63}$$

für niederfrequente Anwendungen wird

$$Z_{out} = \frac{1}{g_o} \tag{8.64}$$

Für reine Wechselspannungsanwendungen möchte man den FET in einem bestimmten Arbeitspunkt betreiben. Dazu zeigt Abbildung 8.19 Beispiele zur Arbeitspunkteinstellung.

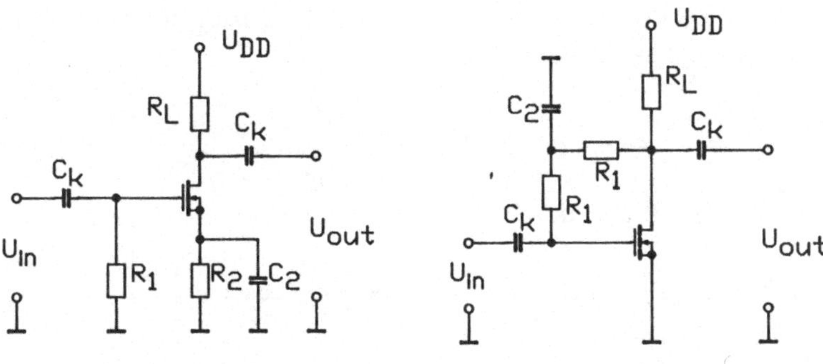

Abb. 8.19: Arbeitspunkteinstellung in Sourceschaltung

Bei bipolaren Transistoren bestand die Arbeitspunkteinstellung darin, den gewünschten Basisstrom zu stabilisieren. Da bei FETs praktisch kein Eingangsstrom fließt (bei niederfrequenten Anwendungen), muß man hier für die richtige Einstellung von U_{GS} sorgen.

Bei einem selbstleitenden FET (nach Abbildung 8.19a) läßt sich durch den Drainstrom ein Spannungsabfall im Sourcekreis (an R_2) erzeugen. Legt man das Gate über einen hochohmigen Widerstand an Masse, so bildet sich eine Gatespannung

$$U_{GS} = - R_2 \cdot I_D \tag{8.65}$$

aus, und man erhält die gewünschte Arbeitspunkteinstellung. Der Arbeitspunkt wird durch Stromgegenkopplung über R_2 stabilisiert. C_2 verhindert eine Wechselstromgegenkopplung. Der Eingangswiderstand der Schaltung wird durch R_1 bestimmt.

Bei selbstsperrenden MOSFETs muß das Gate im Arbeitspunkt positiv gegenüber der Sourceelektrode sein. Die benötigte Gatevorspannung könnte man im Prinzip mit einem Spannungsteiler aus der Betriebsspannung gewinnen. Dann wäre aber die Temperaturdriftverstärkung gleich der Wechselspannungsverstärkung und daher die Stabilität des Arbeitspunktes unbefriedigend. Man kann ihn jedoch durch Gleichspannungsgegenkopplung wie in Abbildung 8.19b stabilisieren. Über R_1 wird $U_{GS} = U_{DS}$. Damit ist die Bedingung erfüllt, daß im Abschnürbereich

$$U_{DS} > (U_{GS} - V_t) \tag{8.66}$$

sein soll. C_2 verhindert, daß R_1 um den Verstärkungsfaktor A_v dynamisch verkleinert wird. Wie im vorigen Beispiel wird auch hier der Eingangswiderstand durch R_1 bestimmt.

Nun einige Betrachtungen zum Klirrfaktor. Die Ausgangsspannung ist gegeben durch

$$U_{out} = U_{DD} - I_D \cdot R_L \tag{8.67}$$

Setzt man Gleichung 8.33 für den Drainstrom im Abschnürbereich ein, erhält man

$$U_{out} = U_{DD} - R_L \cdot \frac{k'}{2} \cdot \frac{W}{L} (U_{GS} - V_t)^2 \tag{8.68}$$

Als Steuerspannung dient eine Eingangsspannung, die den Transistor um das Ruhepotential U_{inA} sinusförmig ansteuert. Dann erhält man

$$U_{out} = U_{DD} - R_L \cdot \frac{k'}{2} \cdot \frac{W}{L} (U_{inA} + \hat{U}_{in} \cdot \sin \omega t - V_t)^2 \tag{8.69}$$

Der Term in der Klammer U'^2 liefert durch Ausmultiplizieren

$$U'^2 = (U_{inA} - V_t)^2 + 2 (U_{inA} - V_t) \, \hat{U}_{in} \cdot \sin \omega t + \hat{U}_{in} \left(\frac{1}{2} + \frac{1}{2} \cos 2 \, \omega t \right) \tag{8.70}$$

Der Klirrfaktor, definiert als Oberwellenamplitude zur Grundwellenamplitude, wird dann

$$k = \frac{\hat{U}_{in}^2/2}{2\,(U_{inA} - V_t)\,\hat{U}_{in}} = \frac{\hat{U}_{in}}{4\,(U_{inA} - V_t)} \cdot 100\ \%$$

(8.71)

Man sieht, daß der Klirrfaktor vom Arbeitspunkt abhängig ist. Liegt ein üblicher Arbeitspunkt etwa 2 V über der Schwellenspannung, so muß die Eingangsamplitude unter U_{in} = 80 mV bleiben, wenn der Klirrfaktor unter k = 1 % bleiben soll. Das ist ein erheblich höherer Wert im Vergleich zur maximalen Eingangsspannung des Bipolartransistors (bipolarer Transistor: $U_{in\,max}$ = 1,4 mV, vergleiche Gleichung 2.65).

8.5.2 Draingrundschaltung

Die Draingrundschaltung entspricht der des Emitterfolgers beim bipolaren Transistor.

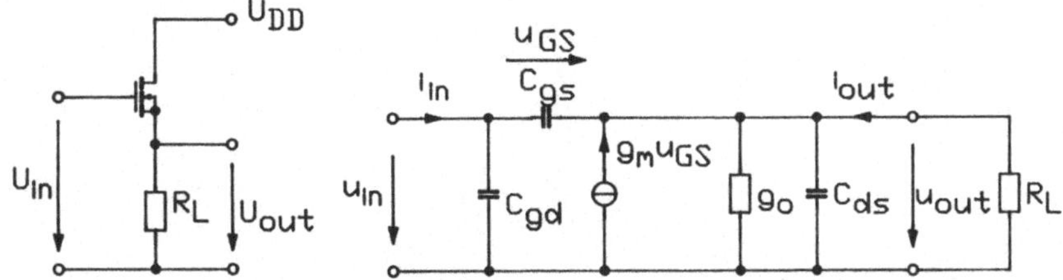

Abb. 8.20: Draingrundschaltung und Kleinsignalersatzschaltbild

Für die *Spannungsverstärkung* der Drainschaltung gilt

$$A_v = \frac{u_{out}}{u_{in}} = \frac{g_m + j\omega\,C_{gs}}{g_m + j\omega\,C_{gs} + 1/R_L}$$

(8.72)

Die Spannungsverstärkung ist also positiv und immer kleiner als 1. Für niederfrequente Anwendungen läßt sich Gleichung 8.72 vereinfachen zu

$$A_v = \frac{g_m \cdot R_L}{g_m \cdot R_L + 1}$$

(8.73)

Die *Stromverstärkung* der Drainschaltung ist

$$A_i = -\frac{g_m + j\omega\,C_{gs}}{j\omega\,C_{gs}}$$

(8.74)

Sie ist wie bei der Sourceschaltung sehr hoch für niedrige Frequenzen und fällt dann proportional zu 1/f. Die *Eingangsimpedanz* ist kapazitiv

$$Z_{in} = \frac{1}{j\omega\,C_{gd}}$$

(8.75)

Die Eingangskapazität der Drainschaltung ist sehr klein, weil hier durch die niedrige Spannungsverstärkung ($A_v \approx 1$) keine Millereffektbedingte Kapazitätserhöhung vorliegt.

Die *Ausgangsimpedanz* Z_{out} ist niedriger als bei der Sourceschaltung

$$Z_{out} \approx \frac{1}{g_o + g_m + j\omega\, C_{gs}} \tag{8.76}$$

Für niederfrequente Anwendungen wird

$$Z_{out} = \frac{1}{g_m + g_o} \tag{8.77}$$

Möglichkeiten zur Arbeitpunkteinstellung bei Wechselspannungskopplung sind in Abbildung 8.21 gezeigt.

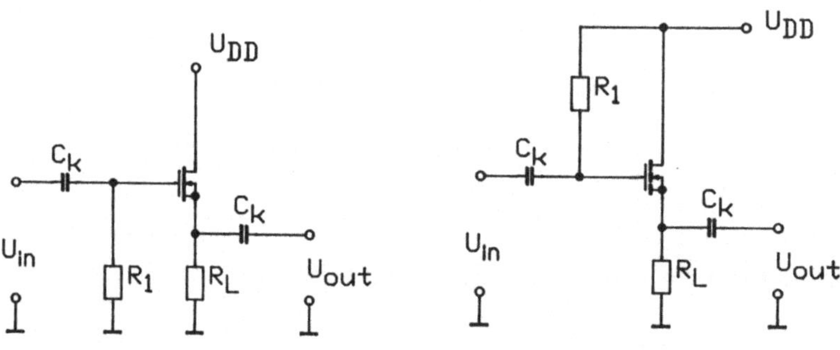

Abb. 8.21: Arbeitspunkteinstellung in Drainschaltung

Schaltung 8.21a zeigt die Arbeitspunkteinstellung für einen selbstleitenden FET. Die Wirkungsweise entspricht im wesentlichen der Arbeitspunkteinstellung der Sourceschaltung. Der Spannungsabfall an R_L erzeugt die Gatespannung, das bedeutet, daß der Austeuerbereich zwischen 0 und V_t liegt, und somit stark eingeschränkt ist. Abhilfe schafft hier ein Gatespannungsteiler, der wiederum den hohen Eingangswiderstand der Schaltung herabsetzt. Abbildung 8.21b zeigt die Arbeitspunkteinstellung bei einem selbstsperrenden FET. Das Gate ist über einen hochohmigen Widerstand an U_B gelegt. Wie bei der Sourceschaltung ist dann $U_{GS} = U_{DS}$ und damit die Bedingung (Gleichung 8.66) erfüllt, daß der Transistor im Abschnürbereich arbeitet.

8.5.3 Gategrundschaltung

Die Gategrundschaltung entspricht der Basisgrundschaltung beim bipolaren Transistor.

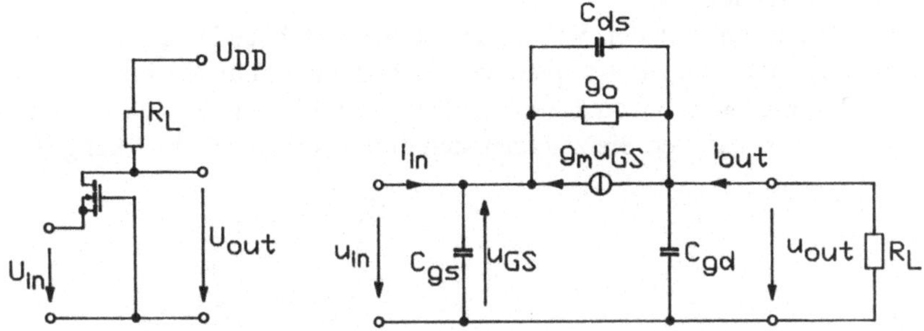

Abb. 8.22: Gategrundschaltung und Kleinsignalersatzschaltbild

Für die *Spannungsverstärkung* der Gateschaltung gilt

$$A_v = \frac{u_{out}}{u_{in}} = \frac{g_m + j\omega\,C_{gs}}{g_o + j\omega\,(C_{ds} + C_{gd}) + 1/R_L} \qquad (8.78)$$

Die Spannungverstärkung entspricht der der Sourceschaltung, nur daß hier Ausgangsspannung und Eingangsspannung bei niedrigen Frequenzen in Phase zueinander sind. Für niedrige Frequenzen läßt sich auch Gleichung 8.78 vereinfachen zu

$$A_v = \frac{g_m}{g_o + 1/R_L} \qquad (8.79)$$

Die *Stromverstärkung* der Gateschaltung ist betragsmäßig nahezu 1.

$$A_i \approx -1 \qquad (8.80)$$

Die *Eingangsimpedanz* der Gateschaltung ist sehr niedrig

$$Z_{in} = \frac{1}{g_m + g_o\,(1 - A_v) + j\omega\,[C_{gs} + C_{ds}\,(1 - A_v)]} \qquad (8.81)$$

und läßt sich für niederfrequente Anwendungen auf

$$R_{in} = \frac{1}{g_m + g_o\,(1 - A_v)} \qquad (8.82)$$

vereinfachen.

Die Ausgangsimpedanz entspricht der Sourceschaltung und ist

$$Z_{out} \approx \frac{1}{g_o + j\omega\,(C_{ds} + C_{gd})} \qquad (8.83)$$

bzw.

$$R_{out} = \frac{1}{g_o}$$

(8.84)

für niederfrequente Anwendungen.

Bei der Gateschaltung entfällt der Vorteil der hohen Gateimpedanz; daher findet man die Gateschaltung nicht in niederfrequenten Anwendungen. Für Hochfrequenzanwendungen, wo der Vorteil der hohen Gateimpedanz wegfällt, eignet sich die Gateschaltung gut als Impedanzwandler. Sie zeichnet sich durch geringe Rückwirkung (C_{ds}) aus.

9 HF-Verhalten von Feldeffekttransistoren

Die Hochfrequenzeigenschaften der FETs sind prinzipiell durch die Laufzeit der Ladungsträger gegeben, die den Kanal unter dem Gate durchqueren. Diese Laufzeit der Ladungsträger ist abhängig von ihrer Beweglichkeit. Daher sind N-Kanal-FETs im allgemeinen schneller als P-Kanal-FETs, da Elektronen im Silizium eine etwa 3 mal höhere Beweglichkeit besitzen als Löcher. Die Beweglichkeit der Elektronen beträgt etwa

$$\mu_{n,si} = 0,15 \ m^2/Vs \qquad (9.01)$$

und die der Löcher ca.

$$\mu_{p,si} = 0,05 \ m^2/Vs \qquad (9.02)$$

9.1 Ersatzschaltung

Das HF-Verhalten des FETs kann generell durch folgende Ersatzschaltung modelliert werden.

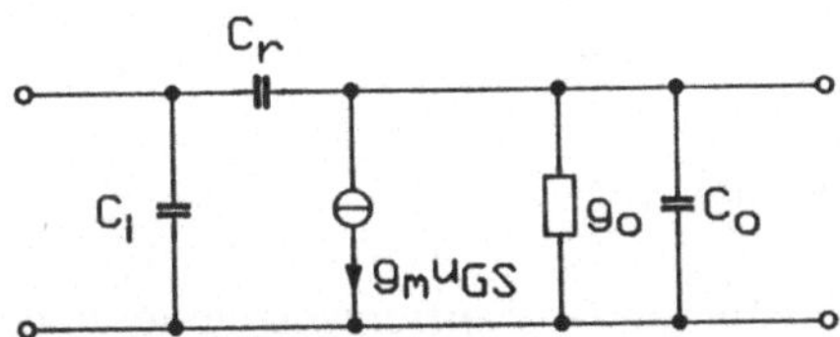

$$C_i \sim C_{gs}, \ C_r \sim C_{gd}, \ C_o \sim C_{ds}$$

Abb. 9.1: HF-Ersatzschaltung des Feldeffekttransistors

9.2 Grenzfrequenzen

Wie beim Bipolartransistor läßt sich auch hier eine Frequenz definieren, bei der die Kurzschlußstromverstärkung zu Eins geworden ist. Diese Transitfrequenz ist gegeben durch

$$f_T = \frac{g_m}{2\pi \ (C_{gs} + C_{gd})} \qquad (9.03)$$

Doch die Halbleiterhersteller geben diesen Wert nicht an. Das hat verschiedene Gründe. Der Feldeffekttransistor hat nur einen geringen Serienwiderstand in der Gateleitung, der in den meisten Fällen vernachlässigt werden kann. Man kann also die nahezu frequenzunabhängige Eingangskapazität des Feldeffekttransistors im Netzwerk zur Signaleinkopplung mit berücksichtigen. Beim Bipolartransistor ist das nicht so einfach möglich, da dort der Basisbahnwiderstand mit der inneren Eingangskapazität einen Tiefpaß bildet. Aus denselben Gründen ist es auch beim Feldeffekttransistor leichter, die Rückwirkungskapazität durch geeignete Schaltungsmaßnahmen zu neutralisieren.

Daher findet man in den Datenblättern, anstatt der Angabe einer Transitfrequenz, die Angaben von Eingangskapazität und Rückwirkungskapazität. Daneben wird noch die Steilheit in einem für den Feldeffekttransistor optimalen Arbeitspunkt angegeben. In der Tabelle in Abbildung 9.2 sind repräsentative Daten der verschiedenen Feldeffekttransistortypen zusammengestellt.

N-Kanal MOS:	N-Kanal JFET:
$g_m \approx 2{,}3$ mA/V	$g_m \approx 2{,}6$ mA/V
$C_i \approx 4{,}5$ pF	$C_i \approx 4{,}5$ pF
$C_r \approx 0{,}5$ pF	$C_r \approx 1{,}2$ pF
$f_T \approx 73$ MHz	$f_T \approx 72{,}6$ MHz

P-Kanal MOS:	P-Kanal JFET:
$g_m \approx 1{,}0$ mA/V	$g_m \approx 1{,}5$ mA/V
$C_i \approx 6{,}0$ pF	$C_i \approx 7{,}0$ pF
$C_r \approx 1{,}5$ pF	$C_r \approx 2{,}0$ pF
$f_T \approx 21$ MHz	$f_T \approx 26{,}5$ MHz

Abb. 9.2: Kleinsignalparameter verschiedener FET-Typen

Um den Vergleich zu erleichtern, sind in der Tabelle die Transitfrequenzwerte angegeben, die sich nach Gleichung 9.03 ergeben würden. Man sieht, daß die N-Kanal-Typen eine etwa 3 mal höhere Transitfrequenz besitzen als die P-Kanal-Typen. Dies ist durch die oben beschriebene unterschiedliche Beweglichkeit von Elektronen und Löchern bedingt. Die Grenzfrequenzen eines Kanaltypes sind annähernd gleich. Der MOS-Transistor besitzt im Vergleich zum JFET eine etwas geringere Rückwirkungskapazität, aber auch eine etwas geringere Steilheit, so daß sich in etwa dieselbe Transitfrequenz einstellt.

9.3 Dual-Gate-FET

Besonders gute HF-Eigenschaften zeigt der Dual-Gate-Feldeffekttransistor. Ein Dual-Gate-FET besitzt zwei getrennt herausgeführte Gates zwischen Source und Drain. Das Gebiet zwischen den beiden Gates kann als Drain eines ersten Feldeffekttransistors und gleichzeitig als Source für einen dazu in Serie geschalteten zweiten FET aufgefaßt werden. Wird nun das Gate des zweiten FETs zur Veränderung des Arbeitspunktes eingesetzt und wechselspannungsmäßig an Masse gelegt, kann man den Dual-Gate-FET als Kaskodeschaltung zweier FETs auffassen, wie in Abbildung 9.3 dargestellt.

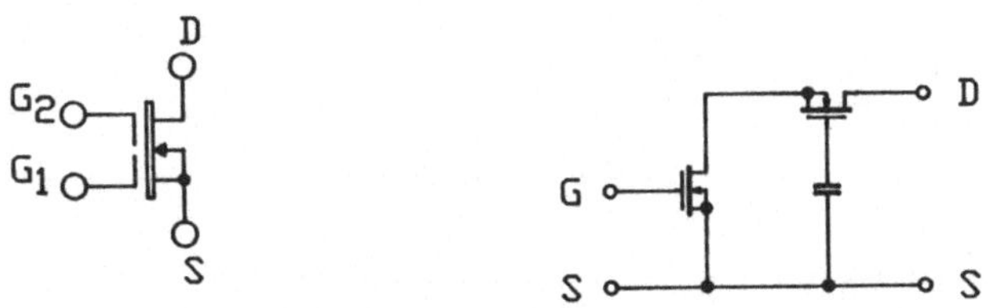

Abb. 9.3: Dual-Gate-FET und Kaskodeschaltung als Äquivalent

Der erste Transistor arbeitet in Sourcegrundschaltung. Er besitzt als Lastwiderstand die niedrige Eingangsimpedanz des in Gategrundschaltung betriebenen zweiten Transistors. Durch diesen niedrigen Lastwiderstand ist die Spannungsverstärkung des ersten Transistors gering. Damit ist die Erhöhung der Rückwirkungskapazität, bedingt durch den Millereffekt, für diesen Transistor ebenfalls gering. Daher hat der Dual-Gate-FET im wesentlichen nur die Gate-Source-Kapazität des ersten Transistors als Eingangskapazität. Die Spannungsverstärkung des Dual-Gate-FETs wird durch die Spannungsverstärkung des zweiten Teiltransistors bestimmt, da der erste Transistor nur für die Stromverstärkung sorgt. Abbildung 9.3 zeigt das Kleinsignalersatzschaltbild dieser Anordnung.

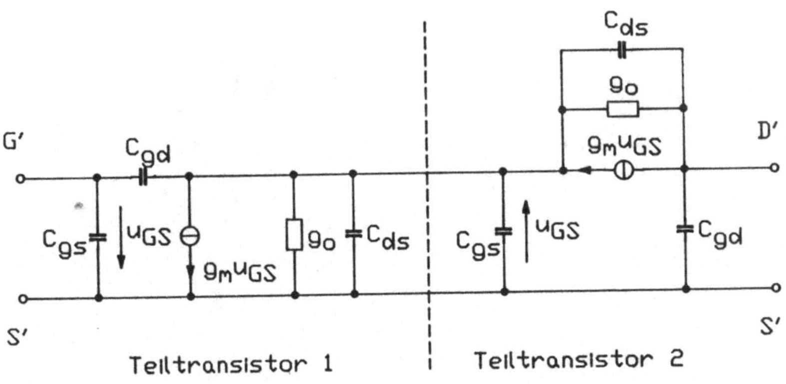

Abb. 9.4: Kleinsignalersatzschaltbild des Dual-Gate-FETs

Der Dual-Gate-FET zeichnet sich durch eine hohe Steilheit und durch eine niedrige Rückwirkungskapazität aus. Die Tabelle in Abbildung 9.5 zeigt die Kleinsignalparameter für je einen Dual-Gate-MOSFET von der Fa. Motorola bzw. der Fa. Siemens.

Motorola MFE 591   Siemens BF 994S

$g_m \approx 13$ mA/V $g_m \approx 18$ mA/V

$C_i \approx 3{,}0$ pF $C_i \approx 2{,}5$ pF

$C_r \approx 0{,}025$ pF $C_r \approx 0{,}025$ pF

$f_T \approx 684$ MHz $f_T \approx 1{,}13$ GHz

Abb. 9.5: Kleinsignalparameter von Dual-Gate-N-Kanal-MOSFETs

In Abbildung 9.5 sind auch die Transitfrequenzwerte eingetragen, die sich nach Gleichung 9.03 ergeben würden. Sie zeigen, daß die Dual-Gate-FETs erheblich bessere HF-Eigenschaften besitzen, als Single-Gate-FETs.

10 Rauschverhalten des FETs

10.1 Rauscharten und Ersatzschaltung

In Kapitel 8 wurde gezeigt, daß der widerstandsbehaftete Kanal zwischen Source und Drain durch die Gate-Source-Spannung moduliert wird, so daß der Drainstrom durch die Gate-Source-Spannung gesteuert werden kann. Da der Kanal einen stromdurchflossenen Widerstand darstellt, tritt hier thermisches Rauschen auf. Dieses thermische Rauschen ist die Hauptrauschquelle in Feldeffekttransistoren. Es läßt sich durch eine Rauschstromquelle $\overline{i_d^2}$ zwischen Drain und Source im Kleinsignalersatzschaltbild des FETs darstellen (siehe Abbildung 10.1).

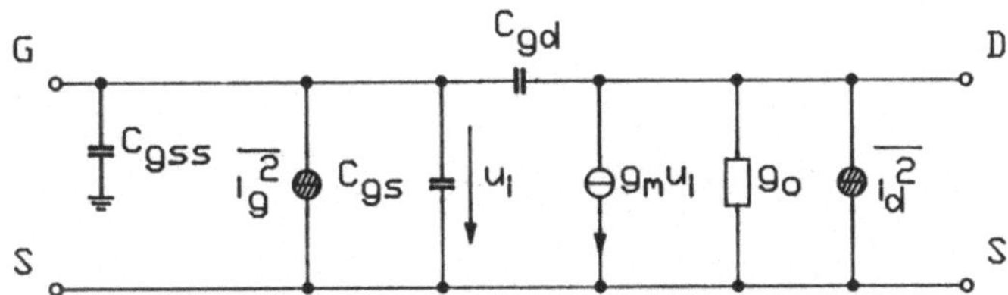

Abb. 10.1: Kleinsignalersatzschaltbild des FET mit Rauschquellen

Funkelrauschen (Flickernoise) tritt auch am Feldeffekttransistor auf. Dieses Rauschen läßt sich zusammen mit dem thermischen Rauschen in der Rauschstromquelle $\overline{i_d^2}$ darstellen. Eine weitere Rauschquelle in Feldeffekttransistoren ist Schrotrauschen (Shotnoise), daß durch Leckströme im Gate verursacht wird. Dieses Rauschen wird durch die Rauschstromquelle $\overline{i_g^2}$ repräsentiert und ist üblicherweise sehr klein. Das Schrotrauschen kann Einfluß haben, wenn die Quelle, die den FET treibt, sehr hochohmig ist. Die angeführten Rauschgeneratoren sind alle unabhängig und haben folgende Werte

$$\overline{i_g^2} = 2 \cdot e \cdot I_G \cdot \Delta f \qquad (10.01)$$

und

$$\overline{i_d^2} = 4 \cdot k \cdot T \left(\frac{2}{3} \cdot g_m \right) \Delta f + k \cdot \frac{I_D^a}{f} \cdot \Delta f \qquad (10.02)$$

wobei

   IG   = Gateleckstrom
   ID   = Drainstrom im Arbeitspunkt
   K   = Konstante für das betreffende Bauteil
   a   = Konstante zwischen 0,5 und 2
   gm = Steilheit im Arbeitspunkt

bedeuten.

10.2 Äquivalente Eingangsrauschquellen des FETs

Die äquivalenten Eingangsrauschquellen eines Feldeffekttransistors lassen sich aus dem
Ersatzschaltbild nach Abbildung 10.2a ableiten. Dieses Ersatzschaltbild ist äquivalent
zu dem in Abbildung 10.2b zu machen. Dabei wird für jede dieser Betrachtungen der
Ausgang kurzgeschlossen und die Rückwirkungskapazität Cgd vernachlässigt.

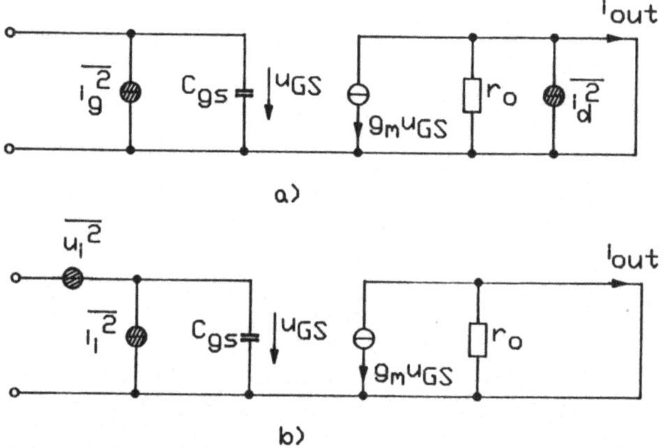

Abb. 10.2: FET-Rauschquellen und ihre Repräsentation als äquivalente Eingangsrauschquellen

Wenn der Eingang beider Schaltungen kurzgeschlossen wird und die resultierenden
Ausgangsrauschströme gleichgesetzt werden, erhält man

$$i_d = g_m \cdot u_i \qquad (10.03)$$

und damit

$$\overline{u_i^2} = \frac{\overline{i_d^2}}{g_m^2} \qquad (10.04)$$

Einsetzen von Gleichung 10.02 liefert

$$\frac{\overline{u_i^2}}{\Delta f} = 4 \cdot k \cdot T \cdot \frac{2}{3} \cdot \frac{1}{g_m} + K \cdot \frac{I_D^2}{g_m^2 \, f} \qquad (10.05)$$

Der äquivalente Eingangsrauschwiderstand eines FET ist definiert zu

$$\frac{\overline{u_i^2}}{\Delta f} = 4 \cdot k \cdot T \cdot R_{eq} \qquad (10.06)$$

Damit wird

$$R_{eq} = \frac{2}{3} \cdot \frac{1}{g_m} + K' \cdot \frac{I_D^a}{g_m^2 \cdot f} \qquad (10.07)$$

mit

$$K' = \frac{K}{4 \cdot k \cdot T} \qquad (10.08)$$

Bei Frequenzen oberhalb des Funkelrauschens ergibt sich für den äquivalenten Eingangsrauschwiderstand

$$R_{eq} = \frac{2}{3} \cdot \frac{1}{g_m} \qquad (10.09)$$

Dieser Wert ist für übliche Arbeitspunkte ca. 3 mal größer als der vergleichbare äquivalente Eingangsrauschwiderstand des bipolaren Transistors.

Die äquivalente Rauscheingangsspannung ist für je einen typischen JFET und MOSFET in Abbildung 10.3 aufgetragen.

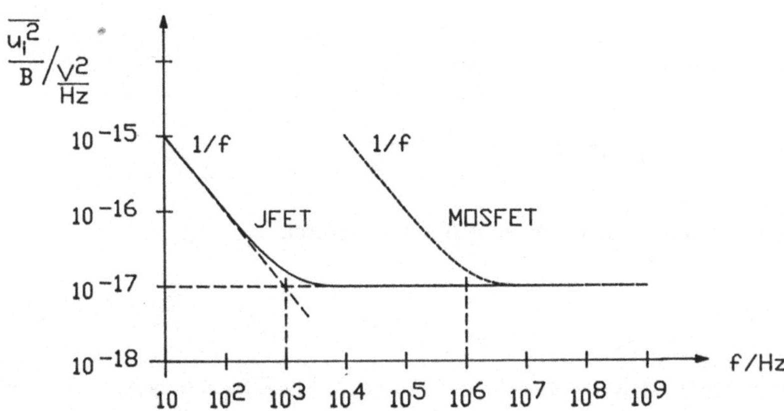

Abb. 10.3: Typische spektrale Verteilung der Rauscheingangsspannung von FETs

Im Gegensatz zum bipolaren Transistor trägt hier die Eingangsrauschspannungsquelle das Funkelrauschen. Die Eckfrequenz des Funkelrauschens ist unterschiedlich für MOS-FETs und JFETs. Beim JFET liegt die Eckfrequenz bei etwa f = 1 kHz, während sie bei MOSFETs deutlich höher liegt (bis zu f = 1 MHz). In MOSFETs verursachen Elektronenenergiezustände am Silizium-Siliziumdioxid-Übergang ein Funkelrauschen, daß unterhalb von Frequenzen von 1 bis 10 kHz deutlich größer ist als das thermische Rauschen bei den üblichen Arbeitspunkten und Bauteilegeometrien. Dieses Funkelrauschen bei MOSFETs ist umgekehrt proportional der Gatefläche und dem Kapazitätsbelag, so daß oft für MOSFETs folgende Gleichung für die Eingangsrauschspannungsquelle angegeben wird.

$$\frac{\overline{u_i^2}}{\Delta f} = 4 \cdot k \cdot T \cdot \frac{2}{3} \cdot \frac{1}{g_m} + \frac{K_f}{W \cdot L \cdot C_{ox} \cdot f} \qquad (10.10)$$

Typische Werte für K_f sind 3E-12 V^2pF.

Der äquivalente Eingangsrauschstromgenerator kann berechnet werden, indem bei beiden Schaltungen nach Abbildung 10.2 die Eingänge offen gelassen werden und die resultierenden Ausgangsrauschwerte gleichgesetzt werden. Das liefert

$$i_i \cdot \frac{g_m}{j\omega\, C_{gs}} = i_g \cdot \frac{g_m}{j\omega\, C_{gs}} + i_d \qquad (10.11)$$

bzw.

$$i_i = i_g + \frac{j\omega\, C_{gs}}{g_m} \cdot i_d \qquad (10.12)$$

Da i_g und i_d unabhängige Rauschquellen repräsentieren, kann Gleichung 10.12 wie folgt ausgedrückt werden.

$$\overline{i_i^2} = \overline{i_g^2} + \frac{\omega^2 \cdot C_{gs}^2}{g_m^2} \cdot \overline{i_d^2} \qquad (10.13)$$

Einsetzen von Gleichung 10.01 und 10.02 liefert

$$\frac{\overline{i_i^2}}{\Delta f} = 2 \cdot e \cdot I_G + \frac{\omega^2 \cdot C_{gs}^2}{g_m^2}\left(4 \cdot k \cdot T\, \frac{2}{3} \cdot g_m + K \cdot \frac{I_D^a}{f} \right) \qquad (10.14)$$

Wenn man die Kurzschlußstromverstärkung des FETs durch

$$A_i = \frac{g_m}{\omega \cdot C_{gs}} \qquad (10.15)$$

annähert, kann man sagen, daß der Rauschgenerator am Ausgang durch A_i^2 geteilt am Eingang des FETs erscheint. Somit wird bei niedrigen Frequenzen der Eingangsrauschstromgenerator nur durch den Gateleckstrom bestimmt, der sehr gering ist (kleiner als

1E-12 A). Daher kann man sagen, daß Feldeffekttransistoren dann ein besseres Rauschverhalten gegenüber Bipolartransistoren zeigen, wenn die Impedanz der treibenden Quelle hoch ist. In diesem Falle ist der Eingangsrauschstromgenerator dominant und somit das Rauschen beim FET sehr viel kleiner als beim Bipolartransistor. Da die Eingangsrauschspannungsquelle des Bipolartransistors sehr viel kleiner ist als die des FETs, hat der Bipolartransistor bei niedrigen Quellimpedanzen meist ein besseres Rauschverhalten.

11 Feldeffekttransistor als Leistungsverstärker

Grundsätzlich läßt sich die klassische FET-Struktur auch zur Leistungsverstärkung einsetzen, doch ist diese Struktur nicht besonders effizient, was die Ausnutzung der Chipfläche und die erreichbaren Daten angeht. Die Entwicklung der Power-FETs reicht daher vom a) konventionellen MOSFET über b) den lateralen, doppelt diffundierten MOSFET und c) den VMOS bis hin zu d) dem SIPMOS bzw. TMOS Transistor.

Die folgenden Vergleiche beschränken sich auf N-Kanal-MOSFET-Typen (N-Kanal-FETs haben eine bessere Leitfähigkeit und höhere Geschwindigkeit. Es werden vorwiegend selbstsperrende N-Kanal-Typen angeboten).

a) konventioneller MOSFET

Eine ausführliche Aufbau- und Funktionsbeschreibung befindet sich in Kapitel 8.2, so daß hier nicht mehr darauf eingegangen wird. Die wesentlichen Aufbaumerkmale sind hier, daß in P-Grundmaterial N-Zonen für Source und Drain eindiffundiert werden. Der Stromfluß ist lateral (d.h. parallel zur Substratoberfläche) und die Kanallänge ist bestimmt durch die Maskierung der N-Zonen und damit abhängig von den lithographischen Möglichkeiten. Daraus resultiert, daß der konventionelle MOSFET große Kanallängen aufweist. Dadurch ist der Kanalwiderstand hoch und es sind nur geringe Drainströme möglich.

b) lateraler, doppelt diffundierter MOSFET

In einem schwach N-dotierten Grundmaterial wird eine P-Wanne eindiffundiert. Anschließend folgen stark dotierte N-Zonen in der P-Wanne als Source und im N-Substrat als Drain (siehe Abbildung 11.1).

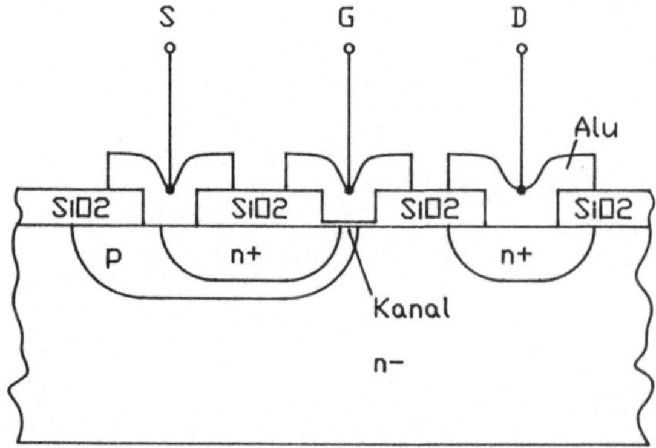

Abb. 11.1: Lateraler, doppelt diffundierter MOSFET

Der Kanal bildet sich in der P-Region an der Substratoberfläche aus. Der Stromfluß ist wie beim konventionellen FET lateral, also parallel zur Substratoberfläche. Zwei wichtige Schritte verbessern hier das Leistungsverhalten. Durch Anwendung einer selbstjustierenden Doppeldiffusionstechnik ist die Kanallänge nur noch vom Diffusionsprozess abhängig. Man kann nun über die implantierte Fremdatommenge und über die Diffusionszeit wesentlich kürzere Kanallängen erreichen. Das ermöglicht höhere Ströme und niedrigere Kanalwiderstände. Durch die schwach dotierte N-Zone zwischen Kanal und Drainanschluß werden hohe reverse Sperrspannungen möglich. Nachteilig ist beim lateralen, doppelt diffundierten MOSFET die ineffiziente Ausnutzung der Chipfläche, da sich alle Anschlüsse auf der Substratoberfläche befinden.

c) VMOS-Transistor

Der Aufbau des VMOS-Transistors ist in Abbildung 11.2 gezeigt.

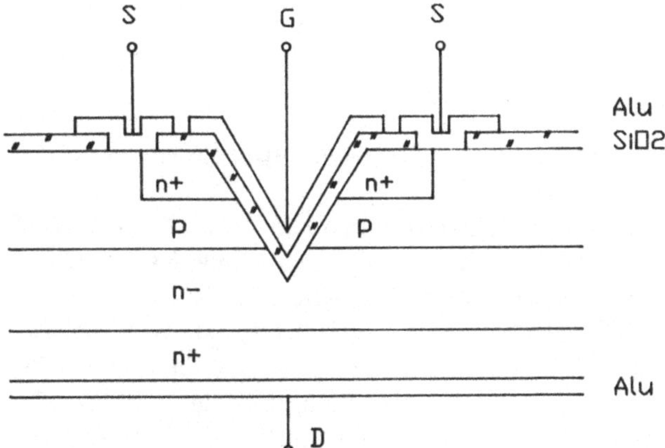

Abb. 11.2: VMOS-Transistor

Zur besseren Ausnutzung der Chipfläche dient hier das Substrat
wird von der Chiprückseite kontaktiert. Der VMOS-Transistor
n-dotierten Grundmaterial, auf dem man epitaktisch schwach dotiertes n-Material aufwachsen läßt. Nach einer p-Diffusion wird die stark dotierte N-Zone für den Sourceanschluß eindiffundiert. In einem V-förmig geätzten Graben (V-groove) befindet sich der Gateanschluß. Der Kanal bildet sich am Grabenrand in der P-Zone aus. Der Stromfluß ist vertikal, d.h. senkrecht zur Substratoberfäche. Die Kanallänge wird nur durch die Tiefe der P- bzw. N-Diffusion bestimmt und ist nicht abhängig von den photolithographischen Möglichkeiten. Das beim ursprünglichen MOS vorhandene Substrat (p-dotierte Zone) ist nun elektrisch mit dem Sourceanschluß verbunden und führt durch die vertikale Struktur zur Ausbildung der sog. „Inversdiode". Des weiteren dient diese Maßnahme zum Kurzschluß eines parasitären Bipolartransistors, der sich durch die Schichtenfolge Source (n+), Kanal (p) und Drain (n-, n+) ausbilden kann. Durch Kurzschließen dieses Transistors wird ein möglicher „zweiter Durchbruch" vermieden (Ein zweiter Durchbruch ist möglich, wenn zu hohe Kommutierungssteilheiten im Inversbetrieb auftreten).

d) SIPMOS (Siemens), TMOS (Motorola)

Der Aufbau dieses Transistors ist in Abbildung 11.3 gezeigt.

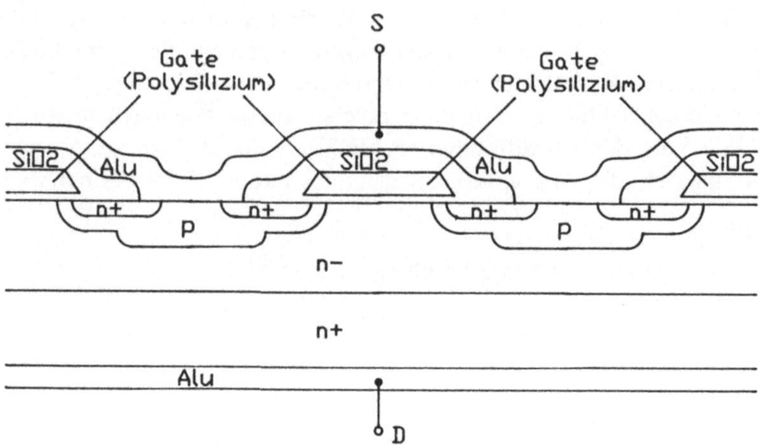

Abb. 11.3: SIPMOS (Siemens) bzw. TMOS (Motorola) Leistungs-N-Kanal-MOSFET

Auch hier vertikaler Stromfluß und die wesentlichen Merkmale des VMOS-Transistors. Im Unterschied zum VMOS-Transistor ergibt sich eine bessere Ausnutzung der Chipoberfläche durch den vergrabenen Gateanschluß aus Polysilizium. Es ist damit die gesamte Chipoberfläche metallisierbar und als Sourceanschluß nutzbar. Wie aus Abbildung 11.3 ersichtlich ist, erlaubt die Struktur recht einfach das Parallelschalten von Einzeltransistoren zu einem Gesamttransistor. Das erlaubt hohe Ströme, niedrige Kanalwiderstände und eine gute Wärmeverteilung über die Chipfläche. Ein SIPMOS-bzw. TMOS-Transistor kann aus bis zu 6000 Einzeltransistoren bestehen.

Im Vergleich des Power-MOSFETs zum Bipolartransistor ergeben sich folgende Vorteile:

Eine hohe statische Eingangsimpedanz, daraus folgt:
- spannungsgesteuerter Eingang
- niedrige Eingangsleistung
- geringer Aufwand an Ansteuerschaltung

Der Stromtransport erfolgt nur durch Majoritätsträger, das bedeutet:
- schnelle Schaltzeiten
- hohes Verstärkungsbandbreitenprodukt

Der Einschaltwiderstand (r_{ds}(on)) hat einen positiven Temperaturkoeffizienten, daraus folgt:
- großer sicherer Arbeitsbereich im aktiven Betrieb
- einfaches Parallelschalten möglich

11.1 SIPMOS-, TMOS-Transistor

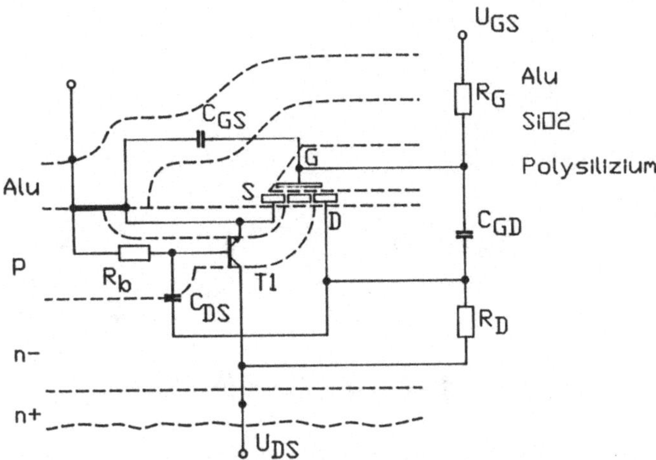

Abb. 11.4: Parasitärer Bipolartransistor im Schnittbild eines N-Kanal-SIPMOS-FET

In Abbildung 11.4 ist das Schnittbild eines SIPMOS-Transistors mit der Ausbildung des parasitären Bipolartransistors gezeigt. Der Kurzschluß von n+ und p-Gebiet soll diesen Bipolartransistor eliminieren. Dadurch bildet sich die sog. „Inversdiode" aus, die im Schnittbild nach Abbildung 11.5 eingezeichnet ist.

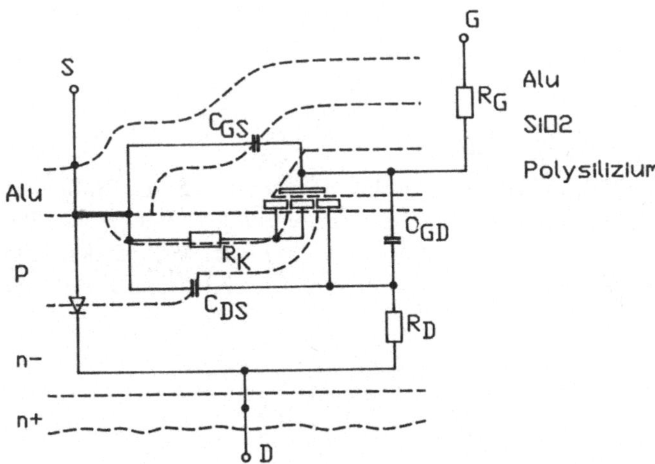

Abb. 11.5: Schnittbild eines N-Kanal SIPMOS FET mit dargestellten Leitwerten des Ersatzschaltbildes

Diese Inversdiode wird bei reverser Stromrichtung leitend und schützt so den Transistor im Sperrbereich. Abbildung 11.6 zeigt das Schaltzeichen das SIPMOS-Transistors und das Ersatzschaltbild, das sich aus der Struktur nach Abbildung 11.5 ergibt.

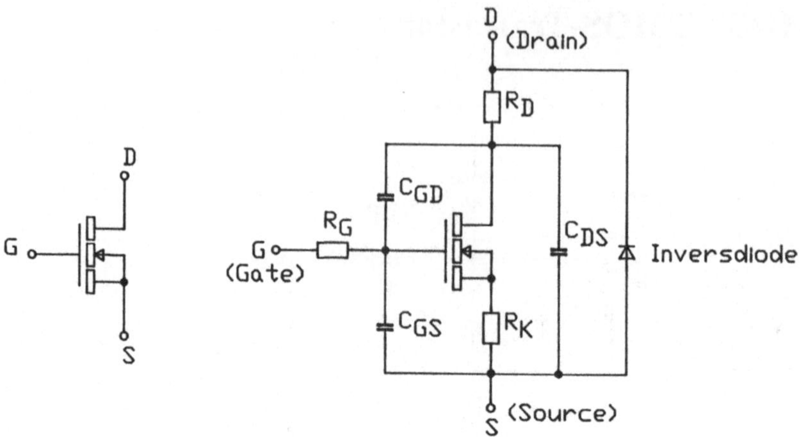

Abb. 11.6: Schaltsymbol und Ersatzschaltung eines N-Kanal-SIPMOS-FET

Für den Transistor BUZ 24, der ähnliche Leistungsdaten besitzt wie der bipolare
Transistor 2N3055, ergeben sich folgende charakteristische Werte:

Drain-Gleichstrom	I_{Dmax}	= 32 A
Drainstrom gepulst	I_D	= 125 A
Drain-Source-Spannung	U_{DSmax}	= 100 V
Max. Verlustleistung	P_{Dmax}	= 125 W
Gate-Source-Spannung	U_{GSmax}	= +/- 20 V
Gateschwellenspannung	V_t	= 3 V
Drain-Source-Einschaltwiderstand	$r_{ds}(on)$	= $R_D + R_K$
		= 0,045 Ohm
Gate-Bahnwiderstand	R_G	= 10 Ohm
Übertragungssteilheit	g_m	= 10 A/V
Durchlaßspannung der Inversdiode	U_{SD}	= 1,5 V

Wie beim HF-Verhalten des FETs in Kapitel 9 erläutert, werden bei den Halbleiterherstellern selten die kapazitiven Elemente des Ersatzschaltbildes angegeben. Statt
dessen findet man die Angaben von Eingangs-, Ausgangs- und Rückwirkungskapazität
in den Datenbüchern. Für den Betriebspunkt U_{GS} = 0 V, U_{DS} = 25 V und f = 1 MHz
ergeben sich für den BUZ24 folgende Werte:

Eingangskapazität	C_{iss}	= 1,5 nF
Ausgangskapazität	C_{oss}	= 800 pF
Rückwirkungskapazität	C_{rss}	= 300 pF

Diese Werte haben allerdings relativ wenig Aussagekraft, wie später noch gezeigt wird.
Der Gate-Bahnwiderstand begrenzt den Ladestrom der Eingangskapazität und bestimmt
somit das HF-Verhalten des Transistors. Da der Transistor keinen „second breakdown"
hat, kann er einer hohen Impulsbelastung standhalten. Die Gateschwellenspannung ist
temperaturabhängig und verändert sich mit ca. -3 mV/°C. Der Transistor ist bei Gate-
spannungen von U_{GS} = 10 V voll eingeschaltet.

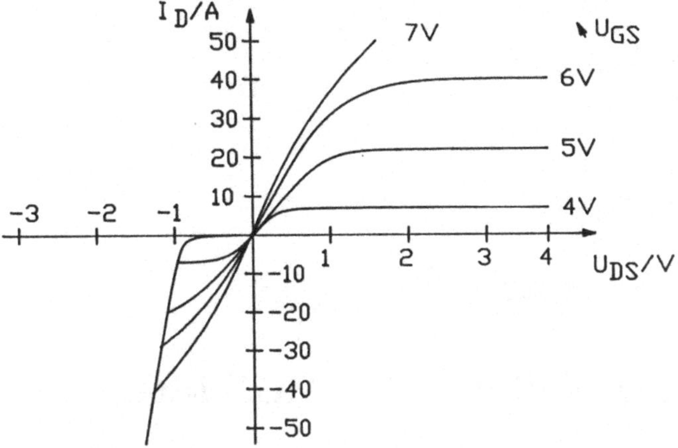

Abb. 11.7: Ausgangskennlinienfeld des SIPMOS-Transistors

Abbildung 11.7 zeigt das Ausgangskennlinienfeld im I. und im III. Quadranten. Die Kennlinien im Abschnürbereich des I. Quadranten zeigen einen nahezu waagerechten Verlauf (hohe Earlyspannung bzw. hoher Innenwiderstand). Im III. Quadranten zeigt sich die Wirkung der Inversdiode.

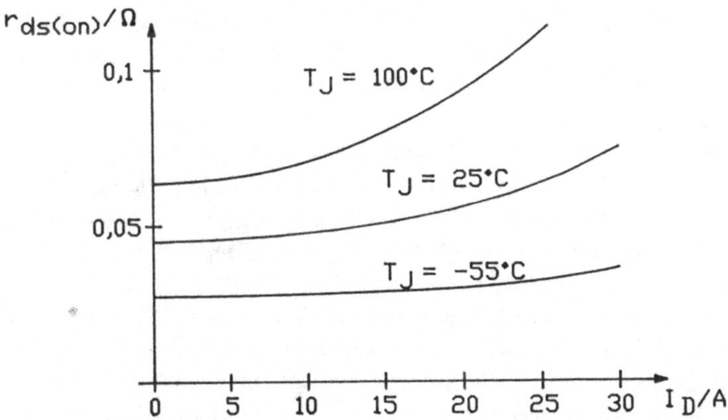

Abb. 11.8: Temperaturabhängigkeit des Einschaltwiderstandes r$_{ds}$(on)

Der Drain-Source-Einschaltwiderstand r$_{ds}$(on) ist von der Temperatur und vom Drain-Source-Strom abhängig. Dazu zeigt Abbildung 11.8 den typischen Verlauf des Einschaltwiderstandes über den Drainstrom und der Temperatur als Parameter.

Für den SIPMOS gelten auch die in Kapitel 8.2 gezeigten Gleichungen für das Übertragungsverhalten. So gilt für den Anlaufbereich

$$I_D = \frac{W}{L} \cdot \mu_n \cdot C_{ox} (U_{GS} - V_t) U_{DS}$$

(11.1)

für den Abschnürbereich

$$I_D = \frac{W}{2 \cdot L} \cdot \mu_n \cdot C_{ox} (U_{GS} - V_t)^2 \tag{11.2}$$

und für die Steilheit

$$g_m = \frac{W}{L} \cdot \mu_n \cdot C_{ox} (U_{GS} - V_t) \tag{11.3}$$

Übliche Werte liegen hier bei $g_m = 1 \dots 20$ A/V.

11.2 Ansteuerung des SIPMOS-, TMOS-Transistors

Da der SIPMOS-Transistor spannungsgesteuert ist, besteht die Ansteuerung des Transistors im Aufladen bzw. Umladen der Transistorkapazitäten. Das Ersatzschaltbild zeigt drei wesentliche Kapazitäten, die Gate-Source-Kapazität C_{gs}, die Gate-Drain-Kapazität C_{gd} und die Drain-Source-Kapazität C_{ds}. Abhängig vom Arbeitsbereich wirkt am Eingang die Kapazität C_{iss} (Eingangskapazität der Source-Grundschaltung) oder die Kapazität C_{rss} (Rückwirkungskapazität der Source-Grundschaltung). C_{iss} ist die Summe aus der Gate-Source-Kapazität C_{gs} und der Drain-Gate-Kapazität C_{dg}. C_{gs} besteht aus einer spannungsunabhängigen Kapazität zwischen Gatestruktur und Sourcemetallisierung und einer Gate-Kanal-Kapazität die stark mit dem Arbeitspunkt variiert. Dagegen ist die Rückwirkungskapazität C_{rss} (C_{dg}) hauptsächlich die MOS-Kapazität zwischen Gate- und Drainregion. Ihr Wert steigt zum Ende der Einschaltphase des MOSFETs steil an.

Die Bauteilkapazitäten (speziell die Rückwirkungskapazität) und die Impedanz der Quelle, die das Gate treibt, bestimmen im wesentlichen die Schaltgeschwindigkeit des Bauteils. Da die Eingangskapazität von der Chipfläche abhängt, wird man bei gegebener Quellimpedanz einen kleinen Transistor schneller schalten können als einen großen.

Zwei Umstände verkomplizieren die Bestimmung der Schaltzeiten des Power-MOS-FETs. Zuerst ist dies die Veränderung der Eingangskapazität C_{iss} aufgrund der Änderung der Drain-Source-Spannung U_{DS}, so daß sich die Zeitkonstante, die sich aus Quellenimpedanz und Eingangsimpedanz ergibt, während der Schaltzyklen verändert. Daher ist die Berechnung der Anstiegszeit der Gatespannung aus Quellenimpedanz und Eingangkapazität nur eine sehr grobe Näherung. Der zweite Umstand ist die Auswirkung der „Miller"-Kapazität C_{rss} bzw. C_{dg}. Ein Beispiel soll die Auswirkung der Millerkapazität zeigen. Wenn ein Hochvolttransistor (manche Power-MOS-Transistoren erlauben Drain-Source-Spannungen von bis zu $U_{DS} = 1000$ V) eingeschaltet ist, dann ist U_{DS} ziemlich klein und die Gate-Source-Spannung ist etwa $U_{GS} = 15$ V. Die Kapazität C_{dg} ist auf $U_{DS}(on) - U_{GS}$ aufgeladen, also auf eine kleine negative Spannung. Wenn das Drain abgeschaltet wird und eine hohe Drain-Source-Spannung ansteht, wird C_{dg} auf ein ganz anderes Potential aufgeladen. In diesem Fall hat die Spannung über C_{dg} einen hohen positiven Wert, da die Gate-Source-Spannung nahezu Null geworden ist und U_{DS} etwa der Betriebsspannung entspricht. Während der Ein- bzw. Ausschaltvorgänge sind es diese großen Spannungsänderungen, die die gatetreibende Quelle belasten. So muß diese Quelle, neben dem Laden und Entladen der Eingangskapazität C_{gs}, auch den Verschiebungsstrom zum Umladen der Drain-Gate-Kapazität liefern.

$$i_{gate} = C_{dg} \cdot \frac{dU_{DG}}{dt}$$

(11.4)

Wenn die Quellenimpedanz nicht besonders niedrig ist, wird der Anstieg der Gate-Source-Spannung an der Stelle ein Plateau aufweisen, wo sich die Drain-Source-Spannung stark ändert (siehe Abbildung 11.9).

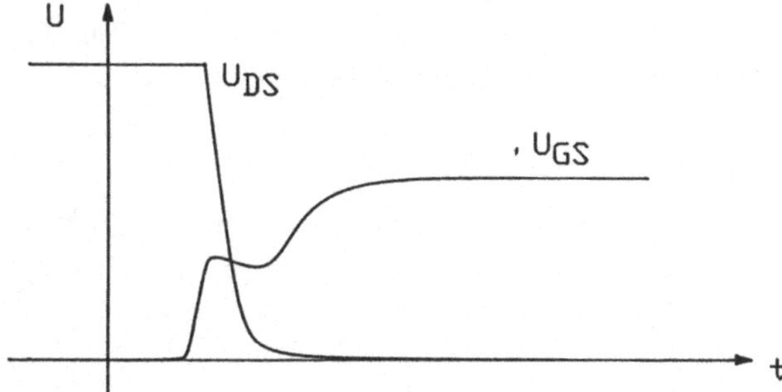

Abb. 11.9: Plateau beim Einschalten eines Power-MOSFETs

Die üblichen Kapazitätskurven, wie sie in Abbildung 11.10 gezeigt sind, haben eine gewisse Aussagekraft, sie sind aber nicht vollständig.

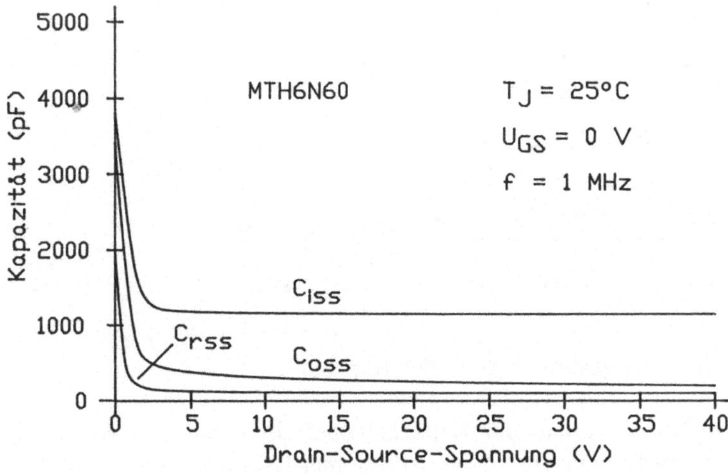

Abb. 11.10: Spannungsabhängigkeit der Kapazitäten C_{iss}, C_{rss} und C_{oss}

Da sie nicht vollständig sind, kann dies zu einer Fehleinschätzung führen. Das trügerische an dieser Repräsentation ist, daß jede Kapazität als Funktion der Drain-Source-Spannung aufgetragen ist, und nicht als Funktion der Spannung, die sich an den jeweiligen Kondensatoren ausbildet. Für die Ausgangskapazität C_{oss} ist Abbildung 11.10 korrekt, da über C_{oss} immer U_{DS} liegt.

Die Kurven werden üblicherweise dazu benutzt, die Eingangsimpedanz zu bestimmen. Dazu fehlen aber bei den Kurven für C_{iss} und C_{rss} wichtige Informationen. Dazu folgende Überlegung: wenn das Bauteil abgeschaltet ist, hat U_{DS} nahezu die Betriebsspannung und U_{GS} ist ungefähr Null, d.h. U_{DG} *ist positiv.*

$$U_{DG}(off) = U_{DS}(off) - U_{GS}(off) > 0 \qquad (11.5)$$

Wenn das Bauteil eingeschaltet wird, ergibt sich eine völlig andere Situation. U_{GS} ist ungefähr 10 V und U_{DS} ist sehr klein ($U_{DS} = U_{DS}(on)$). Daher wird

$$U_{DG}(on) = U_{DS}(on) - U_{GS}(on) < 0 \qquad (11.6)$$

und das ist üblicherweise ein *negativer Wert.* Dieser negative Teil der Drain-Gate-Spannung ist es, der in den üblichen Kurven nicht gezeigt wird, der aber extrem wichtig ist. Abbildung 11.11 zeigt daher die Erweiterung der Kapazitätskurven um den Bereich, wo die Drain-Source-Spannung Null ist und eine positive Gate-Source-Spannung am Transistor anliegt.

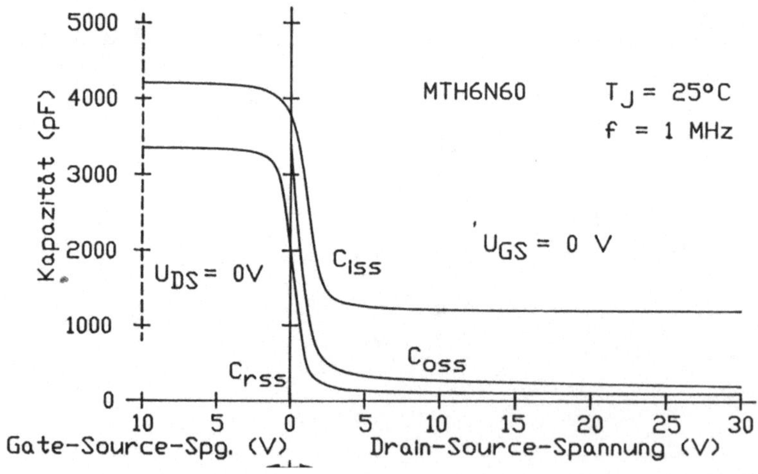

Abb. 11.11: Erweiterte Spannungsabhängigkeit der Kapazitäten C_{iss}, C_{rss} und C_{oss}

Der eigentlich benötigte Kurvenverlauf der Kapazität über der Drain-Gate-Spannung ist nahezu identisch zu dieser Repräsentation, nur würde hier U_{DG} links vom Nullpunkt negative Werte annehmen. Der dramatische Anstieg der Rückwirkungskapazität am Beispiel des Motorola-Transistors MTH6N60 von ca. 50 pF bei positiven Spannungen, zu Werten von ca. 3300 pF bei negativen Spannungen, kann nicht vernachlässigt werden. Diese große Kapazität stellt den dominierenden Anteil an der Eingangsimpedanz dar, wenn sich das Bauteil am Ende der Einschaltphase und am Beginn der Ausschaltphase befindet.

Damit zeigt sich, daß die Kapazitätskurven nach Abbildung 11.10 den Anwender im Glauben lassen, die Rückwirkungskapazität C_{rss} werde niemals größer als der Wert bei $U_{DS}(on)$, da auch U_{DS} niemals kleiner als $U_{DS}(on)$ wird. Tatsächlich ist aber die Spannung über der Rückwirkungskapazität dann $U_{DS}(on) - U_{GS}(on)$, also negativ.

Eine andere Möglichkeit besteht darin, die Kurve der Rückwirkungskapazität über den gesamten Variationsbereich der Drain-Gate-Spannung zu integrieren.

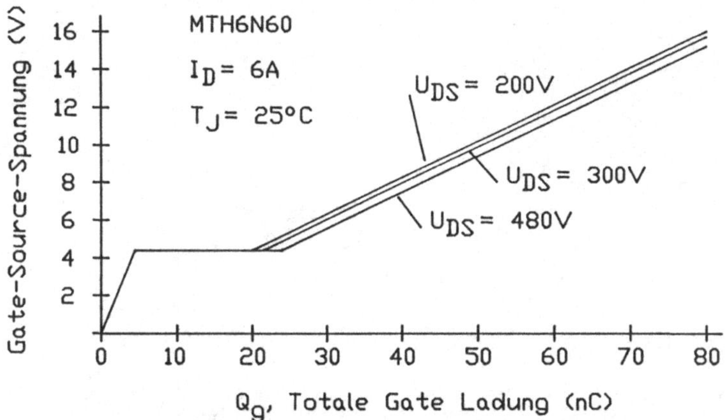

Abb. 11.12: Ladungsspeicherung im Transistor als Funktion der Gatespannung

Diese Kurve (siehe auch Abbildung 11.12) zeigt die Ladungsmenge, die man dem Gate während der verschiedenen Phasen des Einschaltvorganges zuführen muß. Die Steigung der Kurve in dem jeweiligen Punkt kann als *reziproke Kapazität* interpretiert werden. So kann aus der Kurvenform entnommen werden, daß es mindestens 3 verschiedene Kapazitätswerte gibt. Wenn U_{GS} von 0 V ansteigt, ist die Eingangskapazität C_{iss} relativ klein und erlaubt ein rasches Laden. Im weiteren Verlauf scheint die Kapazität nahezu unendlich zu sein, da zusätzliche Ladung die Gate-Source-Spannung kaum erhöht. In diesem Bereich der Kurve dient die Ladung hauptsächlich zum Umladen der Rückwirkungskapazität. Wenn dieses Plateau endet, steigt U_{GS} wieder, aber nicht so schnell wie im ersten Intervall, da nun die Eingangskapazität für *negatives* U_{DG} wirkt.

Bei hohen Schaltfrequenzen kann der Zyklus des Ladens und Entladens der Kapazitäten zu Energieverlusten führen, die die Gesamteffektivität beeinträchtigen. Daher kann die Ladungskurve auch dazu dienen, den Energieverlust abzuschätzen. Die üblichen Formeln

$$W = \tfrac{1}{2} \cdot C \cdot U^2 \quad \text{bzw.} \quad W = \tfrac{1}{2} \cdot Q \cdot U \tag{11.7}$$

gelten nur für feste Kapazitätswerte. Für spannungsabhängige Kapazitäten, wie beim C_{iss} des Power-MOSFET, muß die Ladungskurve zwischen $U_{GS}(off)$ und $U_{GS}(on)$

integriert werden, um die transportierte Energie zu bestimmen. Diese Energie wird während des Einschaltvorganges in C_{iss} gespeichert und geht verloren, wenn das Gate mit dem Source verbunden wird, um den Transistor abzuschalten. Die Multiplikation dieser Energie mit der Schaltfrequenz ergibt dann den zugehörigen Energieverlust. Dazu zeigt Abbildung 11.13 solch eine Ladungskurve für den Transistor MTH6N60.

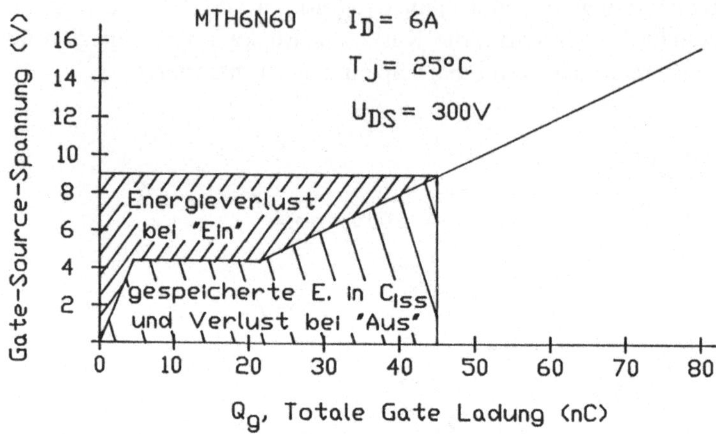

Abb. 11.13: Energieverbrauch beim Ansteuern eines Power-MOSFETs

Die Energie, die im Gate gespeichert wird, ist die Integration der Fläche unter der Ladungskurve und beträgt für den in Abbildung 11.13 gezeigten Fall 0,242 µJ. Bei einer Arbeitsfrequenz von f = 1 MHz würde das Gateverluste von 0,242 W bedeuten. Der Energieverlust während des Ladevorgangs in der Quellenimpedanz ist durch die schraffierte Fläche oberhalb der Ladungskurve angegeben und beträgt für den gezeigten Fall 0,163 µJ. Damit betragen die Gesamtverluste zur Ansteuerung bei einer Arbeitsfrequenz von f = 1 MHz P_G = 0,405 W.

Mit dieser Darstellungsweise bekommt man korrekte Aussagen über die Steuerleistung. Die Gesamtverluste sind daher gegeben durch das Produkt aus Ansteuerspannung und Gateladung Q_g und Frequenz.

12 Differenzverstärker mit FET

Grundsätzlich gilt hier Ähnliches wie beim Bipolartransistor. Feldeffekttransistoren werden als Differenzverstärker da verwendet, wo es auf einen hohen Eingangswiderstand bzw. kleine Eingangsströme ankommt. Für Operationsverstärker werden vorwiegend JFETs eingesetzt, da MOSFETs im niederfrequenten Bereich zu stark rauschen. Abbildung 12.1 zeigt einen Differenzverstärker, der aus selbstsperrenden MOSFETs aufgebaut ist. Die Schaltung arbeitet ähnlich einer Bipolarschaltung, d.h. eine positive

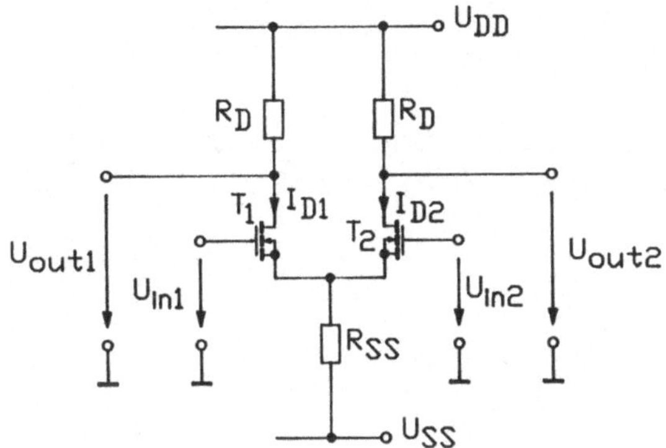

Eingangsspannung am Gate von T_1 vergrößert den Drainstrom I_{D1}.

Abb. 12.1: Differenzverstärker mit MOSFETs

12.1 Kleinsignalverhalten

Das Kleinsignalverhalten wird durch die Steilheit des verwendeten Transistors bestimmt. Für den MOSFET ist die Steilheit gegeben durch

$$g_m = k' \cdot \frac{W}{L} (U_{GS} - V_t) = \sqrt{2 \cdot k' \cdot \frac{W}{L} \cdot I_D} \qquad (12.01)$$

Für den JFET gilt

$$g_m = -\frac{2 \cdot I_{DSS}}{U_p} \left(1 - \frac{U_{GS}}{U_p} \right) = \frac{2}{|U_p|} \sqrt{|I_D| \cdot |I_{DSS}|} \qquad (12.02)$$

In Analogie zum Bipolardifferenzverstärker folgt dann für die Differenzverstärkung

$$A_{vd} = - g_m \cdot R_D \qquad (12.03)$$

$$A_{vc} = \frac{-g_m \cdot R_D}{(1 + 2 \cdot g_m \cdot R_{SS})}$$

(12.04)

und die Gleichtaktunterdrückung ist

$$CMRR = 1 + 2 \cdot g_m \cdot R_{SS}$$

(12.05)

Hierbei ist zu bemerken, daß der JFET im Vergleich zum bipolaren Transistor (unter gleichen Strombedingungen) eine viel geringere Steilheit besitzt, typisch um einen Faktor 40. Somit ergibt sich bei gleichem Lastwiderstand eine geringere Differenzverstärkung des JFETs. Andererseits hat der JFET-Differenzverstärker nahezu dieselbe Gleichtaktverstärkung wie der bipolare Differenzverstärker. Das bedeutet, daß der JFET-Differenzverstärker eine wesentlich schlechtere Gleichtaktunterdrückung besitzt.

12.2 Großsignalverhalten

Das Großsignalverhalten soll anhand eines MOSFET-Differenzverstärkers abgeleitet werden. Der Spannungsumlauf am Eingang der Schaltung nach Abbildung 12.1 ergibt

$$U_{in} - U_{GS_1} + U_{GS_2} - U_{in} = 0$$

(12.06)

bzw.

$$U_{in_1} - U_{in_2} = U_{GS_1} - U_{GS_2} = U_{in}$$

(12.07)

Der Drainstrom eines MOS-Transistors ist gegeben durch

$$I_D = A \cdot (U_{GS} - V_t)^2$$

(12.08)

mit

$$A = \frac{k'}{2} \cdot \frac{W}{L} = \frac{\mu_n \cdot \varepsilon_{ox} \cdot W}{2 \cdot L \cdot d_{ox}}$$

(12.09)

Die Summe der beiden Drainströme ergibt den gemeinsamen Sourcestrom.

$$I_{D_1} + I_{D_2} = I_{SS}$$

(12.10)

Mit

$$U_{in} = U_{GS_1} - U_{GS_2} = \sqrt{\frac{I_{D_1}}{A}} + V_t - \sqrt{\frac{I_{D_2}}{A}} - V_t$$

(12.11)

resultiert für den Drainstrom von Transistor T_1

$$I_{D_1} = \frac{I_{SS}}{2} + \frac{U_{in} \cdot A}{2} \sqrt{\frac{2 \cdot I_{SS}}{A} - U_{in}^2} \qquad (12.12)$$

bzw. für T_2

$$I_{D_2} = \frac{I_{SS}}{2} + \frac{U_{in} \cdot A}{2} \sqrt{\frac{2 \cdot I_{SS}}{A} - U_{in}^2} \qquad (12.13)$$

Abbildung 12.2 zeigt den Verlauf der Drainströme in Abhängigkeit der Differenzeingangsspannung für verschiedene Sourcesummenströme.

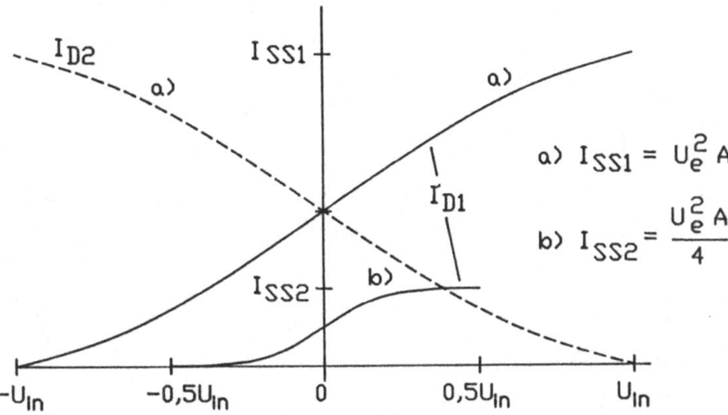

Abb. 12.2: Drainströme in Abhängigkeit der Differenzeingangsspannung

Aus Abbildung 12.2 geht hervor, daß der maximale Eingangsspannungsbereich von der Wahl des Sourcesummenstromes und damit über A von den gewählten Transistorgeometrien abhängig ist.

Verringert man den Sourcesummenstrom auf ein Viertel, so verringert sich der Eingangsspannungsbereich nur um die Hälfte (siehe Kurve b) in Abbildung 12.2). Um den Nullpunkt herum entspricht die Steigung des Drainstromes der eines Transistors

$$\frac{\partial I_{D_1}}{\partial U_{in}} = \frac{1}{2} \cdot g_m = \sqrt{\frac{A \cdot I_{SS}}{2}} \qquad (12.14)$$

Die maximale Eingangsspannung, die angelegt werden kann, ist bei festgelegten Transistorparametern abhängig von der Stromverteilung zwischen beiden Transistoren. Wenn der gesamte Sourcesummenstrom durch einen Transistor fließt, kann der Drainstrom dieses Transistors durch Spannungserhöhung nicht weiter erhöht werden. Der Punkt, bei dem ein Transistor den gesamten Sourcesummenstrom I_{SS} übernimmt, bestimmt also die maximal mögliche Eingangsspannung. Dieser Punkt ist gegeben durch

$$\frac{U_{inmax} \cdot A}{2} \sqrt{\frac{2 \cdot I_{SS}}{A} - U_{inmax}^2} = \frac{I_{SS}}{2} \qquad (12.15)$$

Daraus folgt dann

$$U_{inmax} = \pm \sqrt{\frac{I_{SS}}{A}}$$

(12.16)

d.h. der Eingangsspannungsbereich wird durch A und damit durch die Geometrien des Transistors bestimmt.

Für den JFET gilt für den Drainstrom des einen Transistors

$$I_{D_1} = \frac{I_{SS}}{2} \left[1 + \frac{U_{in}}{U_p} \sqrt{2 \left(\frac{I_{DSS}}{I_{SS}}\right) - \left(\frac{U_{in}}{U_p}\right)^2 \left(\frac{I_{DSS}}{I_{SS}}\right)^2} \right]$$

(12.17)

Und für den anderen gilt

$$I_{D_2} = \frac{I_{SS}}{2} \left[1 - \frac{U_{in}}{U_p} \sqrt{2 \left(\frac{I_{DSS}}{I_{SS}}\right) - \left(\frac{U_{in}}{U_p}\right)^2 \left(\frac{I_{DSS}}{I_{SS}}\right)^2} \right]$$

(12.18)

Beim JFET bestimmt die Pinch-Off-Spannung den maximalen Eingangsspannungsbereich. Der Punkt, bei dem ein Transistor den gesamten Summenstrom I_{SS} übernimmt ist bei

$$U_{inmax} = U_p \sqrt{\frac{I_{SS}}{I_{DSS}}}$$

(12.19)

Wenn der Sourcesummenstrom zu I_{DSS} gemacht wird (das entspricht dem maximalen Drainstrom für $U_{GS} = 0$), dann ist der Eingangsspannungsbereich durch U_p vorgegeben. Da U_p größenordnungsmäßig bei 2 .. 5 V liegt, ergibt sich für den JFET ein sehr viel höherer Eingangsspannungsbereich als beim Bipolartransistor. Zum Vergleich

JEFT $U_{in} < U_p < 2 ...5$ V

(12.20)

Bipolar $U_{in} < U_T < 26$ mV

(12.21)

Beim MOSFET kann der Eingangsspannungsbereich durch die *Wahl der Geometrien* vorgegeben werden.

Die *Ausgangsspannung* eines MOSFET-Differenzverstärkers ist gegeben durch

$$U_{out} = - (I_{D1} \cdot R_D - I_{D2} \cdot R_D)$$

(12.22)

Durch Einsetzen von Gleichung 12.12 und 12.13 ergibt sich dann daraus

$$U_{out} = - R_D \cdot U_{in} \sqrt{2 \cdot A \cdot I_{SS}} \sqrt{1 - \frac{U_{in}^2 \cdot A}{2 \cdot I_{SS}}}$$

(12.23)

Für U_{inmax} wird dann

$$U_{out} = - R_D \cdot I_{SS} \tag{12.24}$$

Das ist dann die maximale Ausgangsspannung.
Für den JFET-Differenzverstärker ergibt sich dann folgende Ausgangsspannung

$$U_{out} = - \frac{I_{SS} \cdot R_D}{U_p} \cdot U_{in} \sqrt{2 \left(\frac{I_{DSS}}{I_{SS}}\right) - \left(\frac{U_{in}}{U_p}\right)^2 \left(\frac{I_{DSS}}{I_{SS}}\right)^2} \tag{12.25}$$

12.3 Klirrfaktor

Nach Gleichung 12.23 ist die Ausgangsspannung eines MOSFET-Differenzverstärkers

$$U_{out} = - R_D \cdot U_{in} \sqrt{2 \cdot A \cdot I_{SS}} \sqrt{1 - \frac{U_{in}^2 \cdot A}{2 \cdot I_{SS}}} \tag{12.23}$$

Der letzte Wurzelterm läßt sich durch eine Reihenentwicklung approximieren, die nach dem linearen Term abgebrochen wird

$$\sqrt{1 - \frac{U_{in}^2 \cdot A}{2 \cdot I_{SS}}} \approx 1 - \frac{1}{2} \cdot \frac{U_{in}^2 \cdot A}{2 \cdot I_{SS}} \tag{12.26}$$

Durch diese Vereinfachung wird

$$U_{out} = - R_D \sqrt{2 \cdot A \cdot I_{SS}} \left(U_{in} - \frac{U_{in}^3 \cdot A}{4 \cdot I_{SS}}\right) \tag{12.27}$$

Mit $U_{in} = \hat{U}_{in} \cdot \sin \omega t$ wird der Ausdruck in der Klammer

$$\hat{U}_{in} \cdot \sin \omega t - \frac{\hat{U}_{in}^3 \cdot A}{4 \cdot 4 \cdot I_{SS}} (3 \cdot \sin \omega t - \sin 3\omega t) \tag{12.28}$$

bzw.

$$\hat{U}_{in} \cdot \sin \omega t \left(1 - \frac{\hat{U}_{in}^2 \cdot A \cdot 3}{16 \cdot I_{SS}}\right) + \frac{\hat{U}_{in}^3 \cdot A}{16 \cdot I_{SS}} \cdot \sin 3\omega t \tag{12.29}$$

Der Klirrfaktor k ist in erster Näherung definiert als Verhältnis von Oberwelle zu Grundwelle und wird für den MOSFET-Differenzverstärker zu

$$k = \frac{\hat{U}_{in}^3 \cdot A}{16 \cdot I_{SS} \cdot \hat{U}_{in} \left(1 - \frac{\hat{U}_{in}^2 \cdot A \cdot 3}{16 \cdot I_{SS}}\right)} \tag{12.30}$$

bzw.

$$k = \frac{\hat{U}_{in}^2 \cdot A}{16 \cdot I_{SS} - \hat{U}_{in}^2 \cdot A \cdot 3}$$

(12.31)

Wenn der Klirrfaktor unter $k = 1\ \%$ bleiben soll, folgt für die maximale Signaleingangsspannung

$$\frac{\hat{U}'_{inmax} \cdot A}{16 \cdot I_{SS} - \hat{U}'_{inmax} \cdot A \cdot 3} = 0,01$$

(12.32)

Auflösen nach $\hat{U}_{inmax}$ liefert dann

$$\hat{U}'_{inmax} = 0,394 \ \sqrt{\frac{I_{SS}}{A}}$$

(12.33)

Der Ausdruck unter der Wurzel bezeichnet aber den maximalen Eingangsspannungsbereich, der durch die Stromverteilung in den beiden Transistoren vorgegeben ist. Somit wird

$$\hat{U}'_{inmax} = 0,394 \cdot U_{inmax}$$

(12.34)

Das ist also 40 % des maximal möglichen Eingangsspannungsbereiches.

Beispiel:
Ein MOSFET solle eine Steilheit von $g_m = 5\ mA/V$ haben. Die Differenzverstärkung soll $-A_{vd} = 10$ sein. Dann folgt daraus ein Drainwiderstand von

$$R_D = \frac{-A_{vd}}{g_m} = \frac{10}{5\ mA/V} = 2\ k\Omega$$

(12.35)

An den Drainwiderständen soll im aussteuerlosen Fall eine Spannung von jeweils $U_{RD} = 4\ V$ abfallen. Daraus folgt ein Drainstrom von

$$I_D = \frac{U_{DR}}{R_D} = \frac{4\ V}{2\ k\Omega} = 2\ mA$$

(12.36)

und damit für den Sourcesummenstrom

$$I_{SS} = 2\ I_D = 4\ mA$$

(12.37)

Aus g_m und I_{SS} läßt sich nun die erforderliche Transistorgeometrie bestimmen.

$$A = \frac{g_m^2}{2\ I_{SS}} = \frac{25\ mA^2/V_2}{2 \cdot 4\ mA} = 3,125\ mA/V^2$$

(12.38)

Damit wird der maximale Eingangsspannungsbereich

$$U_{inmax} = \sqrt{\frac{I_{SS}}{A}} = \sqrt{\frac{4\,mA}{3,125\,mA/V^2}} = 1,13\,V \tag{12.39}$$

Für einen maximálen Klirrfaktor von k = 1 % folgt dann für die maximale Signal-spannung

$$\hat{U}'_{inmax} = 0,394 \cdot 1,13\,V = 0,446\,V \tag{12.40}$$

Wie man sehen konnte, hängt beim MOSFET U_{inmax} von verschiedenen Parametern ab. Erlaubt man z.B. einen größeren Ausgangshub, kann man R_D größer wählen und damit bei gleicher Verstärkung die Steilheit reduzieren. Bei reduzierter Steilheit wird A kleiner und U_{inmax} kann proportional zum Ausgangshub steigen.

12.4 Offsetspannung und Temperaturdrift des MOSFET-Differenzverstärkers

MOSFETs haben einen höheren Eingangswiderstand als Bipolartransistoren, aber aus der geringeren Steilheit der FETs resultiert generell eine schlechtere Offsetspannung und eine schlechtere Gleichtaktunterdrückung als beim Bipolartransistor. Offsets entstehen beim FET durch ungleiche Geometrien wie ungleiche Kanallänge L, ungleiche Kanalbreite W bzw. ungleiche Oxiddicke d_{ox} und durch ungleiche Schwellenspannungen, deren Wert vom Dotierungsprofil und von der Oxiddicke abhängt. Unter der Annahme, daß die Ausgangsspannung Null ist, folgt

$$U_{OS} - U_{GS_1} + U_{GS_2} = 0 \tag{12.41}$$

bzw.

$$U_{OS} = \sqrt{\frac{I_{D1}}{A}} + V_{t_1} - \sqrt{\frac{I_{D2}}{A}} - V_{t2} \tag{12.42}$$

Beschreibt man die Unsymmetrien mit

$$V_{t1} = V_t + \frac{\Delta V_t}{2}\,;\,V_{t2} = V_t - \frac{\Delta V_t}{2} \tag{12.43}$$

und

$$I_{D1} = I_D + \frac{\Delta I_D}{2}\,;\,I_{D2} = I_D - \frac{\Delta I_D}{2} \tag{12.44}$$

und

$$A_1 = A + \frac{\Delta A}{2}\,;\,A_2 = A - \frac{\Delta A}{2} \tag{12.45}$$

ergibt sich für die Offsetspannung

$$U_{OS} = \sqrt{\frac{I_D + \dfrac{\Delta I_D}{2}}{A + \dfrac{\Delta A}{2}}} - \sqrt{\frac{I_D - \dfrac{\Delta I_D}{2}}{A - \dfrac{\Delta A}{2}}} + V_t + \frac{\Delta V_t}{2} - V_t + \frac{\Delta V_t}{2} \tag{12.46}$$

Durch Reihenentwicklung der Wurzelterme und Abbruch nach dem linearen Glied erhält man

$$U_{OS} = \sqrt{\frac{I_D}{A}} \left(\frac{\Delta I_D}{2 \cdot ID} - \frac{\Delta A}{2 \cdot A} \right) + \Delta V_t \tag{12.47}$$

Für den JFET gilt an dieser Stelle

$$U_{OS} = \Delta U_p - U_p \ \sqrt{\frac{I_D}{I_{DSS}}} \left(\frac{\Delta I_D}{2 \cdot I_D} + \frac{\Delta I_{DSS}}{2 \cdot I_{DSS}} + \frac{\Delta U_p}{U_p} \right) \tag{12.48}$$

Man sieht anhand von Gleichung 12.47, daß Unsymmetrien in der Schwellenspannung direkt in die Offsetspannung eingehen und somit im wesentlichen das Offsetverhalten von FET-Differenzverstärkern bestimmen. Die Schwellenspannung eines MOSFET ist gegeben durch

$$V_t \approx \frac{d_{ox}}{\varepsilon_{ox}} \ \sqrt{2 \cdot e \cdot \varepsilon \cdot N_A} \tag{12.49}$$

Wenn nun die Oxiddicke um 1 % schwankt, bedeutet das bei einer Schwellenspannung von $V_t = 2$ V eine Offsetspannung von $U_{OS} = 20$ mV! In Gleichung 12.47 gehen die Unsymmetrien der Drainwiderstände in ΔI_D ein. In ΔA gehen die Unsymmetrien der Transistorgeometrien ein. Wie aber aus dem obigen Beispiel ersichtlich ist, ist es vor allem der Unterschied der Schwellenspannung, der die Offsetspannung ausmacht.

13 Operationsverstärker

Ein idealer Operationsverstärker ist ein Verstärker mit Differenzeingang und einfachem Ausgang. Er hat unendlich hohen Eingangswiderstand und einen Ausgangswiderstand von Null.

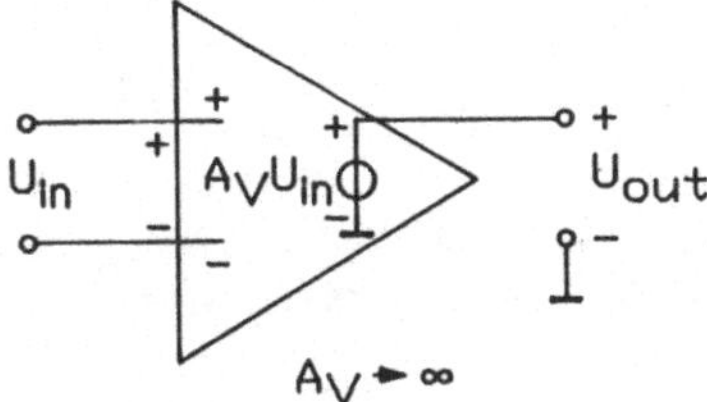

Abb. 13.1: Der ideale Operationsverstärker

Obwohl reale Operationsverstärker diese idealen Eigenschaften nicht haben, sind sie doch üblicherweise so gut, daß sie in den meisten Anwendungen dem Verhalten idealer OPs sehr nahe kommen. Praktisch alle Anwendungen von Operationsverstärkern bauen auf dem Prinzip der Rückkopplung auf (siehe Abbildung 13.2).

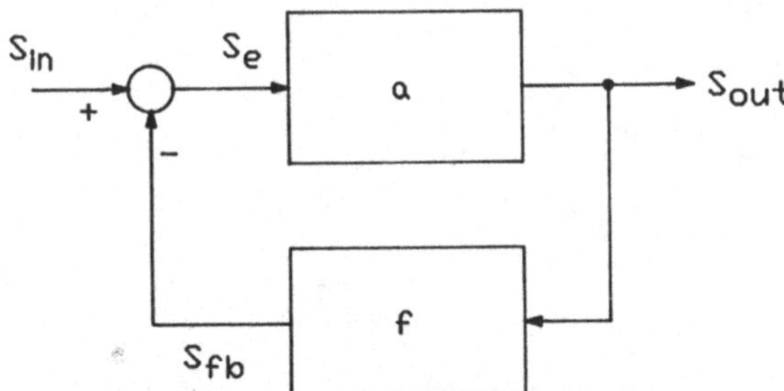

Abb. 13.2: Rückgekoppelter Verstärker

Das Ausgangssignal solch eines rückgekoppelten Verstärkers ist

$$S_{out} = a \cdot S_{in} = a\,(S_{in} - S_{fb}) = a\,(S_{in} - f \cdot S_{out}) \tag{13.01}$$

Die Übertragungsfunktion wird dann

$$\frac{S_{out}}{S_{in}} = \frac{a}{1 + a \cdot f} \tag{13.02}$$

Wenn a sehr groß wird, folgt

$$\lim_{a \to \infty} \frac{a}{1 + a \cdot f} = \frac{1}{f}$$

(13.03)

D.h. wenn das Rückkopplungsnetzwerk aus passiven Komponenten besteht, kann der Wert für f beliebig genau eingestellt werden. Damit wird eine ebenso genaue Verstärkungseinstellung 1/f erreicht, die unabhängig ist von den Variationen der offenen Kreisverstärkung a. Diese Unabhängigkeit ist der primäre Grund für den vielfältigen Einsatz von Operationsverstärkern.

13.1 Aufbau von Operationsverstärkern

Abbildung 13.3 zeigt das „Innenleben" des Standardoperationsverstärkers µA741.

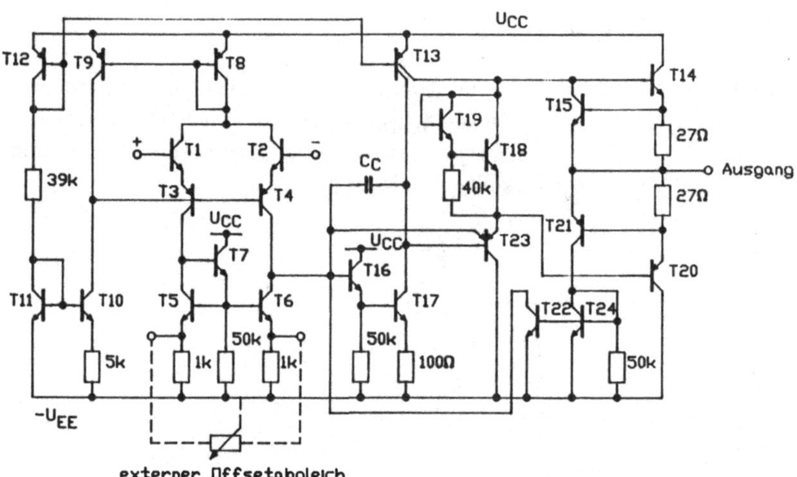

Abb. 13.3: Innenschaltung des Operationsverstärkers µA741

Der Schaltkreis wurde 1966 zum ersten Mal vorgestellt und wird heute praktisch von jedem wichtigen Halbleiterhersteller gebaut. Seine Popularität resultiert aus der Tatsache, daß er intern kompensiert ist und eine recht einfache Schaltung besitzt, die auf etwa 1 mm^2 Chipfläche untergebracht werden kann. Er hat eine hohe Spannungsverstärkung und einen guten Gleichtakt- und Gegentakteingangsspannungsbereich.

13.2 Ersatzschaltbild

Eine vereinfachte Schaltung zeigt Abbildung 13.4.

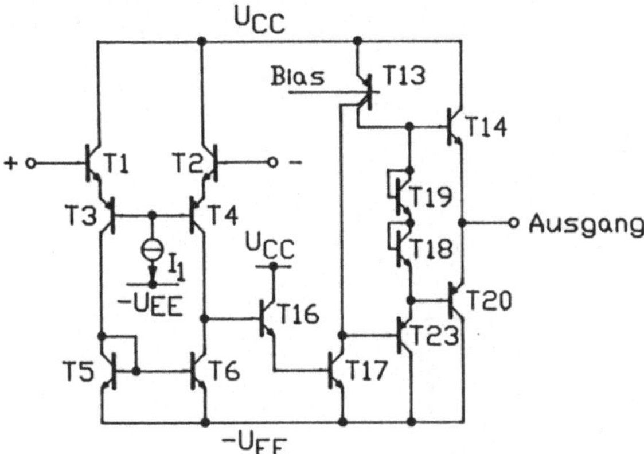

Abb. 13.4: Vereinfachte Schaltung des Operationsverstärkers µA741

Die Eingangstransistoren T_1 und T_2 sind Emitterfolger, die für eine hohe Eingangs-impedanz sorgen. Diese steuern die Emitter von zwei PNP-Transistoren T_3 und T_4 an, die in einer differentiellen Basisgrundschaltung arbeiten. Die Transistoren T_5 und T_6 stellen eine aktive Last für die Transistoren T_3 und T_4 dar. Diese sechs Transistoren erfüllen in ihrer Gesamtheit drei separate Funktionen, die bei der Realisierung von monolithischen Operationsverstärkern zu beachten sind.

1. Sie bilden einen differentiellen Eingang, der relativ unempfindlich gegenüber Gleichtaktspannungen ist, der einen hohen Eingangswiderstand hat und der ein gewisses Maß an Spannungsverstärkung bereitstellt. Die Realisierung von etwas Spannungsverstärkung in der Eingangsstufe ist wichtig, da Rauschen und Offset-spannungen der weiteren Stufen durch die Spannungsverstärkung der Eingangsstufe geteilt werden, wenn man sie auf den Eingang bezieht.

2. Pegelverschiebung. Die PNP-Transistoren, die durch den Standardprozeß hergestellt werden können, haben ein sehr schlechtes Frequenzverhalten. Somit wäre es das vernünftigste, zur Realisierung einer Operationsverstärkerschaltung ausschließlich NPN-Transistoren zu verwenden. Ab und zu muß aber der Pegel eines Signalpfades in die negative Richtung verschoben werden. Bei den Universaloperationsverstär-kern wie beim µA741 wird dies üblicherweise durch den Einsatz lateraler PNP-Transistoren bewerkstelligt.

3. Konvertierung von differentiellem zu einfachem Ausgang. Operationsverstärker ha-ben einen differentiellen Eingang und einen einfachen Ausgang. Daher muß in solch einem Schaltkreis eine Konvertierung vorgenommen werden. Die primitivste Lösung ist, einfach einen Ausgang des Differenzverstärkerpaares zu nehmen und dem weiteren unsymmetrischen Signalweg zuzuführen. Diese Lösung hat aber eine hohe Sensitivität gegenüber Gleichtakteingangsspannungen. Daher wird typischer-weise eine aktive Lastschaltung benutzt, wie sie durch T_5 und T_6 realisiert ist.

Der Transistor T_{16} ist ein Emitterfolger, der die Belastung durch T_{17} von der aktiven Lastschaltung T_5 und T_6 fernhalten soll. Der Transistor T_{17} ist ein Verstärker in Emittergrundschaltung, der eine aktive Last in Form von T_{13b} hat. Diese Verstärkerstufe liefert eine hohe Spannungsverstärkung.

Transistor T_{23} ist ein weiterer Emitterfolger, der die Spannungsverstärkerstufe vor der Belastung durch die Ausgangsstufe schützt. Die Transistoren T_{14} und T_{20} bilden eine Ausgangsstufe im AB-Betrieb.

Der Transistor T_{13} ist ein multikollektor lateraler PNP. Die Geometrie dieses Transistors ist in Abbildung 13.5 gezeigt.

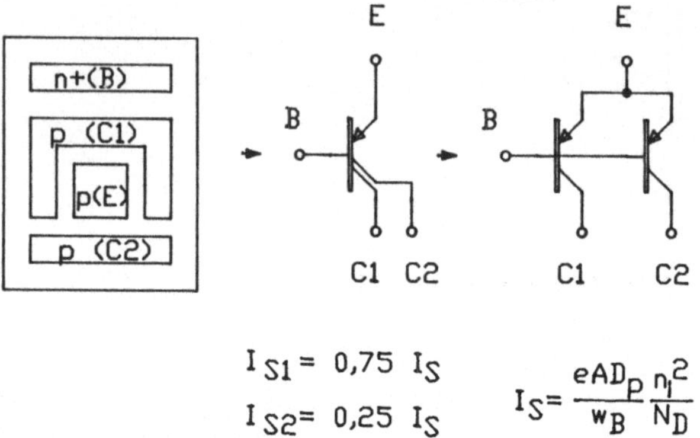

$$I_{S1} = 0{,}75\ I_S$$
$$I_{S2} = 0{,}25\ I_S$$
$$I_S = \frac{eAD_p}{w_B}\frac{n_i^2}{N_D}$$

Abb. 13.5: Multikollektor-PNP-Transistor

Der Kollektorring ist hier in zwei Teile aufgetrennt. Ein Teil umfaßt drei Viertel des Emitterrandes und sammelt die Löcher aus diesem Emitterrand. Ein zweiter Teil umfaßt ein Viertel des Emitterrandes und sammelt die Löcher von diesem. Somit ist die Struktur analog zu zwei PNP-Transistoren, deren Basis-Emitterstrecken parallel geschaltet sind. Einer dieser Transistoren hat ein I_S, das ein Viertel dessen eines Standardtransistors beträgt, und der andere hat ein I_S, das drei Viertel des Standard-PNPs beträgt. Diese Äquivalenz ist schaltungsmäßig in Abbildung 13.5 gezeigt.

13.3 Stabilität von Operationsverstärkern

Der Vorteil eines Operationsverstärkers ist, daß sein Übertragungsverhalten durch externe Bauelemente eingestellt werden kann. Diesen Vorgang nennt man Gegenkopplung. Das Grundprinzip der Gegenkopplung wurde in Kapitel 13.0 kurz erläutert. Die Gegenkopplung reduziert die Empfindlichkeit gegenüber Verstärkungsschwankungen, die sich aufgrund von Parameterschwankungen einstellen können. Die Gegenkopplung reduziert auch Verzerrungen, die durch Nichtlinearitäten im aktiven Schaltungsbereich auftreten können. Allerdings verändert die Gegenkopplung auch den Frequenzgang der Gesamtschaltung. Dabei kann die Gegenkopplung die Gesamtschaltung zum Oszillieren bringen. Daher muß man unter Umständen eine sog. „Frequenzgangkompensation" durchführen (vgl. Kap. 13.4).

Nach Gleichung 13.03 ist das Übertragungsverhalten der Gesamtschaltung (Basisverstärker plus Gegenkopplung)

$$\frac{S_{out}}{S_{in}} = A = \frac{a}{1 + T}$$

(13.04)

mit T = af, der Schleifenverstärkung. Man sieht, daß die Gesamtverstärkung um den Betrag (1 + T) reduziert wird. Die sog. „Performance", also die Daten der Schaltung, werden um den Faktor (1 + T) verbessert. Daneben führt die Gegenkopplung zur Vergrößerung der Bandbreite der Gesamtschaltung. Dazu zeigt Abbildung 13.6 die Prinzipschaltung eines gegengekoppelten Verstärkers mit frequenzabhängigen Basisverstärker.

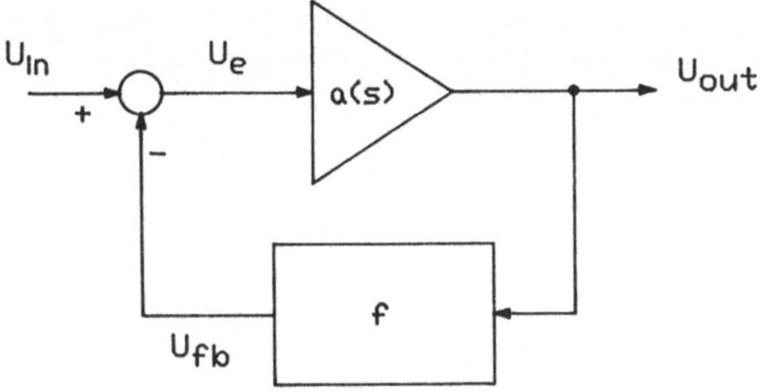

Abb. 13.6: Frequenzabhängiger Verstärker mit Gegenkopplung

Die Frequenzabhängigkeit des Basisverstärkers sei gegeben durch

$$a(s) = \frac{a_0}{1 - \dfrac{s}{p_1}}$$

(13.05)

mit a_0 = Verstärkung bei niedrigen Frequenzen
und p_1 = Polstelle des Verstärkers
    Wenn die Gegenkopplung nur durch Widerstände erfolgt, ist f frequenzunabhängig. Dann ist die Gesamtverstärkung der Schaltung

$$A(s) = \frac{U_{out}}{U_{in}} = \frac{a(s)}{1 + a(s) \cdot f}$$

(13.06)

Einsetzen von Gl. 13.05 liefert

$$A(s) = \frac{a_0}{1 + a_0 \cdot f} \cdot \frac{1}{1 - \dfrac{s}{p_1} \cdot \dfrac{1}{1 + a_0 \cdot f}}$$

(13.07)

Für niedrige Frequenzen wird $A(s) = A_0$

$$A_0 = \frac{a_0}{1 + T_0} \qquad (13.08)$$

mit $T_0 = a_0 \cdot f$, der Schleifenverstärkung bei niedrigen Frequenzen.
Damit wird

$$A(s) = A_0 \cdot \frac{1}{1 + \dfrac{s}{p_1 (1 + T_0)}} \qquad (13.09)$$

Die Grenzfrequenz (der −3dB Punkt) der Gesamtschaltung ist $p_1 \cdot (1 + T_0)$. Damit hat
die Gegenkopplung die niederfrequente Verstärkung um den Faktor $(1 + T_0)$ verringert,
gleichzeitig ist die Grenzfrequenz um denselben Faktor gestiegen. Das Verstärkungsbandbreitenprodukt ist jedoch konstant geblieben. Abbildung 13.7 zeigt die Ergebnisse
im Bodediagramm.

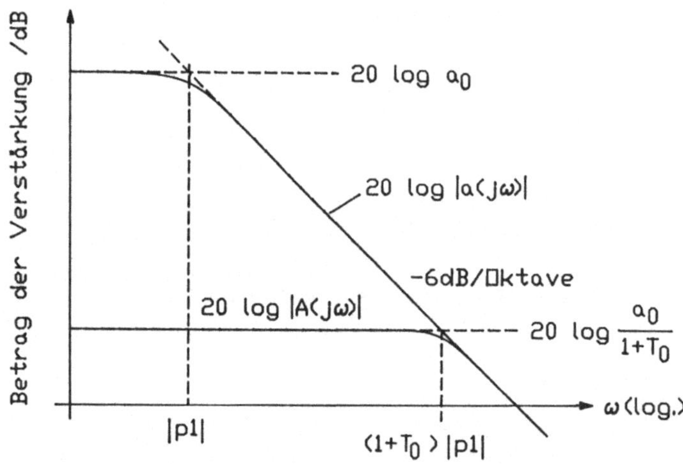

Abb. 13.7: Frequenzabhängige Verstärkung des Basisverstärkers und des gegengekoppelten Verstärkers

Man sieht, daß sich die Verstärkungskurven für jeden Wert von T_0 innerhalb eines
Feldes befinden, das durch $a(j\omega)$ begrenzt ist. Die Gegenkopplung erlaubt es, Verstärkung gegen Bandbreite einzutauschen. Diese Methode wird zur Realisierung von Breitbandverstärkern benutzt. Der dabei auftretende Verstärkungsverlust wird durch zusätzliche Verstärkerstufen ausgeglichen.

   Das obige einfache Beispiel geht von der Annahme aus, daß der Basisverstärker
einen einfachen Pol in seiner Übertragungsfunktion hat. Dies trifft für die meisten
intern kompensierten realen Operationsverstärker zu, wie z.B. für den µA741. Aber
eigentlich haben Operationsverstärker eine Übertragungsfunktion mit mehreren Polen
(so auch der µA741 vor der Kompensation). Dadurch verändern sich obige Resultate
und man muß, wie später gezeigt wird, den Operationsverstärker kompensieren, um
die entstehenden Stabilitätsprobleme zu lösen.

Es soll ein Verstärker angenommen werden, dessen Übertragungsfunktion drei Pole besitzt.

$$a(s) = \frac{a_0}{\left(1 - \dfrac{s}{p_1}\right)\left(1 - \dfrac{s}{p_2}\right)\left(1 - \dfrac{s}{p_3}\right)} \qquad (13.10)$$

die Frequenzen der Pole sollen um mindestens jeweils eine Dekade auseinanderliegen. Abbildung 13.8 zeigt das Bodediagramm der Übertragungsfunktion.

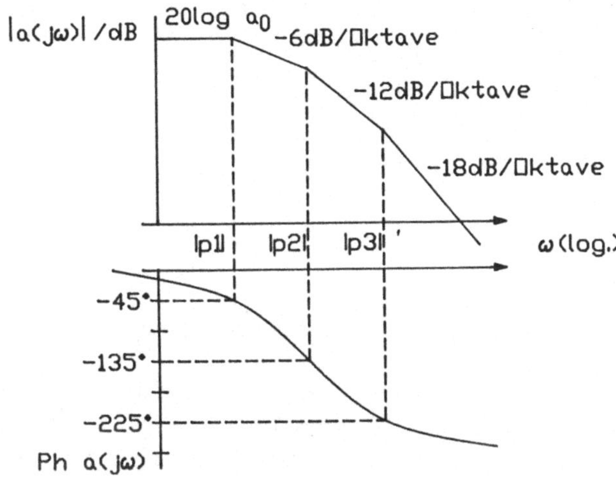

Abb. 13.8: Frequenz- und Phasengang eines Verstärkers, dessen Übertragungsfunktion drei Pole besitzt.

Für den Betrag der Verstärkung ist nur der asymptotische Verlauf gezeigt. Nach dem ersten Pol fällt die Verstärkung mit 6 dB/Oktave und der Phasenwinkel erreicht -90°. Oberhalb des zweiten Pols fällt sie mit 12 dB/Oktave und Ph erreicht -180°. Oberhalb des dritten Pols fällt die Verstärkung mit 18 dB/Oktave und Ph erreicht -270°. Wenn die Pole weit genug auseinanderliegen, beträgt die Phasenverschiebung bei $|p_1|$, $|p_2|$ und $|p_3|$ jeweils -45°, -135° bzw. -225°.

Ist der Verstärker mit konstantem f gegengekoppelt, wie in Abbildung 13.6, dann wird die Schleifenverstärkung

$$T(j\omega) = a(j\omega) \cdot f \qquad (13.11)$$

dieselbe Frequenzabhängigkeit besitzen wie der Basisverstärker.

Wenn nun der Betrag der Schleifenverstärkung bei der Frequenz, bei der der Phasenwinkel der Schleifenverstärkung Ph T(jω) = -180° beträgt, größer als eins ist, also

$$|T(j\omega)| > 1 \qquad (13.12)$$

dann ist die Anordnung instabil und wird oszillieren. Das soll anhand des Verstärkers mit der dreipoligen Übertragungsfunktion näher erläutert werden. Abbildung 13.9 zeigt das Bodediagramm des Verstärkers in der als gestrichelte Linie der Betrag der niederfrequenten Verstärkung des geschlossenen Kreises eingetragen ist.

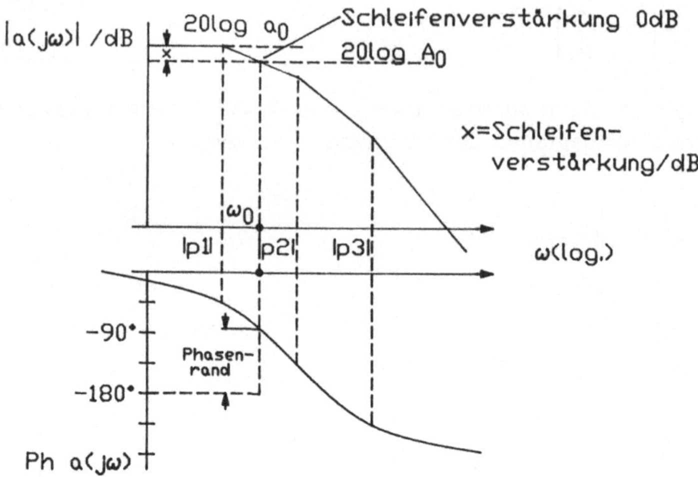

Abb. 13.9: Phasenrand im Bodediagramm des Verstärkers nach Abbildung 13.8

Der Betrag der niederfrequenten Verstärkung des geschlossenen Kreises $|A_0|$ ist ungefähr gleich dem Reziproken des Gegenkopplungsfaktors f, wenn $T_0 = a_0 \cdot f \gg 1$ ist.

Betrachtet man nun den Abstand x zwischen Leerlaufverstärkung des geschlossenen Kreises in Abbildung 13.9, so folgt

$$x = 20 \log |a(j\omega)| - 20 \log 1\!/\!f \tag{13.13}$$

$$x = 20 \log |a(j\omega)| \, f \tag{13.14}$$

$$x = 20 \log |T(j\omega)| \tag{13.15}$$

Somit ist der Abstand x ein direktes Maß der Schleifenverstärkung. Der Punkt, wo die Kurve $20 \cdot \log |a(j\omega)|$ die Linie $20 \cdot \log 1/f$ schneidet, ist die Stelle, wo die Schleifenverstärkung $T(j\omega)$ zu 0 dB geworden ist bzw. eins ist. Damit kann diese Kurve als Kurve der Schleifenverstärkung $|T(j\omega)|$ angesehen werden, wenn man die gestrichelte Linie als neue Nullachse annimmt.

Daraus folgt, daß die Verstärkung des geschlossenen Kreises der gestrichelten Linie ($20 \cdot \log A_0$) bis zum Schnittpunkt folgt, um dann bei höheren Frequenzen der Leerlaufverstärkung des Basisverstärkers ($20 \cdot \log |a(j\omega)|$) zu folgen. Dies ist einleuchtend, denn bei höheren Frequenzen geht die Schleifenverstärkung $|T(j\omega)|$ gegen null und die Gegenkopplung hat keinen Einfluß mehr auf die Verstärkung der Gesamtschaltung. Abbildung 13.9 zeigt, daß der Betrag der Schleifenverstärkung $|T(j\omega)|$ bei der Frequenz ω_0 zu eins geworden ist. Bei dieser Frequenz hat die Phase von $T(j\omega)$ im gezeigten Fall den $-180°$ Wert noch nicht erreicht, und daher ist die Anordnung stabil. Außerdem ist der Betrag der Schleifenverstärkung $|T(j\omega)|$ kleiner eins, wo die Phase der Schleifenverstärkung Ph $T(j\omega)$ = -180° ist.

Wenn der Punkt $|T(j\omega)|$ = 1 näher an die Frequenz gebracht wird, wo die Phasenlage Ph $T(j\omega)$ = -180° beträgt, hat die Anordnung einen geringeren Stabilitätsspielraum. Diesen Spielraum kann man auf zwei Wegen spezifizieren. Der übliche Weg ist die Definition des Phasenrandes.

Der *Phasenrand* ist gegeben durch die Addition von 180° zum Phasenwinkel der Schleifenverstärkung bei der Frequenz, bei der der Betrag der Schleifenverstärkung $|T(j\omega)|$ = 1 geworden ist. Dieser Phasenrand ist in Abbildung 13.9 eingezeichnet und muß größer Null sein, damit Stabilität herrscht.

Ein anderes Maß ist der *Amplitudenrand*. Hier muß die Schleifenverstärkung kleiner 0 dB sein, wenn der Phasenwinkel zu -180° geworden ist.

Die Größe des Phasenrandes ist ein wichtiges Kriterium. Bei der einfachen Verstärkeranordnung zu Beginn des Kapitels, deren Leerlaufverstärkungsfunktion nur einen einzigen Pol enthielt, ist der Phasenrand mindestens 90° und damit handelt es sich um eine sehr stabile Anordnung. Der Phasenrand bestimmt den Verlauf des Amplitudenganges der geschlossenen Schleife in der Nähe des Punktes ω_0, wo die Schleifenverstärkung $|T(j\omega)|$ = 1 geworden ist. Ist der Phasenrand zu gering, tritt sog. „Peaking" auf. Der Verlauf des Amplitudenganges für verschiedene Phasenränder ist in Abbildung 13.10 aufgetragen.

Die Frequenz ist auf den Wert normiert, bei dem der Betrag der Schleifenverstärkung zu eins geworden ist. Wenn der Phasenrand kleiner wird, erhöht sich die Verstärkungsspitze (Peak), bis sie unendlich wird und die Schaltung schwingt. Den optimalsten Verlauf erreicht man bei einem Phasenrand von 60°.

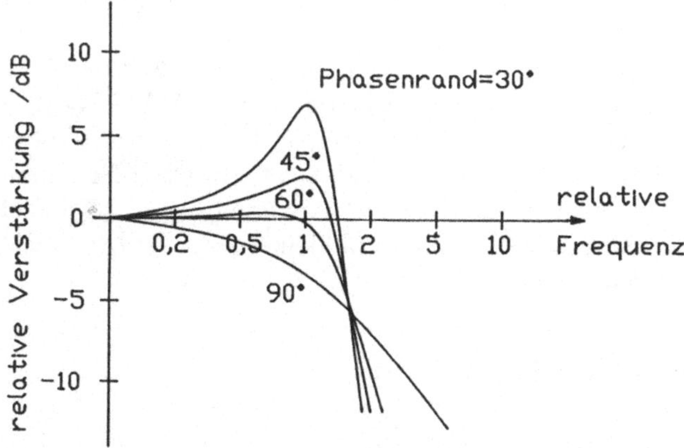

Abb. 13.10: Normierte Verstärkung eines gegengekoppelten Verstärkers als Funktion der normierten Frequenz für verschiedene Phasenränder

13.4 Frequenzgangkompensation des Operationsverstärkers

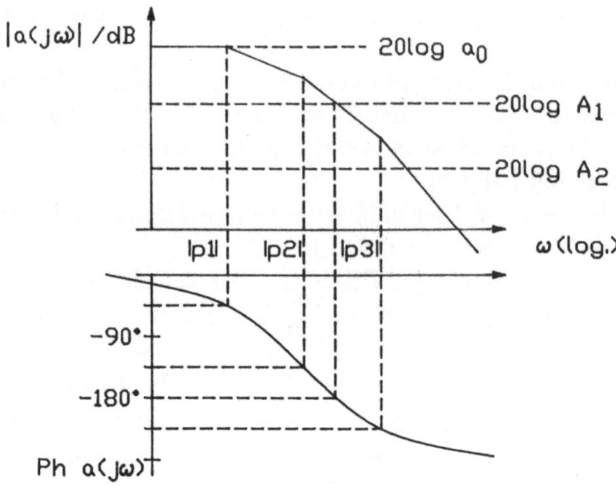

Abb. 13.11: Bodediagramm des 3-Pol-Basisverstärkers bei verschiedenen Gegenkopplungen

Für die Anordnung nach Abbildung 13.9 war der Phasenrand positiv, und damit war die Anordnung stabil. Wenn nun der Grad der Gegenkopplung vergrößert wird, in dem man f vergrößert (und damit A_0, die Verstärkung des geschlossenen Kreises, verkleinert), kann es dazu kommen, daß die Anordnung schwingt. Dies ist in Abbildung 13.11 gezeigt.

Beim Gegenkopplungsfaktor f_1 ergibt sich kein Phasenrand, und die Anordnung ist an der Stabilitätsgrenze. Wird der Gegenkopplungsfaktor weiter erhöht (zu f_2), ist der Phasenrand negativ, und die Anordnung wird schwingen. Somit muß man etwas unternehmen, um bei Schleifenverstärkungen, die größer als $a_0 \cdot f_1$ sind, den Phasenrand zu vergrößern. Diesen Prozeß nennt man „Kompensation". Abbildung 13.11 zeigt auch, daß man ohne Kompensation die Gesamtverstärkung nicht kleiner als $A_1 = 1/f_1$ machen kann, weil die Anordnung dann schwingt.

13.4.1 Dominant-Pol-Kompensation

Die einfachste und üblichste Methode zur Kompensation ist es, die Bandbreite des Verstärkers zu reduzieren. Das macht man, indem ein dominanter Pol an geeigneter Stelle des Verstärkers eingefügt wird. Dieser dominante Pol sorgt dafür, daß die Phasenverschiebung immer geringer als $-180°$ bleibt, wenn die Schleifenverstärkung gegen eins geht. Damit wird natürlich direkt das Frequenzverhalten des Verstärkers beeinflußt.

Der problematischste Fall tritt ein, wenn man die Anordnung für $f = 1$ kompensieren will (Verstärkung der Gesamtschaltung $A_0 = 1$). In diesem Fall ist die Schleifenverstärkung identisch mit der Verstärkungskurve des Basisverstärkers.

Nimmt man nun diesen Fall an und nimmt ferner an, daß der Basisverstärker die in Abbildung 13.12 gezeigte Charakteristik hat, so fügt man einen neuen dominanten Pol bei der Frequenz $|p_D|$ ein, um die Anordnung zu kompensieren (Lag compensation).

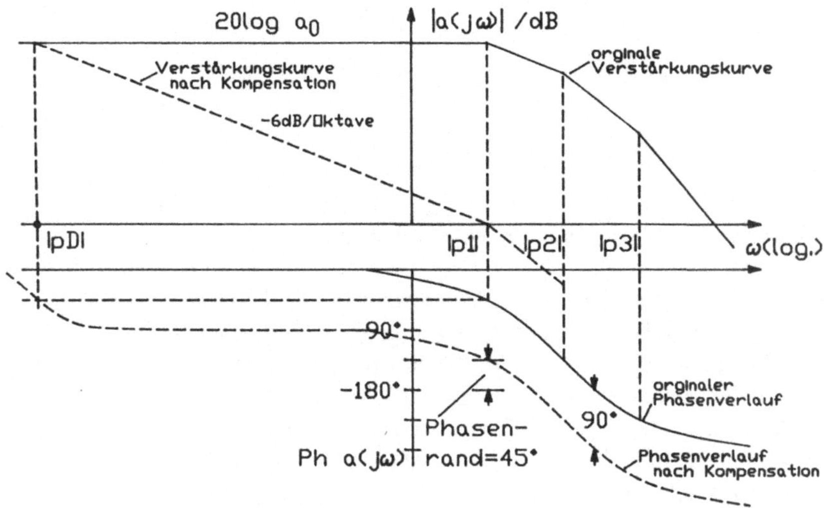

Abb. 13.12: Dominant-Pol-Kompensation

Durch das Einbringen des *dominanten Poles* bei der Frequenz $|p_D|$ in die Übertragungsfunktion des Basisverstärkers fällt die Verstärkung mit 6 dB/Oktave, bis die Frequenz $|p_1|$ erreicht ist. In diesem Frequenzbereich wird sich der Phasenwinkel asymptotisch dem Wert –90° nähern.

Wird die Frequenz $|p_D|$ so gewählt, daß bei der Frequenz $|p_1|$ die Verstärkung $|a(j\omega)| = 1$ ist, wie es in Abbildung 13.12 gezeigt wird, dann ist auch für den angenommenen Fall f = 1 die Schleifenverstärkung an dieser Stelle eins. Der Phasenrand ist in diesem Falle 45°, und das bedeutet, daß die Anordnung stabil ist. Der unkompensierte Verstärker wäre an dieser Stelle für f = 1 instabil!

Der Preis für die Stabilität ist, daß der kompensierte Basisverstärker nur noch ein Verstärkungsbandbreitenprodukt von $|p_1|$ hat, was sehr viel niedriger ist als zuvor. Auch führt diese Kompensationsmethode dazu, daß für den gegengekoppelten Verstärker die Schleifenverstärkung bei $|p_D|$ abzufallen beginnt, und damit die Vorteile der hohen Schleifenverstärkung abnehmen (Konstanz des Gesamtverhaltens über der Frequenz).

Für den Fall, daß der gegengekoppelte Verstärker bei Verstärkungen $A_0 > 1$ betrieben wird, resultiert dann ein Phasenrand von 90°, was ein Verschenken von Bandbreite bedeutet.

Eine Dominant-Pol-Kompensation kann auf verschiedene Arten geschehen. Eine Auswahl ist in Abbildung 13.13 zusammengestellt.

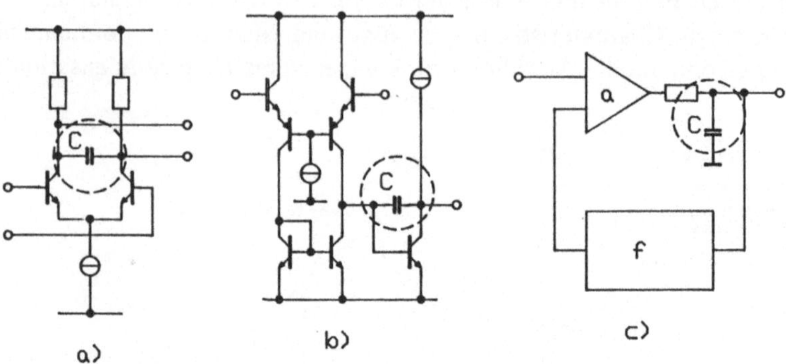

Abb. 13.13: Beispiele zur Dominant-Pol-Kompensation

Beispiel a) zeigt die Kompensation am Eingangsdifferenzverstärker. Da zur Kompensation recht hohe Kapazitätswerte nötig sind, eignet sich diese Methode nicht für eine integrierbare Lösung. Dazu ist Methode b) besser geeignet. Durch Ausnutzung des Millereffektes an der meist hoch verstärkenden Zwischenstufe in Emittergrundschaltung kommt man schon mit kleinen Kapazitätswerten aus, um den Verstärker zu kompensieren. Eine weitere Methode benutzt einen externen RC-Tiefpaß um den dominanten Pol zu realisieren (Abbildung 13.13, Teil c)).

Eine weitere Möglichkeit der Dominant-Pol-Kompensation ist die Verschiebung des Poles $|p_1|$. Doch das setzt genaue Kenntnisse über das Innenleben des Operationsverstärkers voraus. Neben dem Wissen, wo eine zusätzliche Kapazität eingefügt werden muß, um die Frequenz von $|p_1|$ zu reduzieren, muß man auch Zugriff auf die benötigten internen Knoten des Verstärkers haben. $|p'_1|$ wird dann so gewählt, daß die Verstärkung bei der Frequenz von $|p_2|$ eins wird.

13.4.2 Pol-Nullstellenkompensation (Lag lead compensation)

Bei dieser Methode wird $|p_1|$ durch eine Nullstelle kompensiert. Ein Pol sorgt dafür, daß die Verstärkung des kompensierten Basisverstärkers bei $|p_2|$ zu eins wird. Siehe dazu Abbildung 13.14.
Zur Realisierung dieser Methode ist in Abbildung 13.15 ein Schaltungsbeispiel gezeigt.

Der Vorteil der Pol-Nullstellen-Kompensation ist, daß hier ein höheres Verstärkungsbandbreitenprodukt erzielt werden kann, da der 0 dB Punkt des Amplitudenganges nicht bei $|p_1|$ sondern bei $|p_2|$ zu liegen kommt.

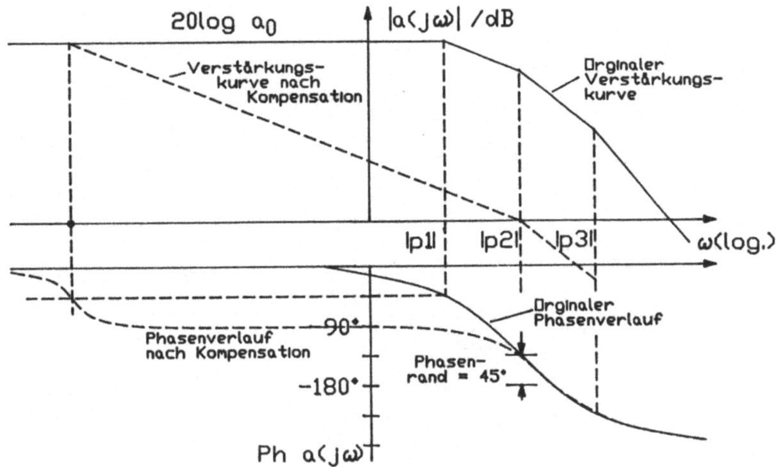

Abb. 13.14: Pol-Nullstellen-Kompensation

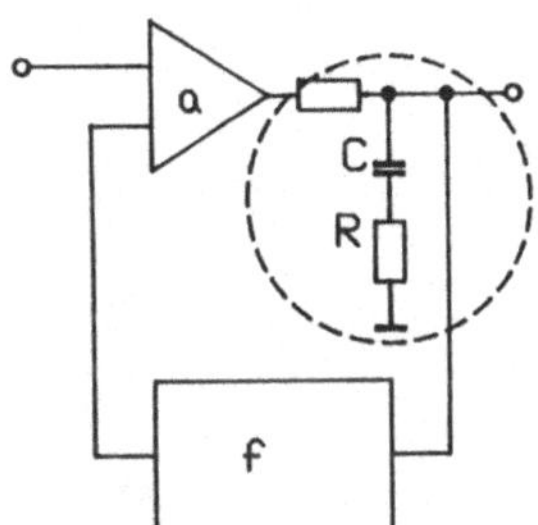

Abb. 13.15: Beispiel für die Pol-Nullstellen-Kompensation

13.4.3 Kompensation durch das Rückkoppelnetzwerk (Lead compensation)

Das Rückkoppelnetzwerk wird so modifiziert, daß in die offene Schleife eine Nullstelle eingebracht wird, die $|p_2|$ kompensiert. Abbildung 13.16 zeigt diese Technik.

Wird durch das Rückkopplungsnetzwerk ein Pol in die Übertragungsfunktion der Gesamtschaltung gebracht, so wirkt dieser Pol für die offene Schleife als Nullstelle. Mit dieser Nullstelle läßt sich der Phasenrand bei der kritischen Schleifenverstärkung vergrößern. Üblicherweise wird die Nullstelle so gewählt, daß $|p_2|$ kompensiert wird. Aus Abbildung 13.16 erkennt man, daß diese Methode nur für einen bestimmten Verstärkungsbereich des geschlossenen Kreises arbeitet. Wenn die Verstärkung so gewählt wird, daß der 0 dB Punkt der Schleifenverstärkung bei $|p_1|$ zu liegen kommt, ist die Anordnung auch ohne Lead-Kompensation stabil. Wenn anderseits der 0 dB Punkt über $|p_3|$ hinausgeht, nützt auch die Kompensation des Poles $|p_2|$ nichts mehr, da $|p_3|$ nun durch seine Phasenverschiebung die Anordnung instabil macht.

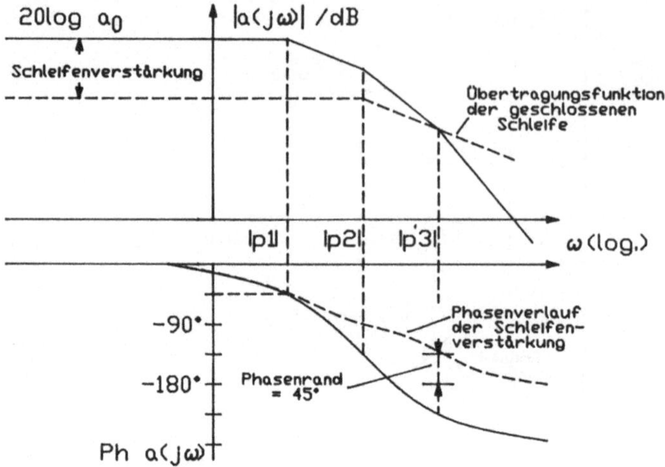

Abb. 13.16: Lead Kompensation

Eine prinzipielle Realisierungsmöglichkeit zeigt Abbildung 13.17.

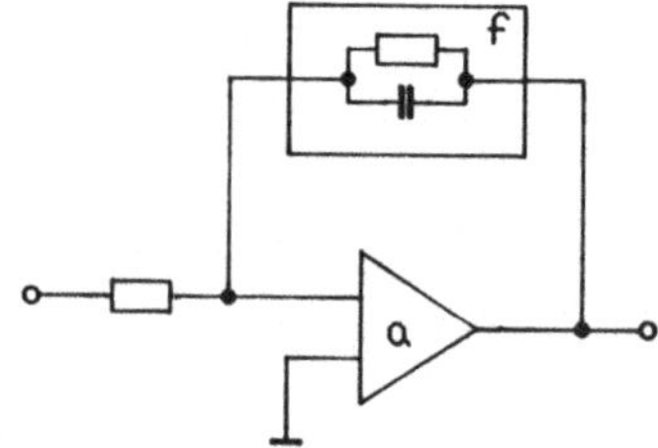

Abb. 13.17: Beispiel für eine Lead-Kompensation

Der Vorteil der Lead-Kompensation ist, daß damit die höchsten Verstärkungsbandbrei-
tenprodukte erzielbar sind, allerdings nur für bestimmte Verstärkungen.

13.5 Offsetkompensation

Ein idealer Operationsverstärker ist perfekt symmetrisch, d.h. die Ausgangsspannung
wird zu U_{out} = 0, wenn die beiden Eingangsspannungen U_+ und U_- gleich sind. Ein
realer OP zeigt hier eine Unsymmetrie, die im wesentlichen durch die Ungleichheit
der Eingangstransistoren verursacht wird. Diese Ungleichheit führt dazu, daß den
beiden Eingängen des OPs unterschiedliche Eingangsströme zugeführt werden müssen.
Die Ungleichheit der Eingangstransistoren führt auch dazu, daß eine sog. „Eingangsoffsetspannung" zwischen den beiden Eingängen angelegt werden muß, damit die
Ausgangsspannung zu null wird (damit der OP ausbalanciert ist).

Zur Erfassung der Effekte werden verschiedene Größen definiert:

a) Eingangsstrom *(Input Bias Current)*
Der Eingangsstrom ist das arithmetische Mittel der Ströme, die in die beiden Eingänge hineinfließen, wenn der Operationsverstärker ausbalanciert ist ($U_{out} = 0$). Entsprechend Abbildung 13.18a wird dieser Eingangsstrom zu

$$I_B\Big|_{U_{out}=0} = \frac{I_{B1} + I_{B2}}{2} \tag{13.16}$$

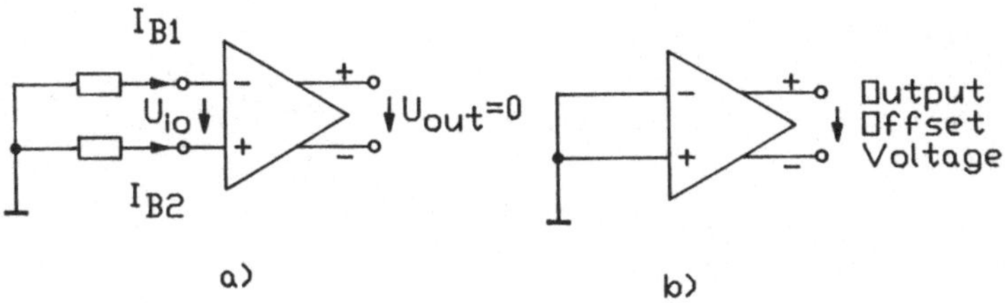

Abb. 13.18: Offsetgrößen am Operationsverstärker

b) Eingangsoffsetstrom *(Input Offset Current)*
Der Eingangsoffsetstrom I_{io} ist die Differenz der Ströme, die in die beiden Eingänge hineinfließen, wenn der Operationsverstärker ausbalanciert ist. Entsprechend Abbildung 13.18a wird

$$I_{io} = I_{B1} - I_{B2} \tag{13.17}$$

für $U_{out} = 0$. Dieser Eingangsoffsetstrom wird im wesentlichen durch die unterschiedliche Stromverstärkung der beiden Eingangstransistoren verursacht.

c) Drift des Eingangsoffsetstromes *(Input Offset Current Drift)*
Die Drift des Eingangsoffsetstromes $\Delta I_{io}/\Delta T$ ist definiert als Verhältnis der Eingangsoffsetstromänderung zur Änderung der Temperatur.

d) Eingangsoffsetspannung *(Input Offset Voltage)*
Die Eingangsoffsetspannung U_{io} ist die Spannung, die entsprechend Abbildung 13.18a angelegt werden muß, um den Operationsverstärker auszubalancieren ($U_{out} = 0$).

e) Drift der Eingangsoffsetspannung *(Input Offset Voltage Drift)*
Die Drift der Eingangsoffsetspannung $\Delta U_{io}/\Delta T$ ist das Verhältnis der Eingangsoffsetspannungsänderung zur Änderung der Temperatur.

f) Ausgangsoffsetspannung *(Output Offset Voltage)*
Die Ausgangsoffsetspannung ist die Differenz der Gleichspannungen zwischen den beiden Ausgängen (oder zwischen dem Ausgang und Masse bei einem Verstärker mit einem Ausgang), wenn beide Eingänge auf Masse gelegt werden.

g) Versorgungsspannungsunterdrückung *(Power Supply Rejection Ratio, PSRR)*
Die Versorgungsspannungsunterdrückung ist das Verhältnis von Eingangsoffsetspan-

nungsänderung zur Änderung der Versorgungsspannung. Die Tabelle in Abbildung
13.19 zeigt die typischen Werte eines üblichen Operationsverstärkers.

```
Offene Schleifenverstärkung A_vd          50000
Eingangsoffsetspannung U_IO                1 mV
Eingangsoffsetstrom I_IO                   10 nA
Eingangsstrom I_B                          100 nA
Gleichtaktunterdrückung CMRR               100 dB
Versorgungsspannungs-
        unterdrückung PSRR                 20 µV/V
Drift der Eingangsoffset-
        spannung                           1,0 µV/°C
Drift des Eingangsoffset-
        stroms                             0,1 nA/°C
```

Abb. 13.19: Offsetparameter üblicher OPs

Das Störende an den Offsetgrößen ist, daß sie nicht von den normalen Eingangssignalen
unterschieden werden können. Damit sind die Möglichkeiten zur akkuraten Verstärkung
kleiner Gleichstromsignale eingeschränkt. Einen Ausweg bietet die Kompensation der
Offsetgrößen. Da die Eingangsoffsetspannung primär von den Unsymmetrien des Ein-
gangsdifferenzverstärkers abhängig ist, kann eine Kompensation durch Einbringen eines
Symmetriergliedes geschehen, wie es in Abbildung 13.20 gezeigt ist.

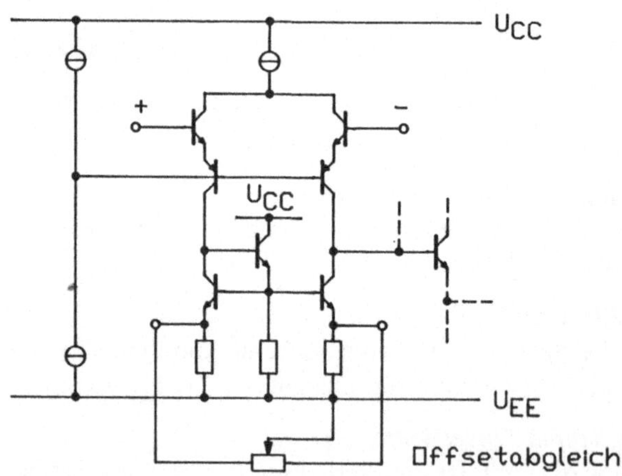

Abb. 13.20: Interne Offsetkompensation am µA 741

Diese interne Kompensationsmethode erfordert allerdings einen Zugang zu den inneren
Schaltungsknoten. Neben der Offsetspannung ist auch der Eingangsruhestrom zu berücksichtigen. So kann ein Spannungsabfall an dem äußeren Gegenkopplungsnetzwerk,
der durch den Eingangsruhestrom verursacht wird, zu einer zusätzlichen Unsymmetrie
führen. Zur universellen Kompensation von Offsetspannung und Eingangsruhestrom
kann folgende Schaltung eingesetzt werden.

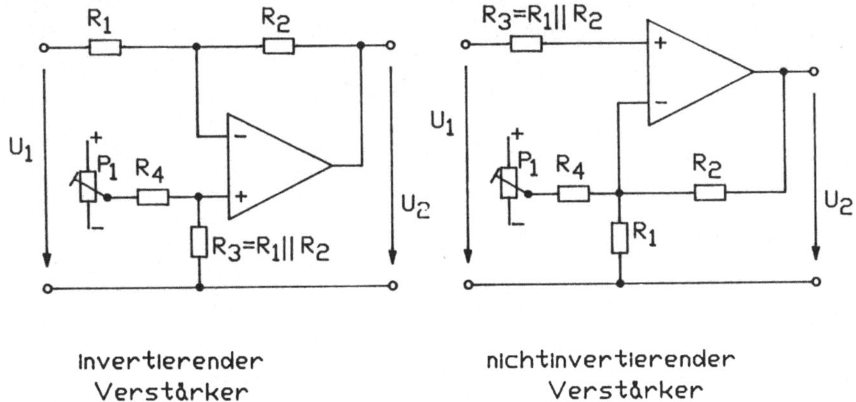

Abb. 13.21: Universelle Offsetkompensation

Zur Kompensation des Eingangsstromes liegt in der Plus-Zuleitung des Operationsverstärkers ein Widerstand

$$R_3 = R_1 \| R_2 = \frac{R_1 \cdot R_2}{R_1 + R_2} \qquad (13.18)$$

Damit wird der Spannungsabfall auf der Zuleitung der beiden Eingänge gleich groß und hebt sich somit heraus. Den Fehler durch die Offsetspannung und den Offsetstrom gleicht man mit dem Potentiometer P_1 über den Widerstand R_4 ab. R_4 muß sehr viel größer als R_3, und P_1 muß sehr viel kleiner als R_4 sein, damit bei der Schaltung nach Abbildung 13.21b (nicht invertierender Verstärker) nicht die Verstärkung durch den veränderlichen Potentiometerinnenwiderstand verändert wird. Die maximale Spannungsänderung, die an R_3 zu erzeugen ist, beträgt

$$U_{R3} = U_{io} + I_{io} \cdot R_3 \qquad (13.19)$$

und ist im allgemeinen in der Größenordnung von $U_{R3} < 10$ mV. Wird die maximale Verstellbarkeit auf +/– 15 mV festgelegt, so wird

$$R_4 = 10^3 \cdot R_3 \qquad (13.20)$$

bei U_{CC} = +/– 15V. Dabei fallen auch Betriebsspannungsschwankungen von $\Delta U_{CC} < 0{,}1$ V nur wenig ins Gewicht.

13.6 Rauschen von Operationsverstärkern

13.6.1 Rauschen des Differenzverstärkers

Das Rauschen von Operationsverstärkern wird im wesentlichen vom Rauschverhalten des ersten Differenzverstärkers bestimmt, wenn dieser eine genügend hohe Verstärkung besitzt. Solch ein Differenzverstärker ist in Abbildung 13.22a dargestellt. Der Zugriff auf die Basisanschlüsse der Transistoren ist generell unabhängig, daher kann die Schaltung grundsätzlich nicht als ein Zweiport angesehen werden, und ihr Rauschverhalten kann somit nicht durch die übliche Anordnung zweier Eingangsrauschquellen repräsentiert werden.

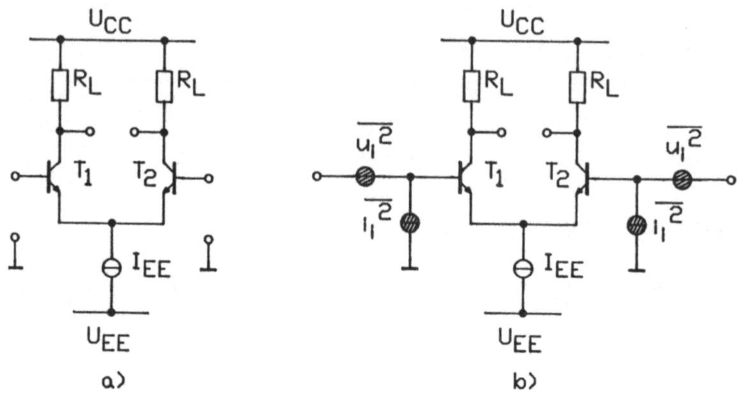

Abb. 13.22: Differenzverstärker a) und Darstellung mit äquivalenten Rauscheingangsquellen b)

Man kann aber die übliche Technik dazu verwenden, eine äquivalente Rauschrepräsentation der Schaltung zu erhalten, die zwei Rauschgeneratoren an jedem Eingang benutzt. Dies ist in Abbildung 13.22b dargestellt. Die Rauschgeneratoren $\overline{u_i^2}$ und $\overline{i_i^2}$ beschreiben in erster Linie nur das Rauschverhalten des jeweiligen Transistors. Wenn das Rauschen des Lastwiderstandes R_L oder der nachfolgenden Stufen signifikant sein sollte, muß es symmetrisch zum geeigneten Eingang rückgerechnet werden. In der Praxis wird auch die Stromquelle I_{EE} rauschen und man kann sie in die Darstellungsform nach Abbildung 13.22b einbeziehen. Wenn die Schaltung völlig symmetrisch ist, wird das Rauschen der Stromquelle kein differentielles Ausgangssignal erzeugen, da die Stromquelle und ihr Rauschen ein Gleichtaktsignal repräsentieren.

Die Art der Rauschdarstellung von Abbildung 13.22b kann vereinfacht werden, wenn die Gleichtaktunterdrückung der Schaltung recht hoch ist. In diesem Fall kann einer der Rauschspannungsgeneratoren zur anderen Seite geschoben werden, wie das in Abbildung 13.23 dargestellt ist.

In Serie zur Basis von T_1 befinden sich dann zwei unabhängige Rauschspannungsgeneratoren, die zu einem Rauschspannungsgenerator mit dem Wert $2 \cdot \overline{u_i^2}$ vereint werden können. Damit kann für die Schaltung nach Abbildung 13.23 geschrieben werden:

$$\overline{u_{dp}^2} = \overline{2 \cdot u_i^2} \tag{13.21}$$

und

$$\overline{i_{dp}^2} = \overline{i_i^2} \tag{13.22}$$

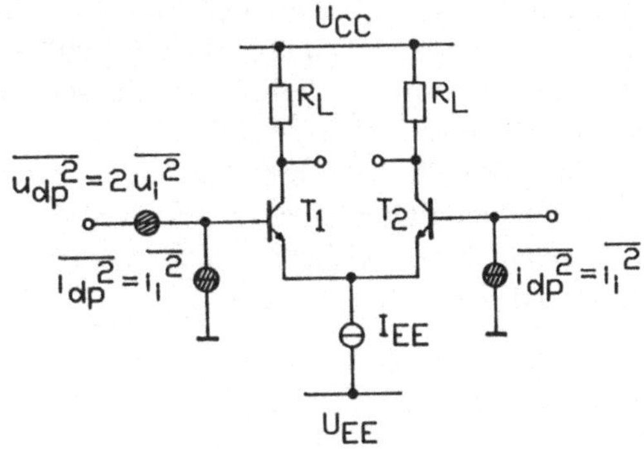

Abb. 13.23: Darstellung des Differenzverstärkers mit vereinfachten äquivalenten Rauscheingangsquellen

wobei $\overline{u_{dp}^2}$ und $\overline{i_{dp}^2}$ die äquivalenten Eingangsrauschgeneratoren des Differenzverstärkers bezeichnen. Der Differenzverstärker arbeitet oft mit der Basis von T_2 an Masse. Das Rauschverhalten der Schaltung wird dann repräsentiert durch die beiden Rauschgeneratoren an der Basis von T_1 in Abbildung 13.23. In solch einem Fall ist der äquivalente Rauschstromgenerator des Differenzverstärkers nur von einem Transistor allein verursacht, wobei der äquivalente Rauschspannungsgenerator einen Effektivwert besitzt, der dem doppelten Effektivwert eines Transistors entspricht. Damit hat ein Differenzverstärker, wenn er von einer niedrigen Impedanz getrieben wird, ein 3 dB höheres Eingangsrauschen als ein Transistor in Emittergrundschaltung bei gleichem Kollektorstrom pro Transistor.

13.6.2 Das Rauschen des Operationsverstärkers

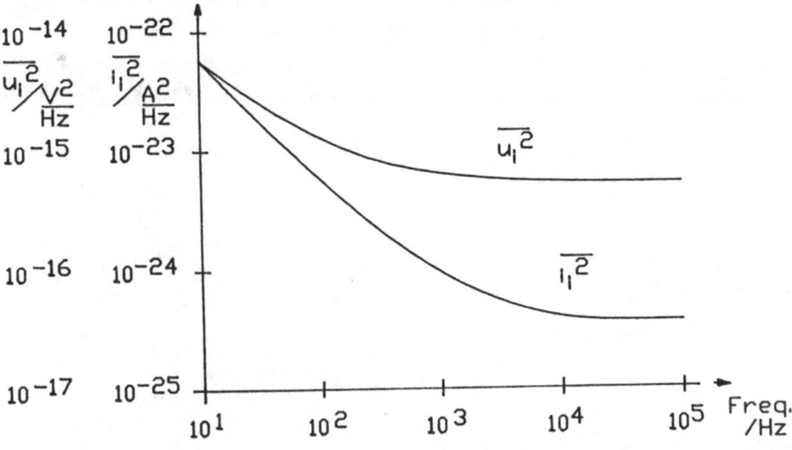

Abb. 13.24: Spektrales Rauschen des Operationsverstärkers µA741

Die Betrachtungen am Differenzverstärker gelten im wesentlichen auch für den Operationsverstärker. In den Datenblättern findet man daher Angaben über die äquivalenten Rauscheingangsquellen. Als Beispiel soll hier die spektrale Verteilung der Rauscheingangsquellen für den Operationsverstärker µA741 dienen (siehe Abbildung 13.24).

Operationsverstärker können recht unterschiedliches Rauschverhalten zeigen, daher muß man für rauscharme Anwendungen den geeigneten Operationsverstärker auswählen. In der Abbildung 13.25 ist dazu das Rauschmaß von verschiedenen Operationsverstärkern in Abhängigkeit vom Quellwiderstand dargestellt.

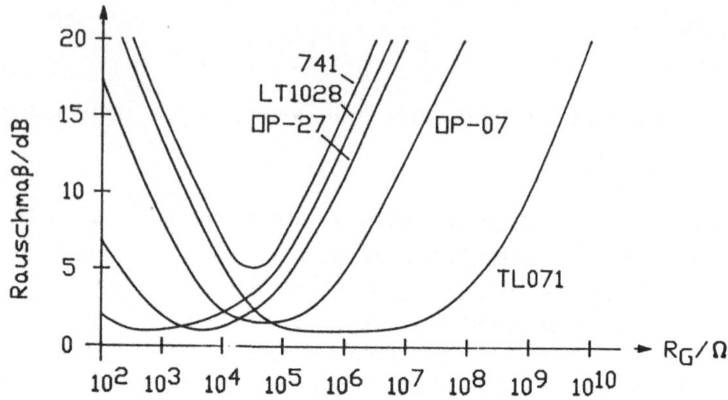

Abb. 13.25: Rauschmaß verschiedener OPs

13.7 Slew rate

Durch geeignete Frequenzgangkompensation kann man für die gewählte Verstärkung eines gegengekoppelten Operationsverstärkers eine maximale Bandbreite erreichen. Doch gilt diese Bandbreite nur für den Kleinsignalbetrieb. Bei Großsignalaussteuerung ergibt sich meist eine Reduktion der Bandbreite durch die sog. „Slew rate".

Ein übliches Verfahren, um das Großsignalverhalten eines Verstärkers zu testen, ist das Anlegen eines Spannungssprungs von 0 bis +5 V, wie es in Abbildung 13.26 gezeigt ist.

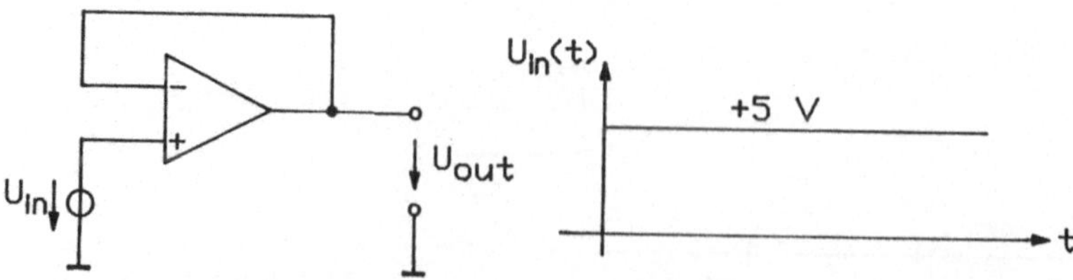

Abb. 13.26: Schaltung zum Testen der Slew rate

Das Bild zeigt auch einen Verstärker in der sog. „Spannungsfolger"-Schaltung. Der Verstärker soll eine Übertragungsfunktion mit einem Pol besitzen, die durch folgende Beziehung gegeben sei

$$\frac{U_{out}}{U_{in}}(s) = \frac{A}{1 + s\tau} \qquad (13.23)$$

mit

$$\tau = \frac{1}{2\pi f_0} \qquad (13.24)$$

wobei f_0 die –3 dB Frequenzgrenze sein soll. Da der OP als Spannungsfolger geschaltet ist, wird die niederfrequente Verstärkung nahe bei eins sein. Unter der Annahme, daß dies so ist, wäre die Sprungantwort der Schaltung auf den Spannungssprung $U_{in}(s) = 5/s$

$$U_{out}(s) = \frac{1}{1 + s\tau} \cdot \frac{5}{s} \qquad (13.25)$$

Durch Umformen erhält man

$$U_{out}(s) = \frac{5}{s} - \frac{5}{s + \dfrac{1}{\tau}} \qquad (13.26)$$

Im Zeitbereich folgt dann daraus

$$U_{out}(t) = 5 (1 - e^{- t/\tau}) \qquad (13.27)$$

Die vorhergesagte Sprungantwort entsprechend Geichung 13.27 ist in Abbildung 13.27a dargestellt. Es wurden die Daten des Operationsverstärkers µA741 benutzt, der in dieser Beschaltung eine Bandbreite von f_0 = 1,3 MHz hat. Die Kurve zeigt daher einen exponentiellen Anstieg und der Ausgang erreicht 90 % des Endwertes in ca. 0,3 µs.

Das typische, gemessene Ausgangssignal eines µA741 auf solch einen Eingangssprung ist in Abbildung 13.27b dargestellt und unterscheidet sich sehr stark in seinem Verlauf vom Vorhergesagten.

Die Ausgangsspannung ist eine langsame Rampe von nahezu konstanter Steigung und braucht etwa 5 µs um den 90 %-Wert zu erreichen. Offensichtlich bietet die Kleinsignalanalyse nicht die geeigneten Mittel, um das Schaltungsverhalten unter diesen Konditionen vorherzusagen. Die Sprungantwort, wie sie in Abbildung 13.27b gezeigt ist, ist typisch für das Verhalten eines Operationsverstärkers bei einem großen Spannungssprung. Die Stärke des Spannungsanstieges dU_0/dt im Bereich konstanter Steigung nennt man „Slew rate" und gibt sie in V/µs an.

Der Grund für die Diskrepanz zwischen Vorhersage und Meßergebnis kann abgeschätzt werden, wenn man die Schaltung des Operationsverstärkers unter Berücksichtigung der Sprungantwort näher betrachtet. Zum Zeitpunkt t = 0 springt die Eingangsspannung auf +5 V, aber die Ausgangsspannung kann nicht folgen und ist anfänglich

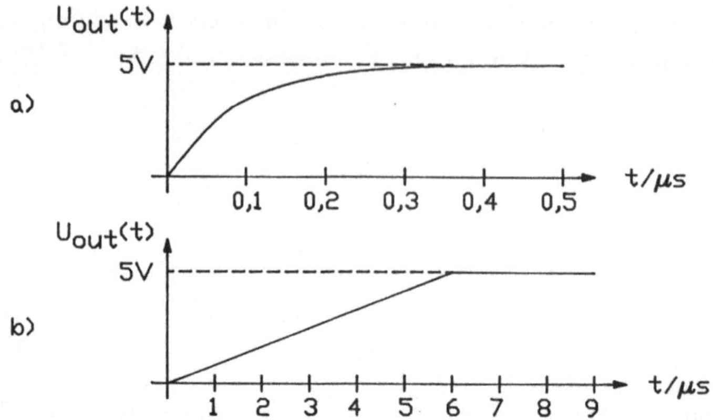

Abb. 13.27: Sprungantwort eines µA741 a) vorhergesagt, b) gemessen

Null. Daher wird der Operationsverstärker von einem Differenzsignal von 5 V angesteuert, das groß genug ist, um die Eingangsstufe komplett aus dem linearen Arbeitsbereich zu bringen. Das läßt sich anhand des Operationsverstärkers µA741 zeigen. Die
Schaltung für diese Betrachtung ist in Abbildung 13.28 dargestellt.

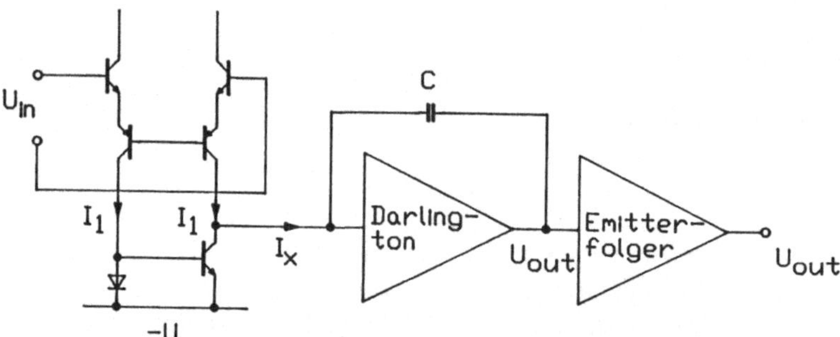

Abb. 13.28: Vereinfachtes Schaltbild des µA741 zur „Slew rate"-Betrachtung

Der Kondensator C zur Frequenzgangkompensation, der parallel zum Darlington geschaltet ist, veranlaßt diese Stufe als Integrator zu wirken. Der Strom, der von der
Eingangsstufe kommt und den Kompensationspunkt speist, ist I_x. Das Großsignalübertragungsverhalten zwischen Strom I_x und Eingangsspannung U_{in} ist prinzipiell das
eines Differenzverstärkers und ist in Abbildung 13.29 dargestellt.

Aus Abbildung 13.29 kann man sehen, daß der maximale Strom, der zum Aufladen
des Kondensators verfügbar ist, $I_{xmax} = 2 \cdot I_1$ beträgt. Man sieht außerdem, daß I_x
bei $U_{in} = 120$ mV nahezu seinen Endwert erreicht hat. Daher limitiert die Eingangstufe
den Strom I_x bei einer Differenzeingangsspannung von $U_{in} = 5$ V auf $I_x = 2 \cdot I_1$. Die
Schaltung arbeitet nichtlinear und die lineare Betrachtungsweise verliert ihre Gültigkeit.
Würde die Eingangsstufe linear arbeiten, dann hätte eine Eingangsspannung von 5 V
einen sehr großen Strom I_x zur Folge, um den Kompensationskondensator zu laden.
Die Tatsache, daß der Strom auf einen recht kleinen Wert begrenzt ist, ist der Grund

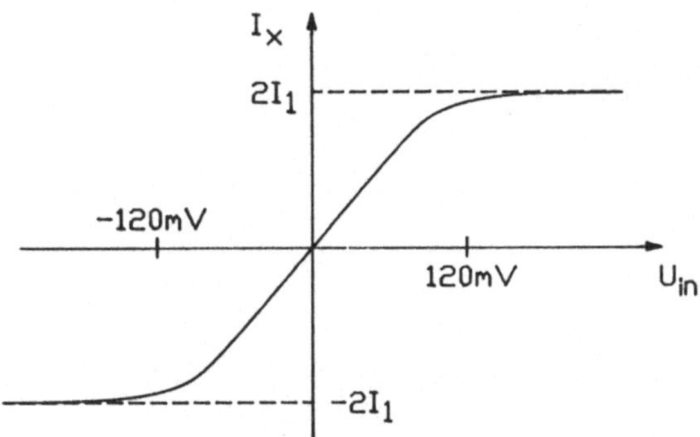

Abb. 13.29: Großsignalübertragungsverhalten der Eingangstufe des µA741

dafür, daß die „Slew rate" sehr viel kleiner ist, als es die lineare Analyse vermuten lassen würde.

Das Äußerste, was man tun kann, um die „Slew rate" zu vergrößern, ist, das Kompensationsglied zwischen den Eingängen des Operationsverstärkers anzuschließen, wie das in der Abbildung 13.30 dargestellt ist.

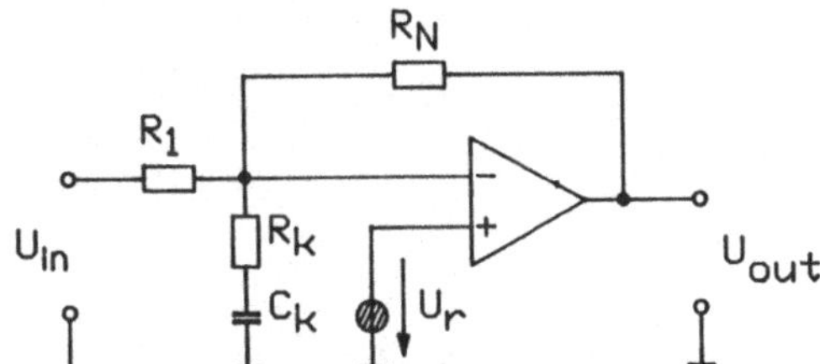

Abb. 13.30: Slew-Rate contra Rauschen des Operationsverstärkers

Das Kompensationsglied zwischen den Eingängen setzt die Bandbreite des Eingangssignals herunter, während die Bandbreite des nachfolgenden Verstärkers nicht beeinflußt wird. Dadurch wird die Rauschspannung U_r mit der vollen Bandbreite des unkompensierten Verstärkers verstärkt. Außerdem werden hohe Frequenzen wegen des Kompensationsgliedes nur wenig gegengekoppelt. Die Rauschspannung wird in diesem Frequenzbereich also wesentlich höher verstärkt als das Eingangssignal, nämlich mit $(1 + R_N/R_k)$. Bei der Kompensation *im* Verstärker wird das Eingangsrauschen nicht höher verstärkt als das Eingangssignal selbst. Durch das Kompensationsglied werden nämlich Signal- und Rauschspannung in gleicher Weise abgeschwächt. Lediglich das Rauschen des nachfolgenden Verstärkers wird breitbandig verstärkt. Es ist aber in der Regel schon klein gegenüber dem verstärkten Eingangsrauschen an diesem Punkt. Zusammenfassend kann man also sagen: Zur Kompensation des Frequenzganges ist es gleichgültig, wo man das Kompensationsglied anschließt; je näher man es jedoch in Eingangsnähe anschließt, desto weniger wird die Ausgangsaussteuerbarkeit beeinträchtigt, desto stärker wird aber auch das Rauschen am Ausgang.

14 Grundschaltungen mit Operationsverstärker

a) invertierender Verstärker

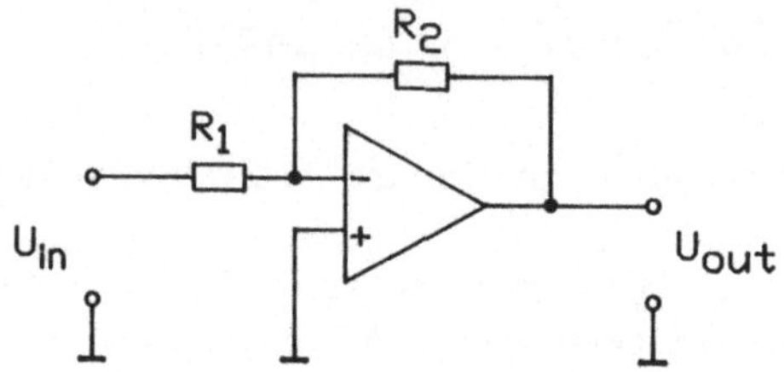

Abb. 14.1: Invertierender Verstärker mit Operationsverstärker

Die Übertragungsfunktion lautet

$$A_v = -\frac{R_2}{R_1}$$

(14.01)

b) nichtinvertierender Verstärker

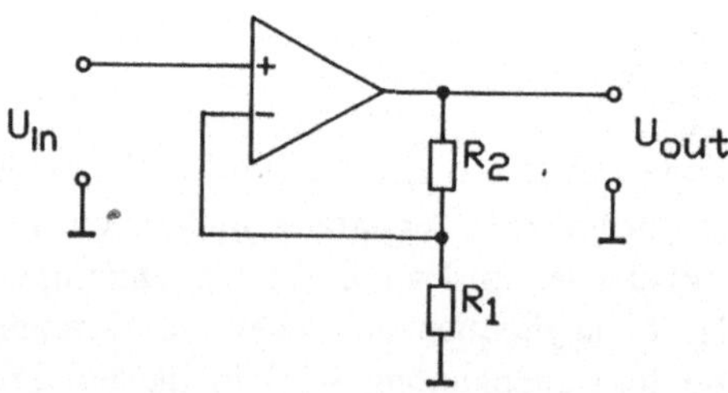

Abb. 14.2: Nichtinvertierender Verstärker mit Operationsverstärker

Die Übertragungsfunktion lautet

$$A_v = 1 + \frac{R_2}{R_1}$$

(14.02)

c) nichtinvertierender Wechselspannungsverstärker

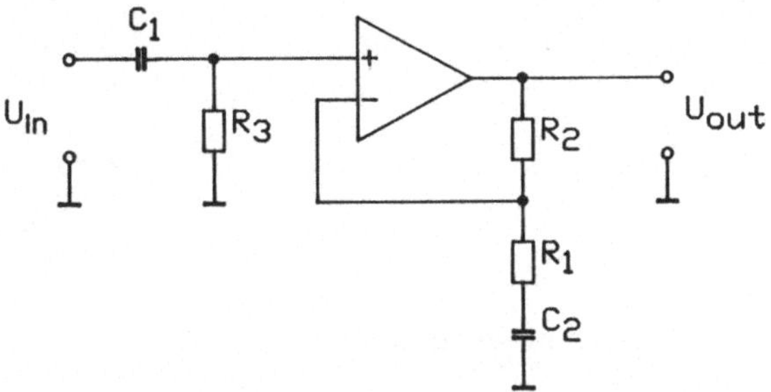

Abb. 14.3: Nichtinvertierender Wechselspannungsverstärker mit Operationsverstärker

Die Übertragungsfunktion für Wechselspannungen lautet

$$A_v = 1 + \frac{R_2}{R_1} \tag{14.03}$$

Für die Ausgangsoffsetspannung ergibt sich

$$U_{oo} = U_{io} + I_B (R_2 - R_3) \tag{14.04}$$

d) Spannungs-Stromwandler

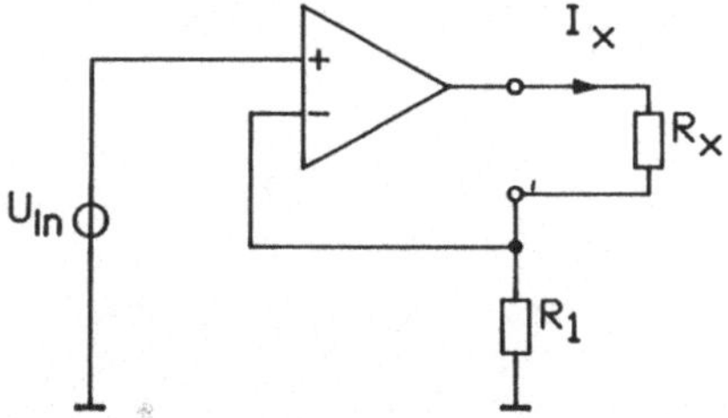

Abb. 14.4: Spannungs-Stromwandler mit Operationsverstärker

Die Übertragungsfunktion lautet

$$I_x = \frac{U_{in}}{R_1} \tag{14.05}$$

e) Strom-Spannungswandler

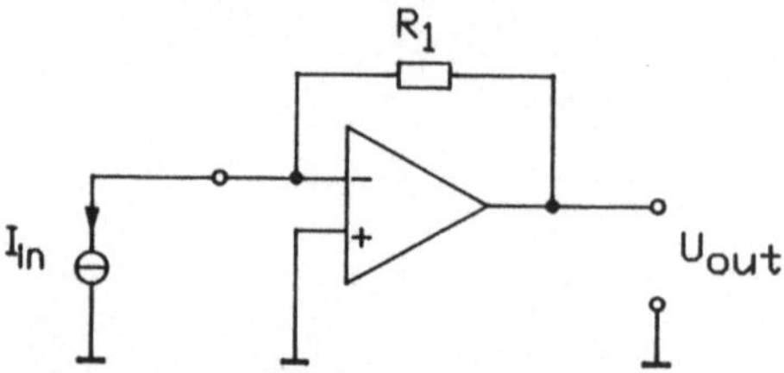

Abb. 14.5: Strom-Spannungswandler mit Operationsverstärker

Die Übertragungsfunktion lautet

$$U_{out} = I_{in} \cdot R_1 \tag{14.06}$$

f) Spannungsfolger

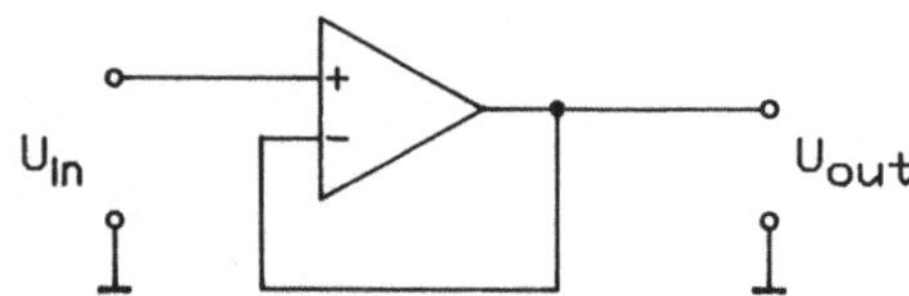

Abb. 14.6: Spannungsfolger mit Operationsverstärker

Die Übertragungsfunktion lautet

$$U_{out} = U_{in} \tag{14.07}$$

g) Ohmmeter mit linearer Skala

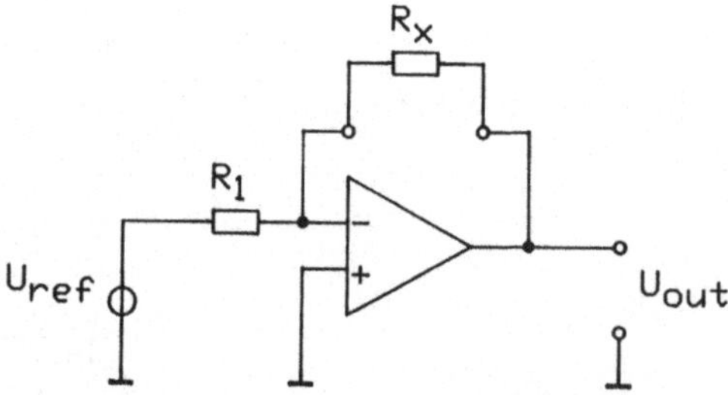

Abb. 14.7: Ohmmeter mit linearer Skala

Die Ausgangsspannung ergibt sich zu

$$U_{out} = -\frac{U_{ref}}{R_1} \cdot R_x \tag{14.08}$$

Der durch den zu bestimmenden Widerstand fließende Meßstrom ist gegeben durch

$$I = \frac{U_{ref}}{R_1}$$

(14.09)

h) Vollweggleichrichter

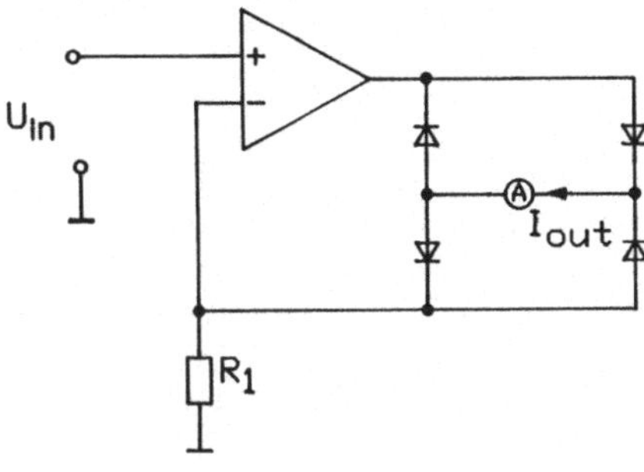

Abb. 14.8: Vollweggleichrichter

Der Strom im Meßwerk beträgt

$$I_{out} = \frac{|U_{in}|}{R_1}$$

(14.10)

15 Komparatoren

a) Operationsverstärker als Komparator

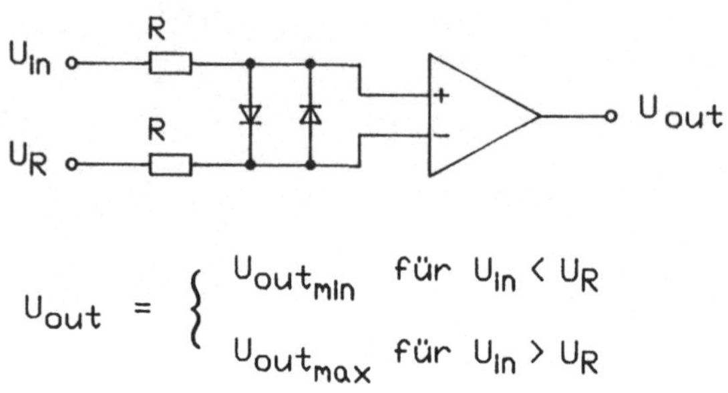

$$U_{out} = \begin{cases} U_{out_{min}} & \text{für } U_{In} < U_R \\ U_{out_{max}} & \text{für } U_{In} > U_R \end{cases}$$

$R \quad \sim \quad 1 \text{ k}\Omega$

Abb. 15.1: Operationsverstärker als Komparator

Die Schaltung hat beim Verwenden eines Operationsverstärkers den großen Nachteil, daß für $U_1 \neq U_R$ der Ausgang an einem der beiden Grenzwerte der Ausgangsspannung anliegt. Dabei ist der Verstärker übersteuert und folgt bei einem Wechsel der Eingangsspannung nur mit großer Zeitverzögerung (Slew-Rate-Problem). Abhilfe schafft der Einsatz eines speziell für Schalteranwendungen konzipierten Operationsverstärkers, des „Komparators".

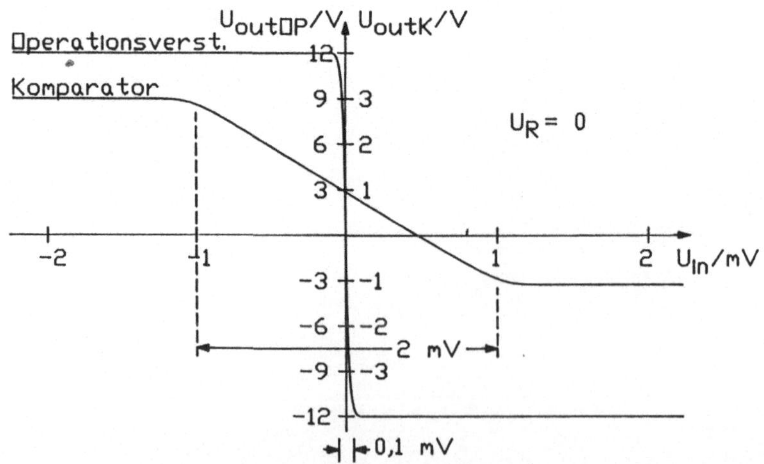

Abb. 15.2: Kennlinien von Operationsverstärker und Komparator (MC 1710)

b) Komparator

Der Komparator kommt intern nicht in Sättigung und kann daher schneller reagieren. Dafür ist sein Eingangsspannungsbereich größer, weil seine Verstärkung geringer ist (OP: $A_v \approx 50000$, Komp.: $A_v \approx 1500$).

In Abbildung 15.2 sind zum Vergleich die charakteristischen Kennlinien von Operationsverstärker und Komparator aufgetragen. Man sieht, daß der Komparator einen speziellen Ausgangsspannungsbereich hat, um die Ankopplung an TTL-Eingänge zu erleichtern.

c) Schmitt-Trigger

Da der Eingangspannungsbereich des Operationsverstärkers in Abbildung 15.2 nur 0,1 mV beträgt, ist die Schaltung mit dem Operationsverstärker während des Nulldurchgangs der Ausgangsspannung nur mit großen Schwierigkeiten stabil zu halten (Laststromwechsel führen zu Spannungsänderungen am Eingang: Oszillation möglich). Abhilfe schafft hier das Prinzip der Mitkopplung („Schmitt-Trigger").

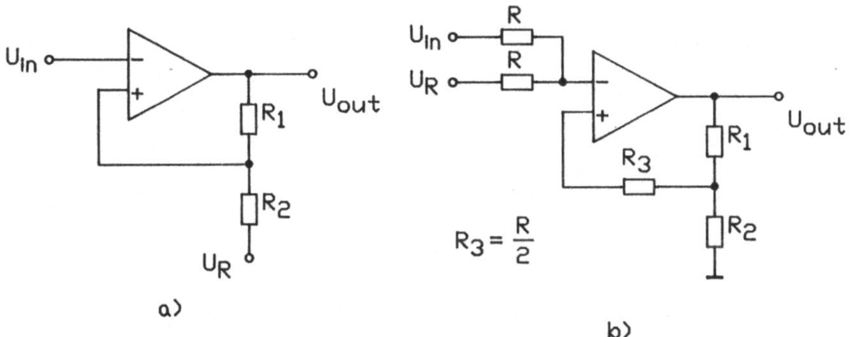

Abb. 15.3: Schmitt-Trigger, a) Prinzip, b) allgemeine Schaltung

Der Schmitt-Trigger ist eine Komparatorschaltung mit zusätzlicher positiver Rückkopplung.

$$A_v = \frac{a_v}{1 + a_v \cdot f} \tag{15.01}$$

wenn $a_v \cdot f = -1 \quad \rightarrow \quad$ Oszillation
wenn $a_v \cdot f < -1 \quad \rightarrow \quad$ Hysteresis tritt auf (siehe Abb. 15.4)

Die Ausgangsspannung wechselt ihren Zustand jeweils bei U_1 und U_2, diese sind gegeben durch

$$U_1 = \frac{R_1 \, U_R}{R_1 + R_2} + \frac{R_2 \, U_{out}}{R_1 + R_2} \tag{15.02}$$

$$U_2 = \frac{R_1\, U_R}{R_1 + R_2} - \frac{R_2\, U_{out}}{R_1 + R_2} \qquad (15.03)$$

Die Hysterese als $U_H = (U_1 - U_2)$ ergibt sich zu

$$U_H = \frac{2 \cdot R_2 \cdot U_{out}}{R_1 + R_2} \qquad (15.04)$$

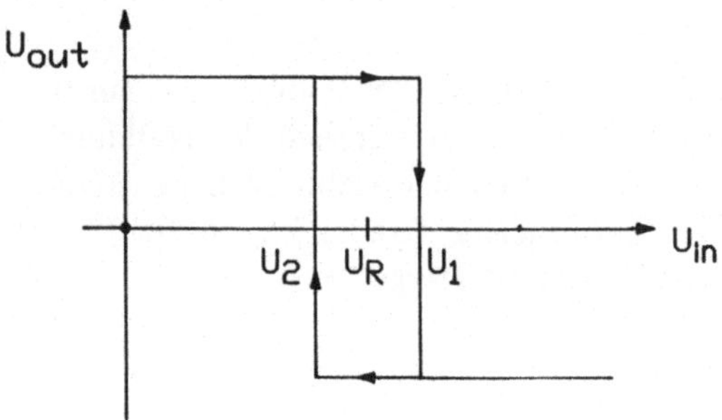

Abb. 15.4: Hystereseverlauf am Schmitt-Trigger

16 Filter mit Operationsverstärker

16.1 Tiefpaß

Die allgemeine Form eines Tiefpasses ist

$$A_v = \frac{A_{v0}}{1 + C_1 \dfrac{s}{\omega_0} + C_2 \left(\dfrac{s}{\omega_0}\right)^2 + C_3 \left(\dfrac{s}{\omega_0}\right)^3 + \dots + C_n \left(\dfrac{s}{\omega_0}\right)^n} \qquad (16.01)$$

C_1, C_2 ... C_n sind positive reelle Koeffizienten. Die Ordnung des Filters ist n. Die Realisierung beliebiger Filterverläufe erfordert komplexe Pole. Zur Vereinfachung des Filterentwurfs kann man die Übertragungsfunktion zu quadratischen Ausdrücken zusammenfassen (Minimalterm zur Realisierung komplexer Pole).

$$A_v = \frac{A_{v0}}{\left[1 + a_1 \dfrac{s}{\omega_0} + b_1 \left(\dfrac{s}{\omega_0}\right)^2\right]\left[1 + a_2 \dfrac{s}{\omega_0} + b_2 \left(\dfrac{s}{\omega_0}\right)^2\right]\left[\dots\right]} \qquad (16.02)$$

Diese Form erlaubt die Kaskadierung von Baugruppen 2. Ordnung zum gewünschten Filterverlauf. Die Faktoren a_i und b_i sind positive reelle Koeffizienten. Bei einem Filter ungerader Ordnung ist einer der Koeffizienten b_i gleich Null (Baugruppe 1. Ordnung, RC-Tiefpaß).

Es gibt eine Reihe von standardisierten Filterverläufen. Eine Auswahl soll im folgenden beschrieben werden. Die verschiedenen Filterverläufe unterscheiden sich u.a. im Frequenzgang (siehe Abbildung 16.1) und der Sprungantwort (siehe Abbildung 16.2) voneinander.

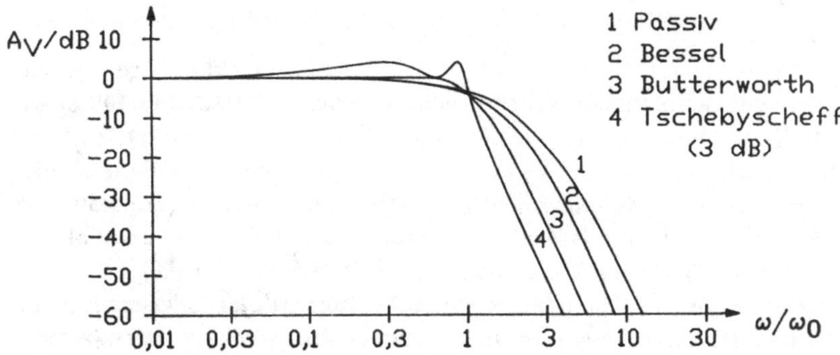

Abb. 16.1: Frequenzgänge verschiedener Filtertypen

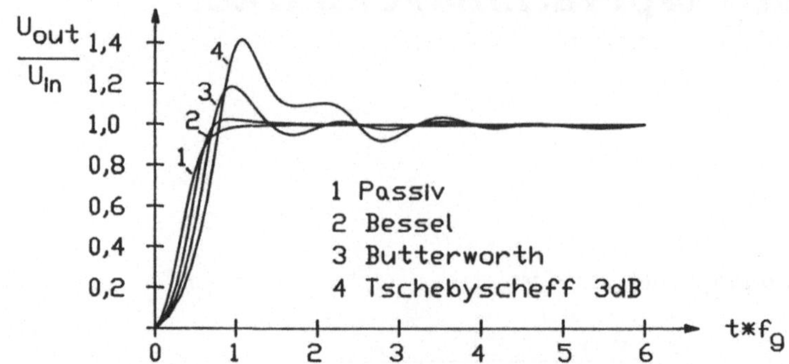

Abb. 16.2: Sprungantworten verschiedener Filtertypen

Butterworth-Tiefpaß

Butterworth-Tiefpaßfilter besitzen einen Frequenzgang, der möglichst lang horizontal verläuft und erst kurz vor der Grenzfrequenz scharf abknickt. Die Sprungantwort von Butterworth-Tiefpässen zeigt ein beträchtliches Überschwingen, das mit zunehmender Ordnung größer wird.

Tschebyscheff-Tiefpaß

Tschebyscheff-Tiefpaßfilter besitzen oberhalb der Grenzfrequenz den steilsten Abfall der Verstärkung. Im Durchlaßbereich verläuft die Verstärkung jedoch nicht monoton, sondern besitzt eine Welligkeit konstanter Amplitude. Bei gegebener Ordnung ist der Abfall oberhalb der Grenzfrequenz um so steiler, je größer die zugelassene Welligkeit ist. Das Überschwingen der Sprungantwort ist noch stärker als bei den Butterworth-Filtern.

Bessel-Tiefpaß

Bessel-Tiefpaßfilter bezitzen eine optimale Sprungantwort mit geringem Überschwingen. Allerdings knickt der Frequenzgang der Bessel-Filter nicht so scharf ab wie bei den Butterworth- und Tschebyscheff-Filtern.

Passiver Tiefpaß

Ein passiver Tiefpaß zeigt kein Überschwingen in der Sprungantwort. Allerdings zeigt der passive Tiefpaß eine beachtliche Verschlechterung des Frequenzganges gegenüber dem Bessel-Filter.

Zur Realisierung der unterschiedlichen Filterverläufe existieren Filterkataloge mit den Koeffizienten a_i und b_i. Abbildung 16.3 zeigt einen solchen Filterkatalog für einen Verlauf nach Butterworth.

Zur Realisierung passiver Tiefpässe reicht eine Anordnung aus RC-Gliedern. Filterverläufe nach Bessel, Butterworth oder Tschebyscheff erfordern komplexe Polpaare in der Übertragungsfunktion. Diese lassen sich durch LC-Filter oder durch aktive Filterstrukturen erreichen. Ein Beispiel für eine aktive Filterstruktur ist das sog. „Sallen-Key-Filter". Es benutzt als aktives Element einen Spannungsfolger, der sich durch einen Operationsverstärker (Abbildung 16.4a) oder durch einen Emitterfolger (Abbildung 16.4b) realisieren läßt.

n	i	a i	b i
1	1	1,0000	0,0000
2	1	1,4142	1,0000
3	1	1,0000	0,0000
	2	1,0000	1,0000
4	1	1,8478	1,0000
	2	0,7654	1,0000
5	1	1,0000	0,0000
	2	1,6180	1,0000
	3	0,6180	1,0000
6	1	1,9319	1,0000
	2	1,4142	1,0000
	3	0,5176	1,0000
7	1	1,0000	0,0000
	2	1,8019	1,0000
	3	1,2470	1,0000
	4	0,4450	1,0000
8	1	1,9616	1,0000
	2	1,6629	1,0000
	3	1,1111	1,0000
	4	0,3902	1,0000

Abb. 16.3: Tabelle der Koeffizienten für einen Filterverlauf nach Butterworth

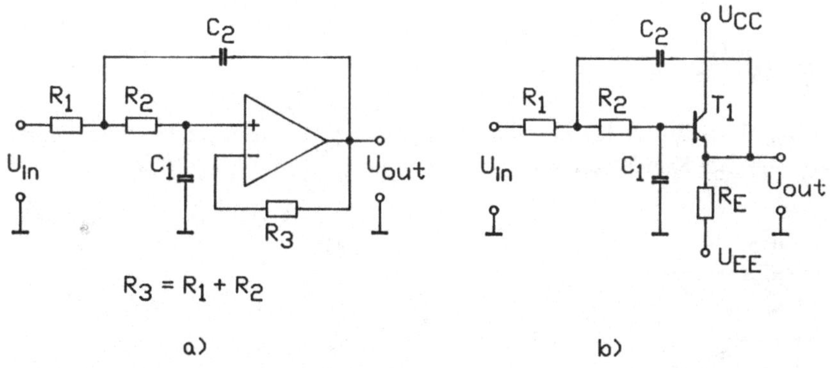

Abb. 16.4: Sallen-Key-Tiefpaßfilter

Die Übertragungsfunktion lautet

$$A_v = \cfrac{1}{1 + \left(\cfrac{s}{\omega_0}\right)\omega_0 \cdot C_1\,(R_1 + R_2) + \left(\cfrac{s}{\omega_0}\right)^2 \omega_0^2 \cdot R_1 \cdot R_2 \cdot C_1 \cdot C_2} \qquad (16.03)$$

Durch Koeffizientenvergleich folgt

$$a_1 = \omega_0 \cdot C_1 (R_1 + R_2) \tag{16.04}$$

$$b_1 = \omega_0^2 \cdot R_1 \cdot R_2 \cdot C_1 \cdot C_2 \tag{16.05}$$

Gibt man $\omega_0 = 2 \cdot \pi \cdot f_g$, C_1 und C_2 vor, so erhält man

$$R_{1,2} = \frac{a_1 \cdot C_2 \pm \sqrt{a_1^2 \cdot C_2^2 - 4 \cdot b_1 \cdot C_1 \cdot C_2}}{4 \cdot \pi \cdot f_g \cdot C_1 \cdot C_2} \tag{16.06}$$

Damit sich reelle Werte für R_1 und R_2 ergeben, muß die Bedingung

$$\frac{C_2}{C_1} \geq \frac{4 \cdot b_1}{a_1^2} \tag{16.07}$$

erfüllt sein. Gibt man $\omega_0 = 2 \cdot \pi \cdot f_g$ und $R_1 = R_2 = R$ vor, so erhält man

$$C_1 = \frac{a_1}{4 \cdot \pi \cdot f_g \cdot R} \tag{16.08}$$

$$C_2 = \frac{2b_1}{a_1 \cdot 2 \cdot \pi \cdot f_g \cdot R} \tag{16.09}$$

16.2 Hochpaßfilter

Die beschriebenen Tiefpaßfilter lassen sich in Hochpaßfilter umwandeln, indem man
die Widerstände mit den Kondensatoren vertauscht (siehe Abbildung 16.5).

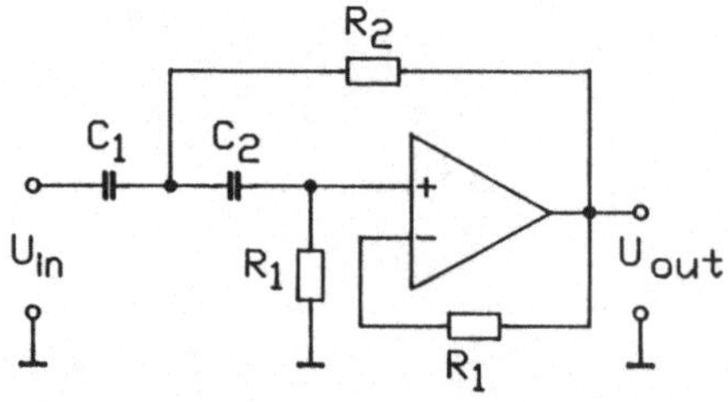

Abb. 16.5: Hochpaßfilter mit Operationsverstärker

Die Übertragungsfunktion lautet

$$A_v = \cfrac{1}{1 + \left(\cfrac{\omega_0}{s}\right)\cfrac{(C_1 + C_2)}{R_1 \cdot C_1 \cdot C_2 \cdot \omega_0} + \left(\cfrac{\omega_0}{s}\right)^2 \cfrac{1}{R_1 \cdot R_2 \cdot C_1 \cdot C_2 \cdot \omega_0^2}} \qquad (16.10)$$

Durch Koeffizientenvergleich folgt

$$a_1 = \frac{C_1 + C_2}{R_1 \cdot C_1 \cdot C_2 \cdot \omega_0} \qquad (16.11)$$

$$b_1 = \frac{1}{R_1 \cdot R_2 \cdot C_1 \cdot C_2 \cdot \omega_0^2} \qquad (16.12)$$

Gibt man $\omega_0 = 2 \cdot \pi \cdot f_g$, C_1 und C_2 vor, so erhält man

$$R_1 = \frac{C_1 + C_2}{C_1 \cdot C_2 \cdot a_1 \cdot 2 \cdot \pi \cdot f_g} \qquad (16.13)$$

$$R_2 = \frac{a_1}{b_1 \cdot 2 \cdot \pi \cdot f_g (C_1 + C_2)} \qquad (16.14)$$

Die Koeffizienten a_i, b_i lassen sich aus den Tabellen für die Tiefpaßfilter entnehmen. Die entstehenden Frequenzgänge sind in der logarithmischen Darstellung gleich den an der Grenzfrequenz gespiegelten Frequenzgängen der jeweiligen Tiefpaßfilter.

16.3 Bandpaßfilter

Ein Bandpaß entsteht aus der Kombination von Hoch- und Tiefpaßfiltern, wie z.B. in der folgenden Schaltung

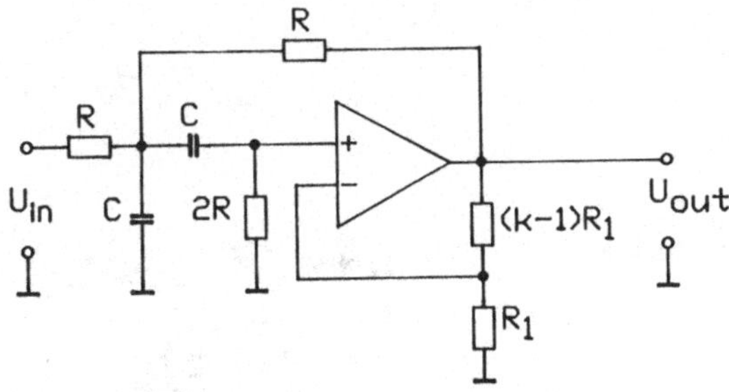

Abb. 16.6: Bandpaßfilter mit Operationsverstärker

Die Übertragungsfunktion der Schaltung lautet

$$A_v = \frac{K \cdot R \cdot C \cdot \omega_0 \left(\dfrac{s}{\omega_0}\right)}{1 + R \cdot C \cdot \omega_0 \, (3 - K) \dfrac{s}{\omega_0} + R^2 \cdot C^2 \cdot \omega_0^2 \left(\dfrac{s}{\omega_0}\right)^2} \tag{16.15}$$

Aus dieser Übertragungsfunktion folgt für die Resonanzfrequenz

$$f_0 = \frac{1}{2\,\pi\,R\,C} \tag{16.16}$$

Für die Verstärkung bei Resonanz folgt

$$A_{v0} = \frac{K}{3 - K} \tag{16.17}$$

Für die Güte folgt

$$Q = \frac{1}{3 - K} \tag{16.18}$$

Für den Fall K = 3 wird die Güte und die Verstärkung unendlich, d.h. die Anordnung schwingt.

16.4 Sperrfilter

Sperrfilter lassen sich mit folgender Schaltung realisieren

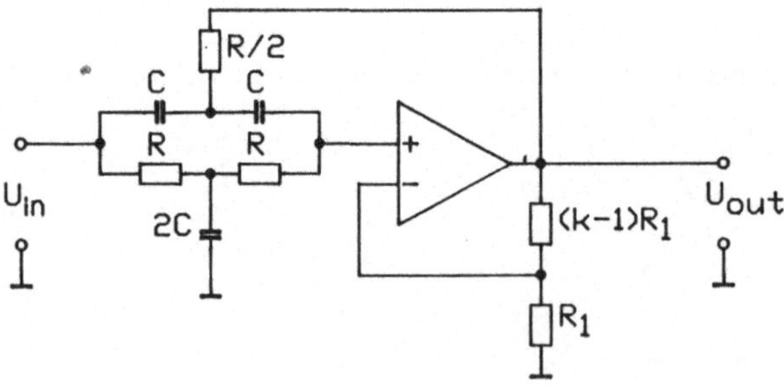

Abb. 16.7: Sperrfilter mit Operationsverstärker

Die Übertragungsfunktion ist

$$A_v = \frac{K\left[1 + R^2 \cdot C^2 \cdot \omega_0^2 \left(\dfrac{s}{\omega_0}\right)^2\right]}{1 + 2\,(2 - K)\,R \cdot C \cdot \omega_0 \left(\dfrac{s}{\omega_0}\right) + R^2 \cdot C^2 \cdot \omega_0^2 \left(\dfrac{s}{\omega_0}\right)^2} \tag{16.19}$$

Aus dieser Übertragungsfunktion folgt für die Resonanzfrequenz

$$f_0 = \frac{1}{2\,\pi\,R\,C} \tag{16.20}$$

Für die Verstärkung außerhalb der Resonanzstelle ergibt sich

$$A_{v0} = K \tag{16.21}$$

Für die Unterdrückungsgüte $Q = f_0/B$ gilt

$$Q = \frac{1}{2\,(2 - K)} \tag{16.22}$$

Bei der Verstärkung $K = 2$ geht die Unterdrückungsgüte gegen unendlich.

17 Rechenschaltungen mit Operationsverstärkern

17.1 Addierer und Subtrahierer

a) Umkehraddierer

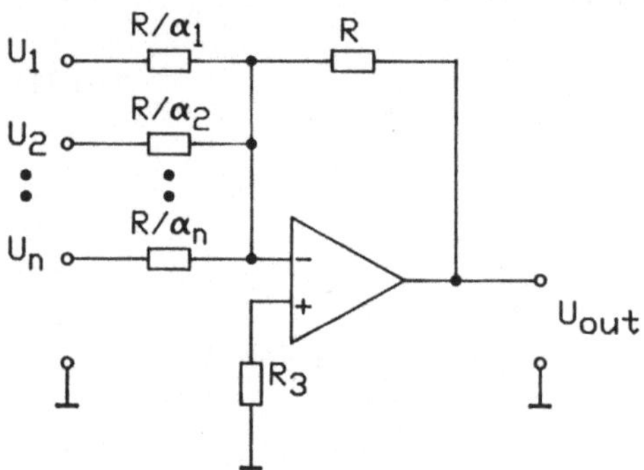

Abb. 17.1: Umkehraddierer mit Operationsverstärker

Die Übertragungsfunktion dieses Umkehraddierers lautet

$$U_{out} = -(\alpha_1 \cdot U_1 + \alpha_2 \cdot U_2 + ... + \alpha_n \cdot U_n) \qquad (17.01)$$

Der Widerstand R_3 zur Kompensation des Eingangsstromes berechnet sich zu

$$R_3 = \frac{R}{1 + \sum_{i=1}^{n} \alpha_i} \qquad (17.02)$$

b) Addierer

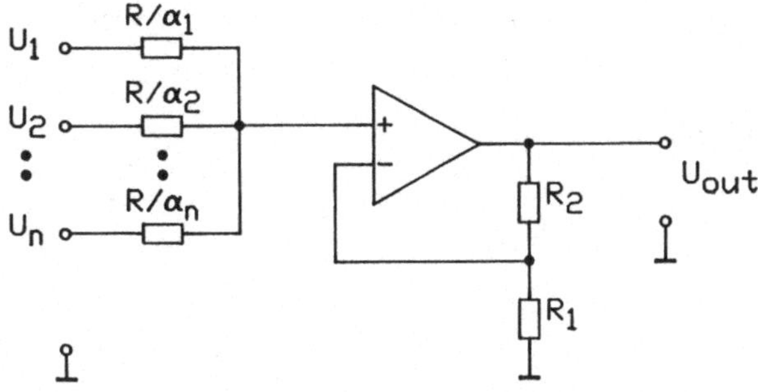

Abb. 17.2: Addierer mit Operationsverstärker

Die Übertragungsfunktion lautet

$$U_{out} = \alpha_1 \cdot U_1 + \alpha_2 \cdot U_2 + \dots + \alpha_n \cdot U_n \tag{17.03}$$

Die Widerstände R_1 und R_2 berechnen sich zu

$$R_1 = \frac{R}{-1 + \sum\limits_{i=1}^{n} \alpha_i} \; ; R_2 = R \tag{17.04}$$

c) Subtrahierer

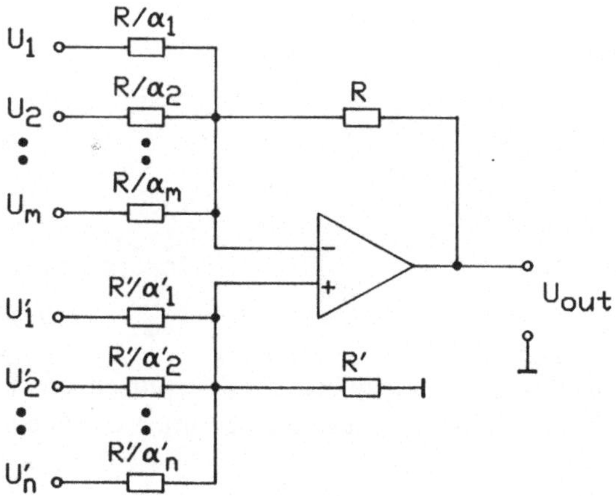

Abb. 17.3: Subtrahierer mit Operationsverstärker

Die Übertragungsfunktion lautet

$$U_{out} = \sum_{i=1}^{n} \alpha'_i \cdot U'_i - \sum_{i=1}^{m} \alpha_j \cdot U_j \qquad (17.05)$$

Diese Bedingung ist erfüllt, wenn gilt

$$\sum_{i=1}^{n} \alpha'_i = \sum_{j=1}^{m} \alpha_j \qquad (17.06)$$

17.2 Integrierer und Differenzierer

a) Integrierer

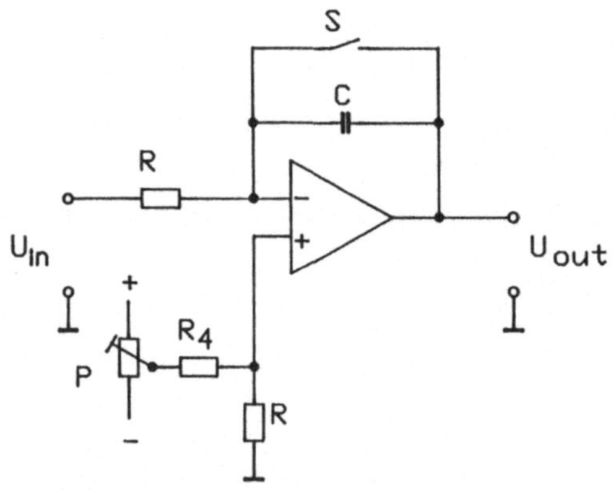

Abb. 17.4: Integrierer mit Operationsverstärker

Die Übertragungsfunktion lautet

$$U_{out} = -\frac{1}{RC} \int U_{in(t)}\, dt \qquad (17.07)$$

Mit dem Schalter S wird die Anfangsbedingung vorgegeben. Problematisch an der Integratorschaltung ist die Aufintegration des Offsetstromes, die zur einer Übersteuerung des Operationsverstärkers führt.

b) Differenzierer

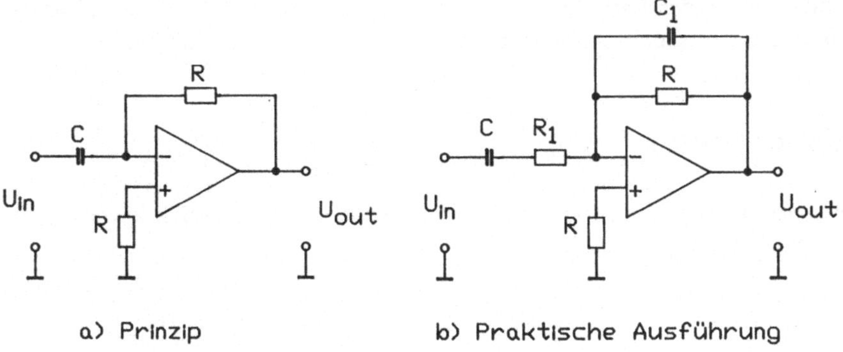

Abb. 17.5: Differenzierer mit Operationsverstärker

Die Übertragungsfunktion lautet

$$U_{out} = -R \cdot C \, \frac{d\,U_{in}}{dt} \text{ für } \omega < \frac{1}{R_1 \cdot C}$$

(17.08)

Problematisch ist bei der Realisierung von Differenzierern die Stabilität der Anordnung. Anhand des Bodediagramms eines Differenzierers läßt sich der Sachverhalt erläutern.

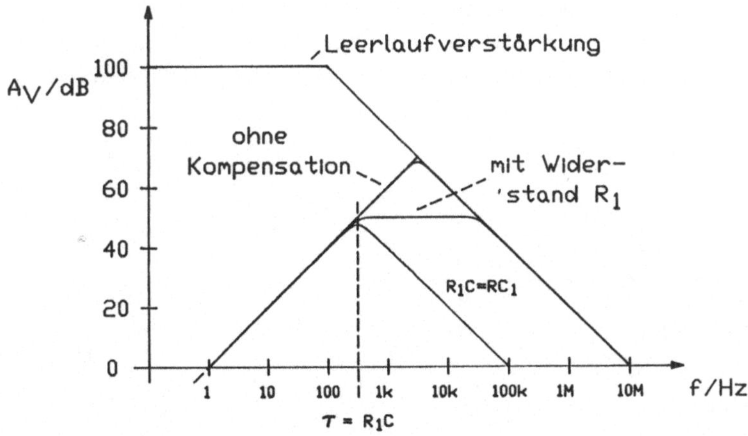

Abb. 17.6: Frequenzgang des Differenzierers

Wie man in Abbildung 17.6 sieht, würden sich bei unkompensierten Differenzierer die Kurvenverläufe von Leerlaufverstärkung und Verstärkung der geschlossenen Schleife unter einem Steigungswinkel von 2:1 schneiden (40 dB/Dekade) und das bedeutet Instabilität. Durch Einfügen des Widerstands R_1 wird die Anordnung stabilisiert (die beiden Kurvenverläufe schneiden sich nun mit 20 dB/Dekade). Allerdings werden dann die hohen Frequenzen und die Rauschanteile im hohen Frequenzbereich nur unnötig verstärkt, ohne daß es der Differenziererfunktion nützt. Daher bringt man zusätzlich den Kondensator C_1 in die Schaltung, um das Rauschen klein zu halten.

17.3 Universalfilter

Das Universalfilter ist eine programmierte Schwingungsdifferentialgleichung. Die Schaltung ist in Abbildung 17.7 dargestellt.

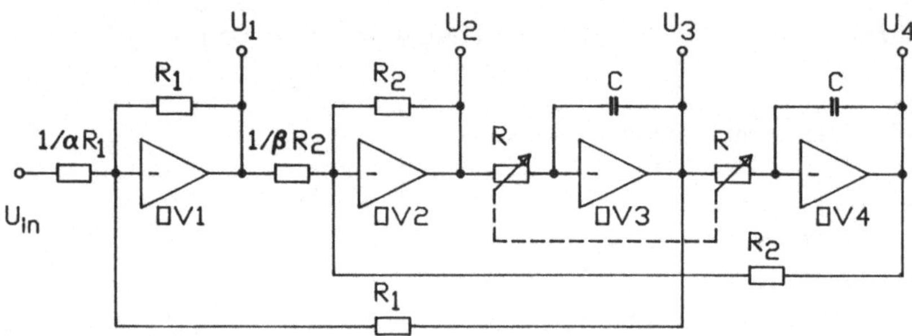

Abb. 17.7: Universalfilter

Die Differentialgleichung wird realisiert durch die beiden Integratoren OV3 und OV4 sowie dem Umkehrverstärker OV2. Der Verstärker OV1 dient zur Dämpfung der Schwingung und zur Einspeisung des Signals. Universalfilter wird diese Anordnung genannt, weil man alle Grundfilterverläufe mit derselben Schaltung realisieren, man braucht nur den entsprechenden Ausgang zu wählen. Die möglichen Filterverläufe sind:

a) Sperrfilter

$$\frac{U_1}{U_{in}} = -\frac{\alpha\left(1 + R^2 \cdot C^2 \cdot \omega_0^2 \left(\frac{s}{\omega_0}\right)^2\right)}{1 + \beta \cdot R \cdot C \cdot \omega_0 \left(\frac{s}{\omega_0}\right) + R^2 \cdot C^2 \cdot \omega_0^2 \left(\frac{s}{\omega_0}\right)^2} \tag{17.09}$$

b) Hochpaß 2. Ordnung

$$\frac{U_2}{U_{in}} = +\frac{\alpha \cdot \beta \cdot R^2 \cdot C^2 \cdot \omega_0^2 \left(\frac{s}{\omega_0}\right)^2}{1 + \beta \cdot R \cdot C \cdot \omega_0 \left(\frac{s}{\omega_0}\right) + R^2 \cdot C^2 \cdot \omega_0^2 \left(\frac{s}{\omega_0}\right)^2} \tag{17.10}$$

c) Selektives Filter

$$\frac{U_3}{U_{in}} = -\frac{\alpha \cdot \beta \cdot R \cdot C \cdot \omega_0 \left(\dfrac{s}{\omega_0}\right)}{1 + \beta \cdot R \cdot C \cdot \omega_0 \left(\dfrac{s}{\omega_0}\right) + R^2 \cdot C^2 \cdot \omega_0^2 \left(\dfrac{s}{\omega_0}\right)^2} \qquad (17.11)$$

d) Tiefpaß 2. Ordnung

$$\frac{U_4}{U_{in}} = -\frac{\alpha \cdot \beta}{1 + \beta \cdot R \cdot C \cdot \omega_0 \left(\dfrac{s}{\omega_0}\right) + R^2 \cdot C^2 \cdot \omega_0^2 \left(\dfrac{s}{\omega_0}\right)^2} \qquad (17.12)$$

Die Daten des Filters sind

a) für das selektive Filter, Sperrfilter

$$f_0 = \frac{1}{2\,\pi\,R\,C} \qquad (17.13)$$

$$A_v = A_{v0} = \alpha \qquad (17.14)$$

$$Q = 1/\beta \qquad (17.15)$$

b) für den Tiefpaß, Hochpaß

$$R \cdot C = \frac{\sqrt{b_i}}{2\,\pi\,f_g} \qquad (17.16)$$

$$\beta = \frac{a_i}{\sqrt{b_i}} \qquad (17.17)$$

$$\alpha = \frac{A_v}{\beta} \qquad (17.18)$$

18 Verstärker als Baustein

18.1 Dynamikbereich und nichtlineare Verzerrungen

Jeder Verstärker hat einen begrenzten Dynamikbereich. Bei kleinen Eingangssignalen wird der Dynamikbereich durch das Rauschen des Verstärkers begrenzt. Die Rauschleistung, die durch thermisches Rauschen einem leistungsangepaßtem Verstärker zugeführt wird, ist gegeben durch

$$P_n = k \cdot T \cdot B \qquad (18.01)$$

mit

$$k = 1{,}38 \cdot 10^{-23} \text{ Ws/K} \quad \text{und} \quad T = 290 \text{ K}$$

und B der Rauschbandbreite des Systems. Die Rauschbandbreite wird bestimmt durch jede Selektion bzw. Filterung im System oder durch die Bandbreite des Verstärkers, wenn keine Selektion im System vorhanden ist. Der Eingangsrauschpegel an einem Verstärker beträgt in einer etwas handlicheren Form

$$P_n = -114 \text{ dBm} + 10 \log B/\text{MHz} + F \qquad (18.02)$$

mit der Systembandbreite in MHz und der Rauschzahl F des Verstärkers in dB. Dieser Eingangsrauschpegel stellt somit die untere Grenze des Dynamikbereiches dar. Bei großen Eingangssignalen wird der Dynamikbereich durch das Auftreten von nichtlinearen Verzerrungen begrenzt. Dazu zeigt Abbildung 18.1 die Übertragungskennlinie eines einfachen Transistors in Emittergrundschaltung.

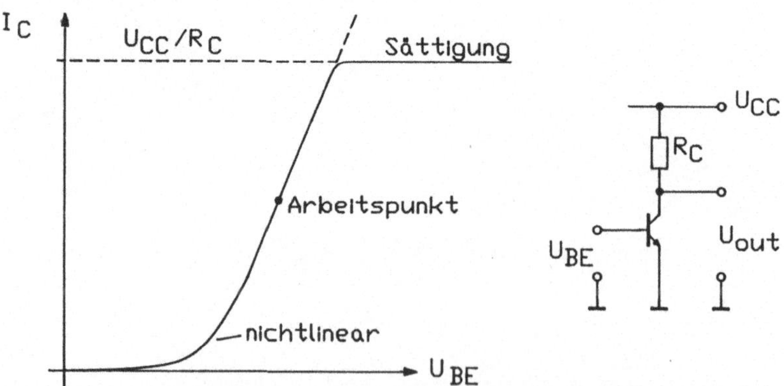

Abb. 18.1: Übertragungskennlinie eines einfachen Transistorverstärkers in Emittergrundschaltung

Der Transistor werde um den Arbeitspunkt herum sinusförmig ausgesteuert. Wird die Amplitude des sinusförmigen Eingangssignales zu groß gewählt, kommt man entweder in den Sättigungsbereich, oder durchfährt den nichtlinearen Teil der Kennlinie des Transistors. In beiden Fällen treten nichtlineare Verzerrungen auf, die man durch einen Potenzreihenansatz beschreiben kann.

$$U_{out} = A \cdot U_{in} + B \cdot U_{in}^2 + C \cdot U_{in}^3 + D \cdot U_{in}^2 + \dots \qquad (18.03)$$

Ein Verstärker wird meist durch ein Signalgemisch angesteuert. In der einfachsten Form kann dieses Signalgemisch durch die Summe zweier sinusförmiger Signale approximiert werden.

$$U_{in} = \hat{U}_1 \cdot \cos \omega_1 t + \hat{U}_2 \cdot \cos \omega_2 t \qquad (18.04)$$

Im Falle quadratischer Verzerrungen (B ungleich 0, restliche Koeffizienten gleich 0) beträgt dann die Ausgangsspannung

$$U_{out} = B \left[\frac{\hat{U}_1^2 + \hat{U}_2^2}{2} + \hat{U}_2 \cdot \hat{U}_1 \cdot \cos (\omega_2 - \omega_1) t + \frac{\hat{U}_1^2}{2} \cos 2\omega_1 t + \hat{U}_1 \cdot \hat{U}_2 \cdot \cos (\omega_2 + \omega_1) t + \frac{\hat{U}_2^2}{2} \cdot \cos 2\omega_2 t \right] \qquad (18.05)$$

Dazu zeigt Abbildung 18.2 die spektrale Verteilung der Orginalsignale und die Produkte des Quadriervorgangs.

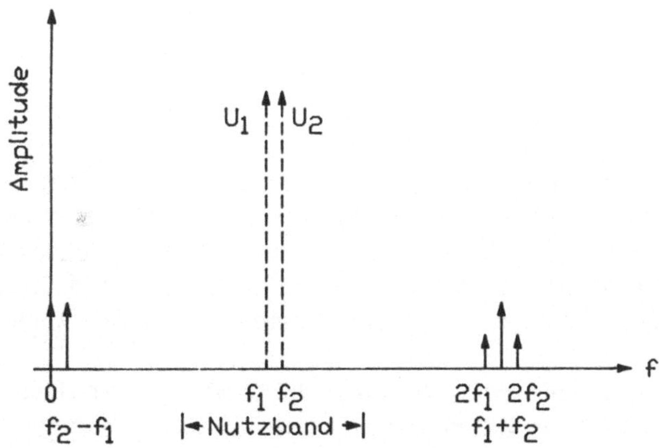

Abb. 18.2: Quadratische Verzerrungen

Diese Verzerrungsprodukte sind bei Breitbandverstärkern schon störend. In vielen Fällen hat man es jedoch mit Bandpaßverstärkern zu tun (ZF-Verstärker, Mischer), so daß hier die quadratischen Verzerrungen nicht stören.

Das ändert sich beim Auftreten von kubischen Verzerrungen. In Gleichung 18.03 soll nun C ungleich 0 und alle restlichen Koeffizienten gleich 0 werden. Wenn nun wieder eine Spannung der Form nach Gleichung 18.04 angelegt wird, folgt für die Ausgangsspannung

$$U_{out} = \frac{C}{4}\Big[(3 \cdot \hat{U}_1^3 + 6 \cdot \hat{U}_1 \cdot \hat{U}_2^2)\cos\omega_1 t + (6 \cdot \hat{U}_1^2 \cdot \hat{U}_2 + 3 \cdot \hat{U}_2^3)\cos\omega_2 t$$

$$+ 3 \cdot \hat{U}_2 \cdot \hat{U}_2 \cos(2\omega_1 - \omega_2)t + 3 \cdot \hat{U}_1 \cdot \hat{U}_2^2 \cdot \cos(2\omega_2 - \omega_1)t$$

$$+ \hat{U}_1^3 \cdot \cos 3\omega_1 t + 3 \cdot \hat{U}_1^2 \cdot \hat{U}_2 \cdot \cos(2\omega_1 + \omega_2)t$$

$$3 \cdot \hat{U}_1 \cdot \hat{U}_2^2 \cdot \cos(2\omega_2 + \omega_1)t + \hat{U}_2^3 \cdot \cos 3\omega_2 t\Big] \qquad (18.06)$$

Auch hier wieder die spektrale Verteilung der kubischen Produkte anhand von Abbildung 18.3.

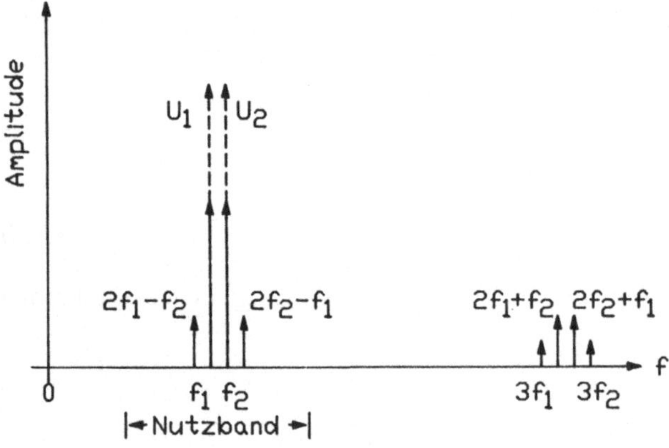

Abb. 18.3: Kubische Verzerrungen

Die Abbildung zeigt, daß nun Mischprodukte in das Nutzband fallen und somit durch das Bandpaßverhalten des Verstärkers nicht eliminiert werden können. Daher ist bei Bandpaßverstärkern besonders auf Verzerrungen kubischer Art zu achten. Verzerrungen höherer Ordnung brauchen meist nicht mehr beachtet zu werden, da deren Koeffizienten im allgemeinen sehr viel niedriger sind als die Koeffizienten der Verzerrungen 2. und 3. Ordnung.

Um den Aussteuerbereich zu charakterisieren, kann man die Ortskurven des Hauptsignales und der Verzerrungsprodukte im doppeltlogarithmischen Maßstab auftragen. Wird die Ortskurve des Hauptsignales als 1:1 Steigung aufgetragen, so haben die Verzerrungsprodukte 2. Ordnung eine Ortskurve mit einer Steigung von 2:1. Die Verzerrungsprodukte 3. Ordnung haben dann eine Ortskurve mit einer Steigung von 3:1. Die Ortskurven eines typischen Verstärkers sind in Abbildung 18.4 dargestellt.

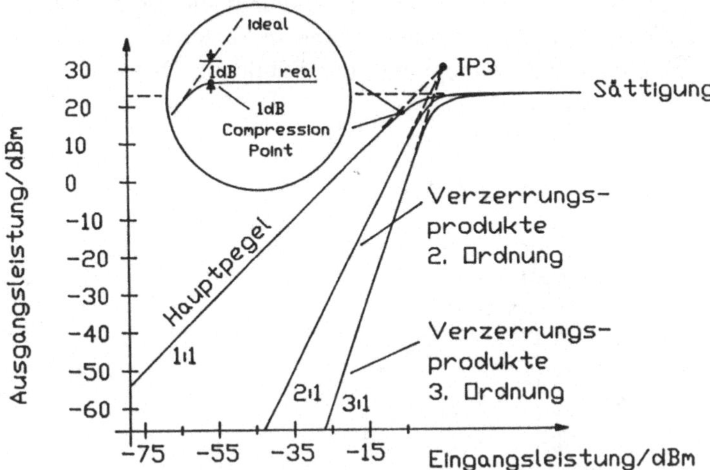

Abb. 18.4: Aussteuerbereich und Verzerrungsprodukte eines typischen Verstärkers

18.2 Der '1 dB Compression Point'

Eine übliche Methode zur Beschreibung des Aussteuerbereiches ist die Angabe des sog. '1 dB Compression Point'. Ist ein Verstärker linear, so hat eine Erhöhung der Eingangsspannung um z.B. 10 dB auch eine ebensolche Erhöhung der Ausgangsspannung zur Folge. Kommt der Verstärker an seine Aussteuergrenze, so kann die Ausgangsspannung nicht mehr der Eingangspannung in vorgenannter Weise folgen. Die Übertragungskennlinie knickt ab und man definiert nun den Punkt, wo der Abstand der realen Kennlinie zur idealen Kennlinie 1 dB beträgt, als den '1 dB Compression Point'. In Abbildung 18.4 ist der '1 dB Compression Point' in der Teilzeichnung dargestellt. Um maximale Ausgangsleistung an einem Verstärkermodul zu erzielen, wird man normalerweise bis zum '1 dB Compression Point' aussteuern. *Kaskadiert* man jedoch Verstärkermodule, so sollten vorgeschaltete Module mit *ca. 5 dB* Aussteuerreserve betrieben werden.

18.3 Der '3rd Order Intercept Point'

Bei Bandpaßverstärkern sind es besonders die Verzerrungsprodukte 3. Ordnung, die stören. In der amerikanischen Literatur hat man daher zur Beschreibung kubischer Verzerrungen den sog. '3rd Order Intercept Point' definiert. Der Punkt (IP3 in Abbildung 18.4) gibt an, bei welcher Ausgangsspannung in dBm (oder auch Eingangsspannung, je nach dem worauf er bezogen ist), die Verzerrungsprodukte 3. Ordnung, die sich innerhalb des Nutzbandes befinden, so groß werden, wie das Nutzsignal selbst.

Dieser Punkt ist ein fiktiver Punkt, der nicht direkt ausgemessen werden kann, aber er erlaubt eine Zahlenwertangabe, die einen Qualitätsvergleich zwischen verschiedenen

Verstärkern möglich macht. Des weitern erlaubt dieser Punkt die Bestimmung der
maximalen Eingangsamplitude, wenn ein bestimmtes Maß an Verzerrungen nicht überschritten werden soll. Dazu dient das Nomogramm der Abbildung 18.5.

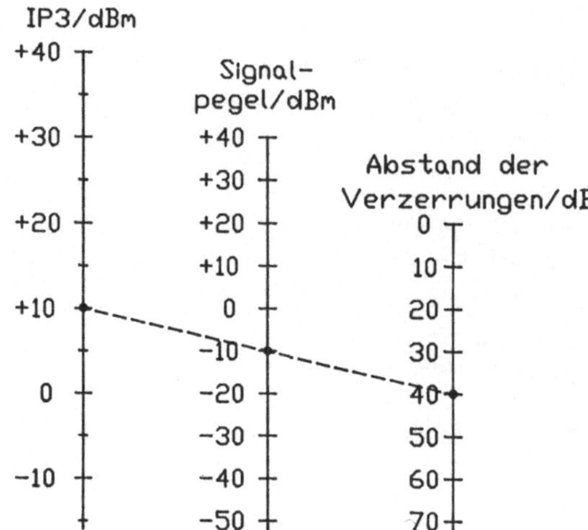

Abb. 18.5: Nomogramm zum '3rd Order Intercept Point'

Hat ein Verstärker einen '3rd Order Intercept Point' (IP3) von +10 dBm, bezogen auf
den Eingang, und sollen die kubischen Verzerrungen kleiner 1 % sein, so darf die
Eingangsspannung nicht größer als -10 dBm werden. Ist der '3rd Order Intercept
Point' auf den Ausgang bezogen, so bezieht sich der Signalpegel auch auf den Ausgang
und man muß diesen Wert durch die Verstärkung teilen, um den dazugehörigen Ein-
gangspegel zu bekommen. Vergleicht man den '1 dB Compression Point' mit dem '3rd
Order Intercept Point' unter denselben Bedingungen, so liegt der '1 dB Compression
Point' ca. 15-20 dB unter dem '3rd Order Intercept Point'.

Der maximale verzerrungsfreie Dynamikbereich (Spurios Free Dynamic Range,
SFDR), also der Dynamikbereich bei dem der Pegel der Verzerrungsprodukte unter
dem Rauschpegel bleibt, kann für einen Bandpaßverstärkers, wenn der '3rd Order
Intercept Point' bekannt ist, wie folgt bestimmt werden

$$SFRD_{dB} = \frac{2}{3}(P_1 - P_0 - 10 \log B - F)$$

(18.07)

mit

P_1 eingangsbezogener IP3
P_0 effektive Eingangsrauschleistung
    (-114 dBm/MHz)
B Rauschbandbreite des Systems in MHz
F Rauschzahl des Verstärkers in dB

Zur Bestimmung des '3rd Order Intercept Point' kann man eine Meßanordnung nach Abbildung 18.6 benutzen.

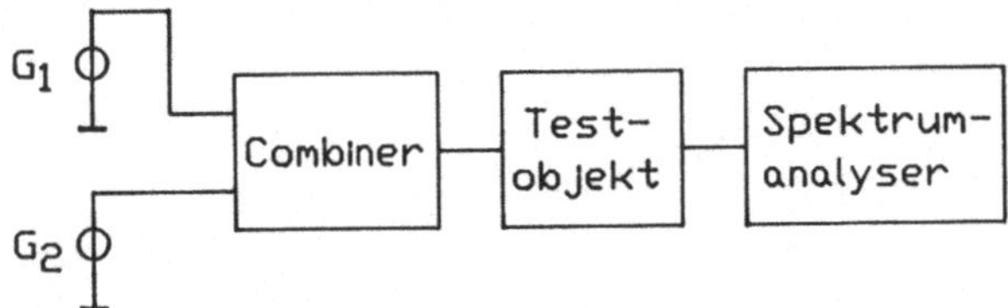

Abb. 18.6: Anordnung zur Messung des '3rd order intercept point'

Die Generatoren werden so eingestellt, daß beide dieselbe Ausgangsspannung besitzen. Des weiteren sollten die Frequenzen der beiden Generatoren so eingestellt werden, daß sich eine geringe Frequenzdifferenz ergibt. Am Spektrumanalyser lassen sich nun die beiden Hauptlinien darstellen und äquidistant dazu werden, bei entsprechender Eingangsamplitude, die Verzerrungsprodukte dritter Ordnung erscheinen. Zur Bestimmung des '3rd Order Intercept Point' kann man nun graphisch den Hauptpegel und den Pegel der Verzerrungsprodukte als Funktion des Eingangspegels in der Form der Abbildung 18.4 auftragen. Zur Ermittlung des '3rd Order Intercept Point' wird die Ortskurve der Verzerrungsproduktpegeln durch eine Gerade mit der Steigung 3:1 extrapoliert und der Schnittpunkt dieser Geraden mit der extrapolierten Ortskurve des Hauptpegels ergibt dann den '3rd order intercept point'.

Zu beachten ist bei dieser Meßmethode, daß die Verzerrungsprodukte mit ihren Pegeln immer ca. 30–40 dB unter dem dazugehörigen Hauptpegel liegen, denn bei höheren Pegeln der Verzerrungsprodukte wird in entsprechendem Maße der Hauptpegel reduziert, so daß der lineare Zusammenhang zwischen Eingangspegel und Hauptpegel dann nicht mehr gegeben ist.

18.4 THD, SINAD

Bei Breitbandverstärkern, wo auch Verzerrungsprodukte 2. Ordnung ins Gewicht fallen, spezifiziert man einen maximalen Klirrfaktor (Total Harmonic Distortion, THD) für eine nominale Aussteuerung (z.B. bei einem NF-Leistungsverstärker: K < 0,1 % bei 50W Ausgangsleistung an 4 Ohm).

Neben dem Klirrfaktor findet man noch die Angabe des Abstandes von Signal zu Rauschen und Verzerrungen (Signal to Noise and Distortion, SINAD). Abbildung 18.7 zeigt den Verlauf dieses Abstandes für einen NF-Verstärker. Der Punkt P_1 ist der Punkt, wo das Ausgangssignal des Verstärkers größer als das Rauschen wird. Am Punkt P_2 treten die Verzerrungsprodukte 2. Ordnung aus dem Rauschen hervor. Am Punkt P_3 kommen dann noch die Verzerrungsprodukte 3. Ordnung dazu.

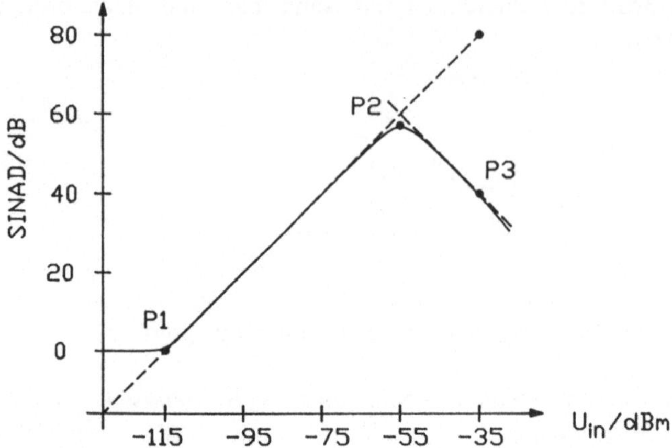

Abb. 18.7: SINAD als Funktion der Eingangsspannung eines NF-Verstärkers

18.5 S-Parameter

Zur Charakterisierung von Transistoren wurden h-Parameter benutzt. Im hochfrequenten Bereich benutzt man statt dessen komplexe Leitwertparameter (Y-Parameter). Zur Charakterisierung der Eigenschaften von HF-Verstärkerbausteinen werden häufig die sog. Streuparameter (S-Parameter) benutzt. Sie tragen dem Umstand Rechnung, daß man bei hohen Frequenzen nicht mehr exakte Strom- und Spannungsmessungen machen kann. Bei hohen Frequenzen ist es einfacher, einfallende und reflektierte Wellen zu untersuchen.

Die Spannung an einem Punkt einer Leitung ist die Summe aus einfallender und reflektierter Spannungswelle. Betrachtet man eine Leitung als Zweitor, so kann man an jedem Tor schreiben

$$U_1 = U_{i1} + U_{r1} \tag{18.08}$$

$$U_2 = U_{i2} + U_{r2} \tag{18.09}$$

Nun lassen sich folgende Variable definieren

$$a_1 = \frac{U_{i1}}{\sqrt{Z_0}} \tag{18.10}$$

$$b_1 = \frac{U_{r1}}{\sqrt{Z_0}} \tag{18.11}$$

$$a_2 = \frac{U_{i2}}{\sqrt{Z_0}} \tag{18.12}$$

$$b_2 = \frac{U_{r2}}{\sqrt{Z_0}} \tag{18.13}$$

Am Tor 1 repräsentiert a_1 die einfallende Welle und b_1 die reflektierte Welle. Ähnlich am Tor 2 mit a_2 der einfallenden Welle und b_2 der reflektierten Welle.

Werden die Variablen wie oben definiert, so ergibt das Quadrat jeder Variablen die mittlere Leistung in der entsprechenden Welle

$$\frac{1}{2}\left|a_1\right|^2 = \frac{\left|U_{i1}\right|^2}{2 \cdot Z_0} = \frac{\left|U_{i1}\right|\,\left|I_{i1}\right|}{2} = P_{i1} \tag{18.14}$$

mit P_{i1} der Leistung der einfallenden Welle am Tor 1. Grundsätzlich ist der Leistungsfluß in einem Tor gegeben durch

$$P = \frac{1}{2}(a \cdot a^* - b \cdot b^*) = \frac{1}{2}\left(|a|^2 - |b|^2\right) \tag{18.15}$$

Die Streuparameter sind dadurch definiert, indem man die reflektierten Wellenvariable als abhängige Variable benutzt und die einfallenden Wellenvariablen als unabhängige Variable benutzt. Somit wird

$$b_1 = S_{11} \cdot a_1 + S_{12} \cdot a_2 \tag{18.16}$$

$$b_2 = S_{21} \cdot a_1 + S_{22} \cdot a_2 \tag{18.17}$$

S_{11} beschreibt den Reflektionskoeffizienten am Eingangstor wenn der Ausgang mit dem Wellenwiderstand abgeschlossen ist. S_{21} beschreibt die Durchgangsdämpfung im abgeschlossenen Fall

$$\frac{P_{i1}}{P_{02}} = \frac{\left|a_1\right|^2}{\left|b_1\right|^2} = \frac{1}{\left|S_{21}\right|^2} \tag{18.18}$$

S_{22} ist der Reflektionskoeffizient des Ausgangstores und S_{12} beschreibt die Verstärkung bzw. Dämpfung einer Welle von Tor 2 nach Tor 1. Generell sind S-Parameter komplexe Größen.

19 Beispiele für Verstärkerbausteine

In diesem Kapitel sollen anhand von Beispielen verschiedene Schaltungstechniken gezeigt werden.

19.1 NF-Verstärker

19.1.1 Zweistufiger Verstärker

Beim folgenden Verstärker handelt es sich eher um ein abschreckendes Beispiel. Es ist ein zweistufiger Verstärker aus den Kindertagen der Transistortechnik und wurde aus einem Transistor-Bastelbuch entnommen.

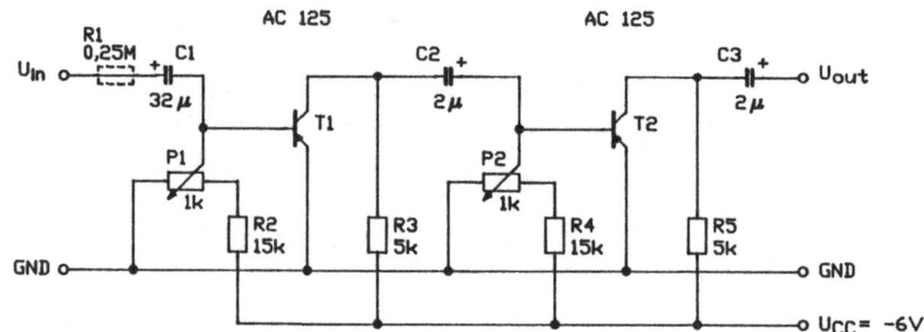

Abb. 19.1: Zweistufiger NF-Verstärker

Der Verstärker ist mit 2 Germaniumtransistoren vom Typ AC 125 aufgebaut. Nachteilig an dieser Schaltung ist, daß jegliche Stabilisierung der Arbeitspunkte fehlt. Die Basisspannungsteiler sind sehr niederohmig gewählt, so daß der resultierende Eingangswiderstand R_{in} < 1 kOhm sein wird. Der Autor der Schaltung schlägt vor, bei hochohmigen Quellen den gestrichelt eingezeichneten Widerstand dazu zuschalten. Dies hätte zur Folge, daß der Spannungsabfall an diesem zugeschalteten Widerstand den Verstärkungsgewinn der ersten Stufe vollständig aufzehren würde.

19.1.2 Entzerrervorverstärker

Als Beispiel einer bewährten zweistufigen Verstärkerschaltung soll die Schaltung eines Schneidkennlinienentzerrers dienen.

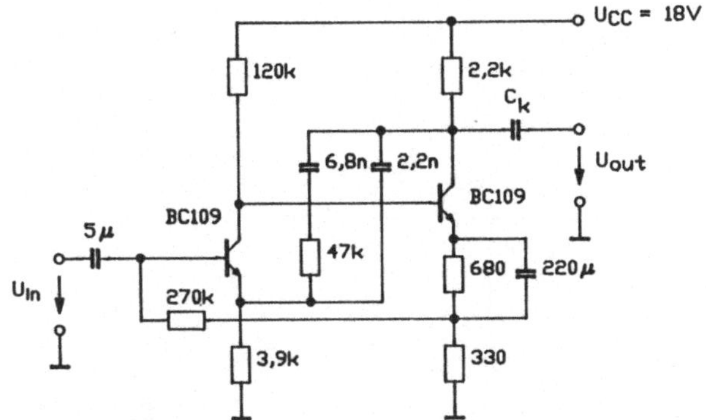

Abb. 19.2: Entzerrervorverstärker

Es handelt sich um eine Serienspannungsgegenkopplung der beiden Transistoren, wobei die Elemente R_1, C_1 und C_2 eine frequenzabhängige Gegenkopplung darstellen. Abbildung 19.3 zeigt eine äquivalente Operationsverstärkerschaltung und den resultierenden Frequenzgang der Schaltung.

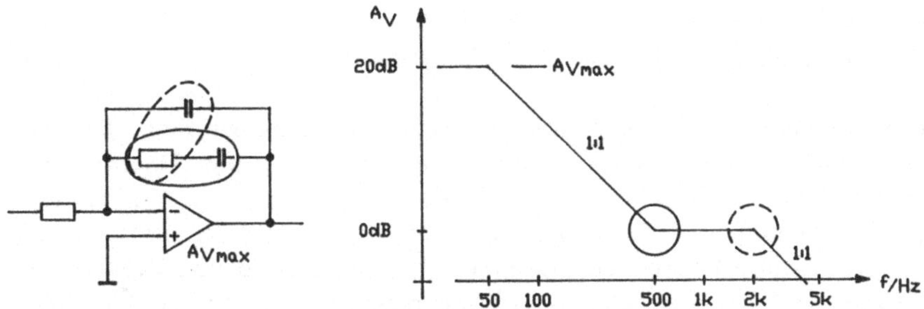

Abb. 19.3: Prinzip des Schneidkennlinienentzerrers und sein Frequenzgang

19.1.3 Bootstrapping

Eine Methode, um einen bestimmten Widerstandswert dynamisch zu erhöhen, ist das sog. „Bootstrapping". Diese Methode soll anhand eines Emitterfolgers erläutert werden. Bei der Behandlung der Kollektorgrundschaltung (Emitterfolger) wurde festgestellt, daß sich diese Grundschaltung durch einen hohen Eingangswiderstand auszeichnet. Andererseits wurde im Kapitel 2.8 gezeigt, daß dieser hohe Eingangswiderstand durch den Basisspannungsteiler erheblich vermindert wird. Abbildung 19.4a zeigt diese übliche Methode der Arbeitspunkteinstellung.

Der Eingangswiderstand R'_i der Stufe wird also im wesentlichen durch

$$R' = R_1 \parallel R_2 \qquad (19.01)$$

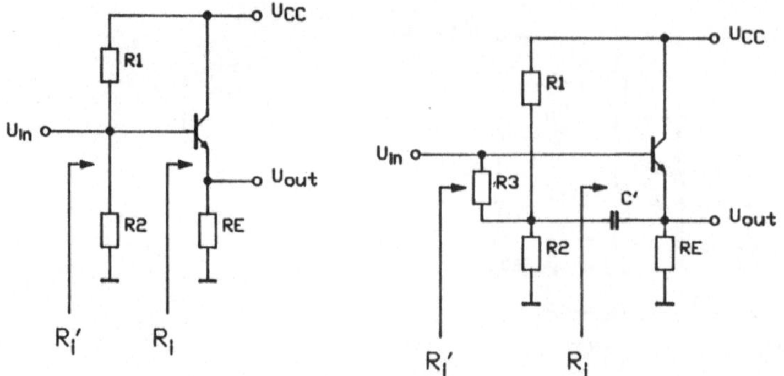

Abb. 19.4: a) Arbeitspunkteinstellung bei einem Emitterfolger,
          b) Eingangswiderstandserhöhung durch „Bootstrapping"

bestimmt. Die Schaltung soll nun entsprechend Abbildung 19.4b abgeändert werden. In einem ersten Schritt soll der Kondensator zu C'= 0 gewählt werden. Nun wird R' zu

$$R' = R_3 + R_1 \parallel R_2 \qquad (19.02)$$

Da der Eingangswiderstand des Transistors R_i erheblich größer ist als R', bestimmt R' nach wie vor den Eingangswiderstand der Schaltung, der bei max. einigen hundert Kiloohm liegen wird.

Um die Verminderung des Eingangswiderstandes zu vermeiden, wird nun der Kondensator C' zwischen Emitter und der Verbindung von R_1 und R_2 gelegt. Die Kapazität wird so groß gewählt, daß der Kondensator für die niedrigste zu übertragende Frequenz nahezu wie ein Kurzschluß wirkt. Damit ist das untere Ende von R_3 praktisch mit dem Ausgang (dem Emitter) verbunden, während das obere Ende von R_3 mit dem Eingang (der Basis) verbunden ist. Die Eingangsspannung ist U_{in} und die Ausgangsspannung ist $U_{out} = A_v \cdot U_{in}$. Mit Hilfe des Millertheorems läßt sich der effektiv wirksame Widerstand R_{eff} zwischen Eingang und Masse bestimmen.

$$R_{eff} = \frac{R_3}{1 - A_v} \qquad (19.03)$$

Da bei einem Emitterfolger A_v nahezu 1 ist, wird R_{eff} sehr groß. Für A_v = 0,995 und R_3 = 100k z.B., wird R_{eff} = 20 MOhm. Zu Beachten ist bei der Wahl von R_3, daß der statische Basisstrom durch R_3 fließen muß, und daß R_3 dadurch auf Werte von einigen hundert Kiloohm beschränkt ist.

Den oben beschriebenen Effekt nennt man „Bootstrapping". Dieser Begriff rührt von der Tatsache, daß, wenn sich an einem Ende des Widerstandes R_3 die Spannung ändert, das andere Ende sich sogleich um denselben Betrag ändert. Es ist also so, als wenn sich der Widerstand R_3 selbst an seinen Stiefelgurten (Bootstrap) hochziehen würde.

19.1.4 Kaskode-Schaltung

Die Kaskode-Schaltung (siehe Abbildung 19.5) ist eine zweistufige Konfiguration, die für höherfrequente Anwendungen nützlich ist.

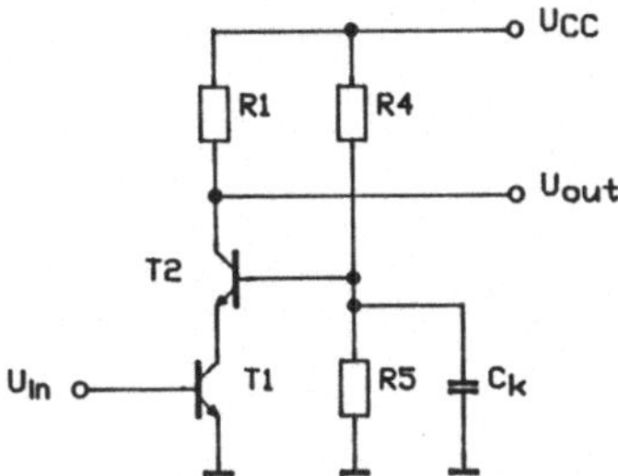

Abb. 19.5: Kaskode-Schaltung

Die Kaskode-Schaltung profitiert bei hohen Frequenzen von der Tatsache, daß der Kollektor von Transistor T_1 mit der niedrigen Impedanz des in Basisschaltung betriebenen Transistors T_2 beschaltet ist. Dadurch reduziert sich die Spannungsverstärkung von T_1 auf Werte von $A_v \approx 1$. Das wiederum bedeutet, daß die, durch den Miller-Effekt bedingte, Erhöhung der wirksamen Basis-Kollektor-Kapazität am Eingang von Transistor T_1 klein bleibt. Dadurch wird eine wesentliche Verbesserung des Hochfrequenzverhaltens erreicht. Die Stufenverstärkung der Gesamtschaltung entspricht dem der Emittergrundschaltung. Eine weitere Charakteristik der Kaskode-Schaltung ist die hohe Ausgangsimpedanz. Sie ist ungefähr um den Faktor β größer wie bei der einfachen Emitter-Grundschaltung.

19.2 HF-Verstärker

Bei HF-Verstärkern gibt es zwei wichtige Aspekte. Zum einen ist dies die Arbeitspunkteinstellung, die so ausgeführt werden muß, daß das Hochfrequenzübertragungsverhalten des Verstärkers nicht verschlechtert wird. Zum anderen ist es die Anpassung der Eingangsimpedanz des Verstärkers an die Generatorimpedanz (meist $Z_0 = 50$ Ohm) bzw. die Anpassung der Ausgangsimpedanz des Verstärkers an die Lastimpedanz (meist $Z_0 = 50$ Ohm). Abbildung 19.6 zeigt dazu die Schaltung eines Verstärkers für eine Frequenz von $f = 3$ GHz.

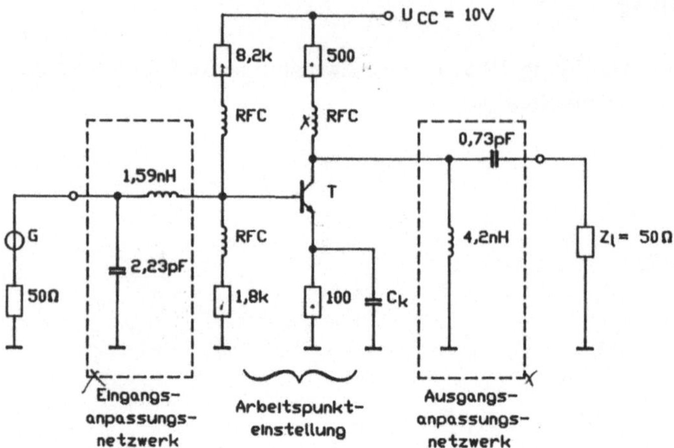

Abb. 19.6: Beispiel für einen HF-Verstärker

19.2.1 Arbeitspunkteinstellung

Die in Abbildung 19.6 gezeigte Stabilisierung des Arbeitspunktes geschieht nach der
üblichen Methode der Stromgegenkopplung. Zusätzliche Induktivitäten (RFC,
RF-Chokes) stellen im betrachteten Frequenzbereich eine hohe Impedanz dar, und
sollen das Abfließen der HF-Ströme in die Widerstände zur Arbeitspunkteinstellung
verhindern. Nachteilig ist in der Schaltung, daß der Emitter nicht direkt mit Masse
verbunden ist. Viele Mikrowellentransistoren verlangen, daß der Emitteranschluß so
nahe wie möglich am Transistorgehäuse geerdet wird, um somit die Stromgegenkopplung so klein wie möglich zu halten. Das resultiert daraus, weil der Kondensator, der
sich parallel zum Emitterwiderstand befindet und für den betrachteten Frequenzbereich
ausgelegt ist, sehr oft niederfrequente Instabilität hervorruft. Um das zu vermeiden,
kann man z.B. eine aktive Arbeitspunkteinstellung anwenden, wie sie in Abbildung
19.7 gezeigt ist.

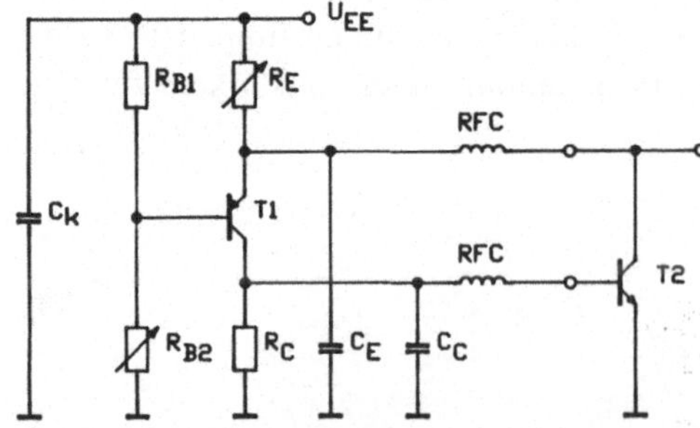

Abb. 19.7: Aktive Arbeitspunkteinstellung

Die Schaltung stellt eine Regelschleife dar, die den Kollektorstrom des Mikrowellentransistors prüft und den Basisstrom nachführt, um den Kollektorstrom konstant zu halten.

19.2.2 Anpassung

Eine Anpassung der Transistorimpedanzen an die der treibenden Quelle bzw. an die der Last ist sehr vorteilhaft. Bei unangepaßtem Transistor führen stehende Wellen zu zusätzlichen Verlusten, die in manchen Fällen zum Ausfall der treibenden Quelle führen können. Die Daten eines Mikrowellentransistors liegen meist in Form der S-Parameter vor. Optimale Anpassung wird am Eingang dann ereicht, wenn das Eingangsnetzwerk von der Quellimpedanz Z_s = 50 Ohm auf die konjugiert komplexe Eingangsimpedanz S^*_{11} transformiert. Optimale Anpassung am Ausgang wird erreicht, wenn das Netzwerk von der konjugiert komplexen Ausgangsimpedanz S^*_{22} auf die Lastimpedanz Z_l = 50 Ohm transformiert.

Durch die Transformation ergibt sich gegenüber dem unangepaßtem Verstärker am Eingang ein Gewinn von

$$G_{smax} = \frac{1}{1 - |S_{11}|^2} \qquad (19.04)$$

und am Ausgang

$$G_{lmax} = \frac{1}{1 - |S_{22}|^2} \qquad (19.05)$$

Dieser Gewinn (in dB) addiert sich zur Verstärkung (S_{21}) des unangepaßten Verstärkers.

Das für die Impedanztransformation benötigte Netzwerk läßt sich am einfachsten mit Hilfe des Smithdiagramms graphisch bestimmen. Anhand eines Beispiels soll die Methode erläutert werden. Ein Mikrowellentransistor habe bei einer Frequenz von f = 3 GHz folgende S-Parameter:

S_{11} = 0,707 $\underline{/-155°}$

S_{12} = 0

S_{21} = 4 $\underline{/180°}$

S_{22} = 0,51 $\underline{/-20°}$

Abb. 19.8: Tabelle der S-Parameter für das Beispiel

Um das Ausgangsnetzwerk zu bestimmen, startet man mit der Lastimpedanz von Z_0 = 50 Ohm im Zentrum des Smith-Diagramms (siehe Abbildung 19.9).

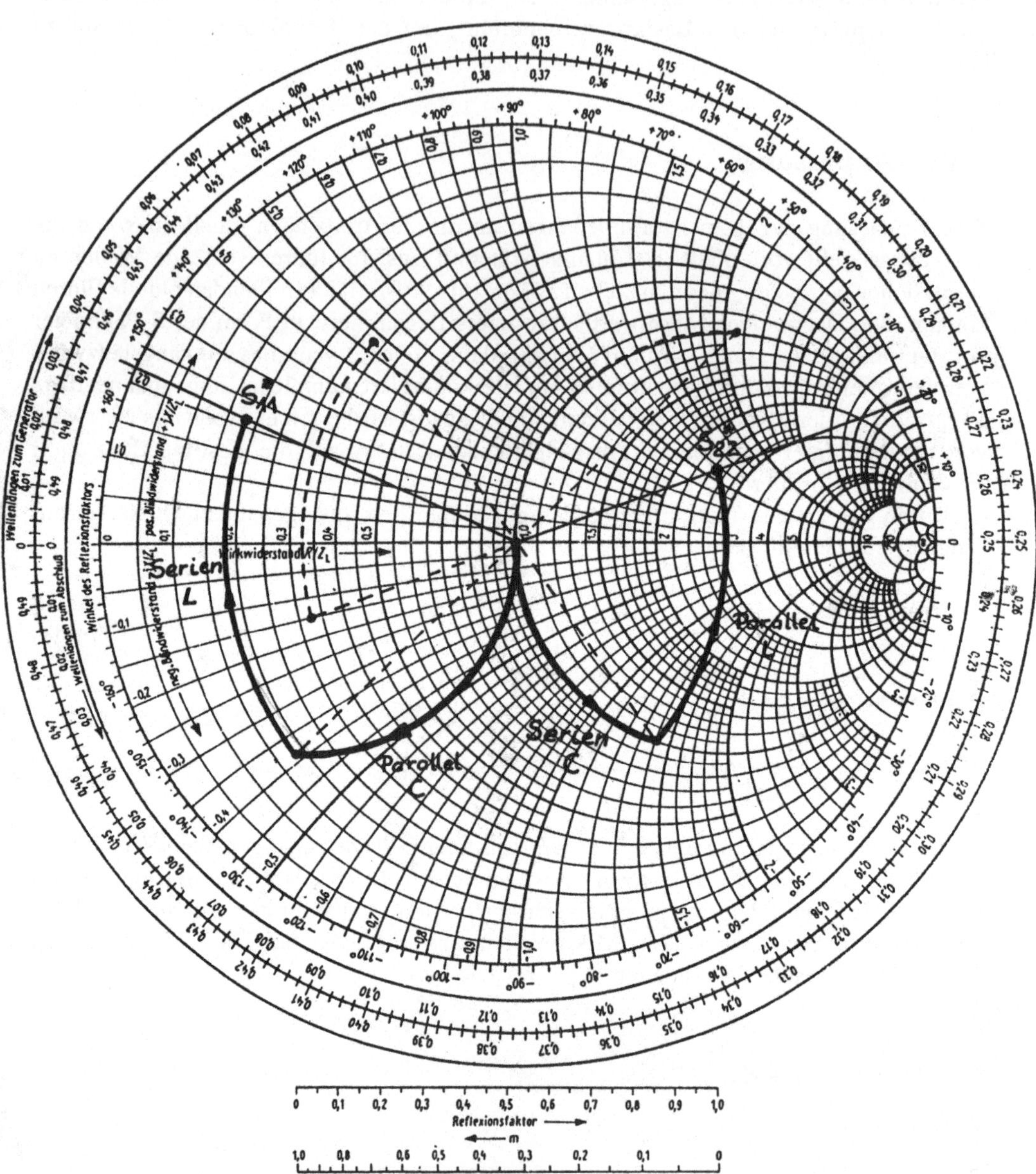

Abb. 19.9: Smith-Diagramm zur Bestimmung der Anpassungsnetzwerke

Man fährt entlang des Widerstandseinheitskreises in mathematisch positivem Sinne, bis man auf den Kreis konstanter Leitfähigkeit trifft, der durch den Punkt S^*_{22} führt. Das erste Element des Netzwerkes, das sich nun ableiten läßt, ist ein Kondensator in Serie mit der Lastimpedanz. Die Kapazität des Kondensators ergibt sich aus dem normierten Blindwiderstand am Kreuzungspunkt

$$jX = -j\,1{,}45 \cdot 50\,\Omega = -j\,72{,}5\,\Omega \tag{19.06}$$

$$C_l = \frac{1}{\omega x} = \frac{1}{2\,\pi \cdot 3 \cdot 10^9 \cdot 72{,}5} = 0{,}73\,\text{pF} \tag{19.07}$$

Das zweite Element ist eine Induktivität in Parallelschaltung. Die normierte Admittanz ergibt sich aus der Entfernung Kreuzungspunkt $-S^*_{22}$ im gespiegelten Smith-Diagramm und beträgt

$$jB = -\frac{j\,0{,}63}{50\,\Omega} = -j\,12{,}6\,\text{mS} \tag{19.08}$$

Die Induktivität errechnet sich dann zu

$$L_l = \frac{1}{\omega B} = \frac{1}{2\,\pi \cdot 3 \cdot 10^9 \cdot 12{,}6 \cdot 10^{-3}} = 4{,}2\,\text{nH} \tag{19.09}$$

In ähnlicher Weise verfährt man mit dem Eingangsnetzwerk. Die Impedanz der Quelle von $Z_0 = 50$ Ohm befindet sich im Zentrum des Smith-Diagramms. Man folgt dem Leitwerteinheitskreis in mathematisch negativem Sinne bis zum Schnittpunkt mit dem Kreis konstanten Widerstandes, der durch den Punkt S^*_{11} führt. Das erste Element ist ein Kondensator in Parallelschaltung dessen Admittanz durch den Kreuzungspunkt bestimmt wird

$$jB = j\,\frac{2{,}1}{50\,\Omega} = j\,42\,\text{mS} \tag{19.10}$$

$$C_s = \frac{B}{\omega} = \frac{42 \cdot 10^{-3}}{2\,\pi \cdot 3 \cdot 10^9}\,\text{pF} = 2{,}23\,\text{pF} \tag{19.11}$$

Das zweite Element ist eine Induktivität in Serienschaltung. Ihre Impedanz ergibt sich aus dem Abstand Kreuzungspunkt $-S^*_{11}$ auf dem Kreis konstanten Widerstandes und beträgt

$$jX = j\,0{,}6 \cdot 50\,\Omega = j\,30\,\Omega \tag{19.12}$$

daraus folgt als Induktivität

$$L_s = \frac{x}{\omega} = \frac{30}{2\,\pi \cdot 3 \cdot 10^9} = 1{,}59\,\text{nH} \tag{19.13}$$

19.3 Breitbandverstärker

Breitbandverstärker sollen sich durch eine niedrige untere Grenzfrequenz und eine
hohe obere Grenzfrequenz auszeichnen. Die untere Grenzfrequenz ist gegeben durch
die RC-Kopplung des Verstärkers.

$$f_{min} = \frac{1}{2\pi R C} \tag{19.14}$$

Man kann nun, um die untere Grenzfrequenz niedrig zu halten, den Kondensator nicht
beliebig groß machen, weil sonst statische Ladungsänderungen (Einschaltvorgang, Ar-
beitspunktverschiebung durch Übersteuerung) zu lange dauern. Man kann aber z.B.
die Eingangszeitkonstante dynamisch vergrößern, indem man den Eingangswiderstand
durch „Bootstrapping" hochtransformiert.

Die obere Grenzfrequenz wird einerseits durch den Rückgang der Stromverstärkung
oberhalb

$$f_\beta = \frac{f_T}{\beta_0} \tag{19.15}$$

bestimmt. Andererseits wirken Schalt- und Transistorkapazitäten. Die Transitfrequenz
hängt im wesentlichen vom Kollektorstrom ab (siehe Abbildung 3.4). Man wählt daher
den optimalen Kollektorstrom. Bei diesem Kollektorstrom hat der Transistor meist
auch die optimale Stromverstärkung. Durch Gegenkopplung wird die obere Grenzfrequenz um die Schleifenverstärkung T_0 vergrößert (siehe Abbildung 13.7).

Da es in jeder Schaltung eine Reihe unvermeidlicher Transistor- und Schaltkapa-
zitäten gibt, die zusammen mit den Schaltungswiderständen Tiefpässe bilden, benutzt
man oft frequenzabhängige Gegenkopplungen, um eine maximale obere Grenzfrequenz
zu erreichen. Abbildung 19.10 zeigt ein Beispiel dazu.

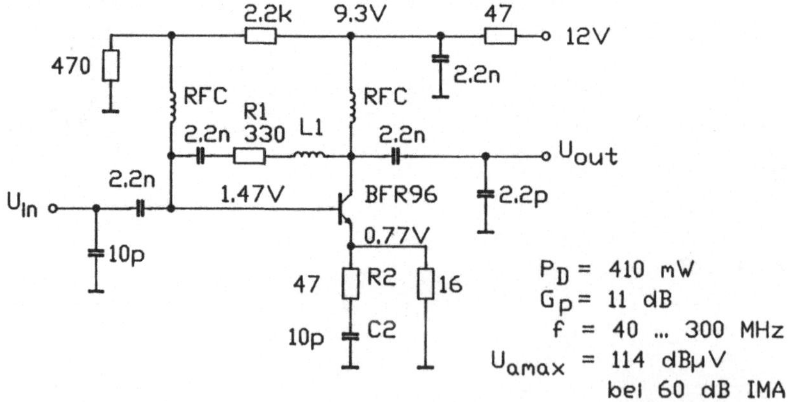

Abb. 19.10: Hausanschlußverstärker Shv 111 von Fa. Hirschmann

In diesem Beispiel werden im wesentlichen zwei Gegenkopplungen wirksam. Zum einen ist es eine Spannungsgegenkopplung über den Widerstand R_1 und die Induktivität L_1, wobei die höheren Frequenzen weniger stark gegengekoppelt werden. Zum anderen ist es die Stromgegenkopplung, die über R_2 und C_2 bei höheren Frequenzen vermindert wird. Die Anhebung durch die verminderte Stromgegenkopplung beträgt 2,5 dB für Frequenzen über 340 MHz.

Breitbandverstärker sind auch in integrierter Form erhältlich. Ein typischer und leicht handzuhabender Verstärker ist der MSA-0104 von Avantek. Abbildung 19.11 zeigt die Beschaltung dieses Bausteins und dessen Innenschaltung.

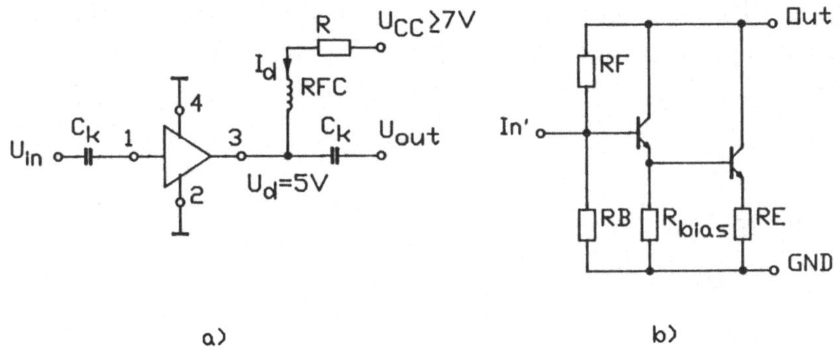

Abb. 19.11: Integrierter Breitbandverstärker MSA-0104 (Avantek)
a) Beschaltung, b) Innenschaltung

Der Widerstand R ist so zu dimensionieren, daß die Stromaufnahme etwa $I_d = 17$ mA beträgt. Die typische 3 dB Bandbreite dieses Verstärkers reicht von quasi Gleichstrom (vorgegeben durch die Koppelkondensatoren) bis zu 0,8 GHz.

Eine weitere Form von Breitbandverstärkern sind Videoverstärker und Oszilloskopverstärker. Wegen der notwendigen Gleichspannungskopplung sind diese Verstärker als Differenzverstärker ausgeführt. Um eine hohe Bandbreite zu erzielen, wird dabei häufig das Kaskodeprinzip (Kapitel 19.1.4) angewandt. Eine für allgemeine Anwendungen nützliche Schaltung eines breitbandigen Differenzverstärkers ist in Abbildung 19.12 dargestellt.

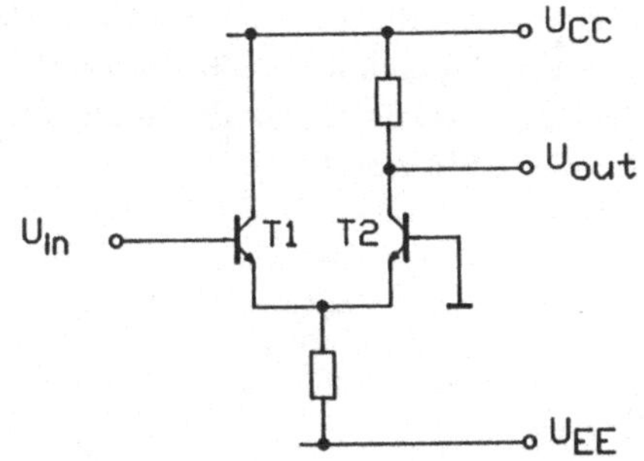

Abb. 19.12: Differenzverstärker als Breitbandverstärker

Der Transistor T_2 wird in Basisschaltung betrieben und besitzt damit gute Hochfrequenzeigenschaften. Der Transistor T_1 arbeitet als Emitterfolger und erhöht so den niedrigen Eingangswiderstand der Basisschaltung.

19.4 Schmalbandige Verstärker

Wenn man Signale mit sehr schmalem Spektrum oder gar nur eine einzige Frequenz zu verstärken hat, zieht man den breitbandigen Verstärkern selektive Verstärker geringer Bandbreite vor. Man erhält damit einen besseren Rauschabstand und unterdrückt Störsignale, die außerhalb des zu übertragenden Frequenzbandes liegen. Ein schmalbandiger Verstärker läßt sich z.B. dadurch realisieren, daß der Kollektorwiderstand R_C einer Transistorstufe durch einen Schwingkreis ersetzt wird. Abbildung 19.13 zeigt eine solche Anordnung.

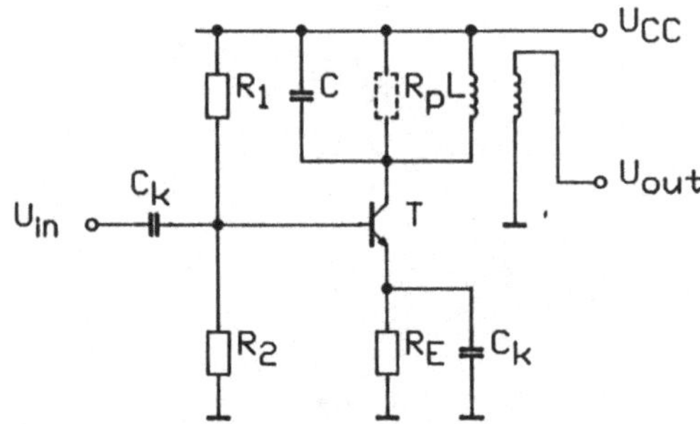

Abb. 19.13: Schmalbandiger Verstärker

Die Spannungsverstärkung wird maximal bei der Resonanzfrequenz des Schwingkreises. Zur Auskopplung des Signales dient eine Zusatzwicklung, mit der eine Anpassung an die Impedanz der nächsten Stufe erfolgen kann.

Schmalbandige Verstärker lassen sich gut neutralisieren. Die innere (meist kapazitive) Rückwirkung eines Verstärkervierpols kann zur Instabilität führen. Man versucht diesen Effekt dadurch zu mindern, indem man der unerwünschten Rückkopplung durch Neutralisation entgegenwirkt. Eine oft verwendete Schaltung zeigt Abbildung 19.14. Über die Kapazität C_N wird der Basis ein Strom zugeführt, der im Betrag so groß ist wie der Strom durch C_{cb}, in der Phase aber um 180° verschoben ist. Das gleiche Ergebnis erzielt man, wenn man die interne Kollektor-Basis-Kapazität durch eine parallelgeschaltete Induktivität auf die Betriebsfrequenz abstimmt.

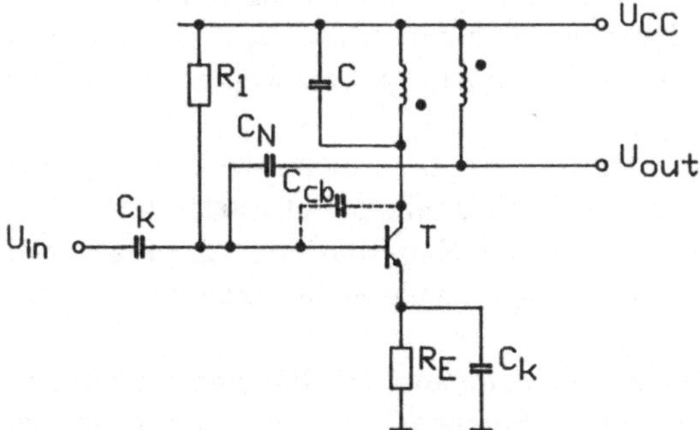

Abb. 19.14: Schmalbandige Transistorverstärkerstufe mit dem Neutralisationskondensator C_N

19.5 Mischer

Mischer können passiv (Ringdiodenmischer) und aktiv sein. Aktive Mischer haben den Vorteil, daß sie eine hohe Mischverstärkung und eine niedrige Rauschzahl aufweisen. Nachteilig ist bei den aktiven Mischern der geringe Dynamikbereich, da schon bei relativ niedrigen Signalamplituden ein hoher Anteil an Intermodulationsprodukten dritter Ordnung auftritt.

19.5.1 Bipolarmischer

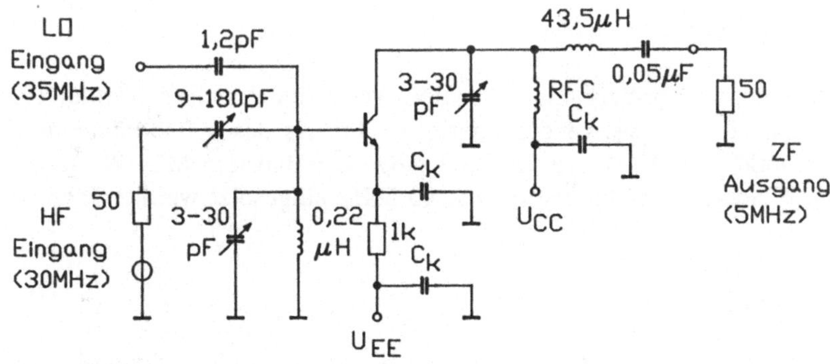

Abb. 19.15: Einfacher Mischer mit Bipolartransistor

Abbildung 19.15 zeigt das Schaltbild eines einfachen Mischers mit Bipolartransistor. Der Mischer ist ausgelegt für eine HF-Frequenz von RF = 30 MHz und eine lokale Oszillatorfrequenz von LO = 35 MHz, so daß sich eine Zwischenfrequenz von IF = 5 MHz ergibt. Das HF-Eingangssignal wird additiv mit dem Signal des lokalen Oszillators zusammen gebracht und auf die nichtlineare Eingangskennlinie des Transistors gegeben. Ein C-L-Tiefpaß am Ausgang sorgt für die Unterdrückung der höherfrequenten Mischprodukte. Da die Eingangskennlinie eines Bipolartransistors exponentiellen Charakter hat, tritt hier ein hoher Anteil an Verzerrungsprodukten dritter (und höherer) Ordnung auf.

Der in Abbildung 19.15 gezeigte Mischer hat bei einem HF-Eingangsignal von 1 mV und einem lokalen Oszillatorsignal von 0,5 V eine Mischverstärkung von 30 dB. Der lokale Oszillator wird über eine sehr geringe Kapazität von 1,2 pF eingekoppelt, damit die Anpassung von HF-Signal zu Mischereingang nicht durch die Impedanz des lokalen Oszillators beeinflußt wird.

Um die Kopplung zwischen lokalem Oszillator und HF-Eingangstor (Abstrahlung des lokalen Oszillatorsignals über die eigene Antenne) zu vermindern, kann man eine Differenzverstärkeranordnung nach Abbildung 19.16 verwenden.

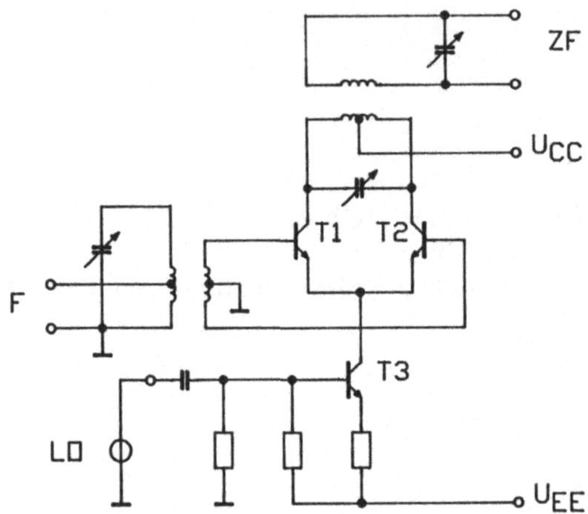

Abb. 19.16: Symmetrischer Bipolarmischer

Eine nähere Erläuterung der prinzipiellen Funktionsweise findet sich in Kapitel 19.6. Integrierte Mischerschaltungen verwenden häufig das Prinzip des 4-Quadrantenmultiplizierers (siehe Abbildung 19.12). Als Beispiel möge der Baustein MC1496 dienen, der für klassische Mischeranwendungen bis ca. 80 MHz eingesetzt werden kann.

19.5.2 FET-Mischer

Feldeffekttransistoren eignen sich besser für große HF-Eingangssignale, da sie weniger Intermodulationsstörungen produzieren. Durch die quadratische Eingangskennlinie ist der Anteil an ungeraden Harmonischen besonders gering. Man benutzt JFETs und MOSFETs, wobei MOSFETs generell eine höhere Verstärkung besitzen. Setzt man Dual-Gate-MOSFETs ein (vgl. Kapitel 9.3), so kann man in der einfachen Mischeranordnung nach Abbildung 19.15 die beiden Eingänge separaten Gateanschlüssen zuordnen und bekommt so eine Reduktion der Kopplung zwischen lokalem Oszillator und HF-Eingang.

20 Integrierte Schaltungstechnik

Die wesentlichen signalverarbeitenden Elemente in analoger integrierter Schaltungstechnik sind Differenzierer und Multiplizierer. Neben diesen Hauptelementen werden eine Reihe von Hilfsschaltungen benötigt. Ein Differenzverstärker benötigt eine Stromquelle im Emitterkreis, um eine hohe Gleichtaktunterdrückung zu erreichen. Ferner werden Stromquellen als aktive Lastelemente und zur Pegelverschiebung eingesetzt. Wichtig in der analogen integrierten Schaltungstechnik ist, daß die entworfene Schaltung unabhängig von Betriebsspannungsschwankungen bzw. Temperaturschwankungen ist.

20.1 Stromquellen

Die einfachste Form einer Stromquelle besteht aus einem Widerstand und zwei Transistoren, wie sie in Abbildung 20.1 dargestellt ist.

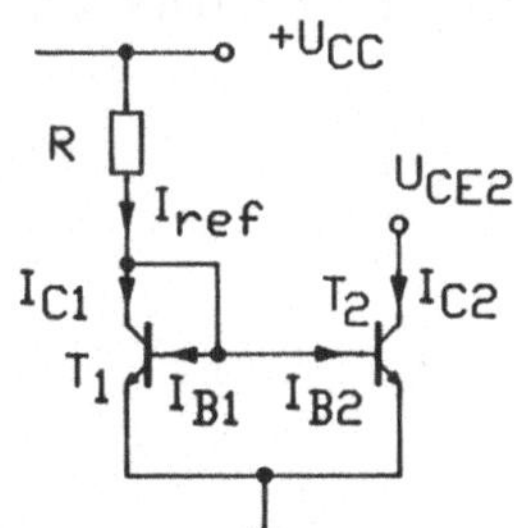

Abb. 20.1: Einfachste Form einer Stromquelle (Stromspiegelschaltung)

Transistor T_1 ist als Diode geschaltet, indem Kollektor und Basis miteinander verbunden sind. Dadurch, daß die Kollektor-Basis-Spannung Null ist (Kollektor-Basis-Diode sperrt), wird der Transistor im üblichen aktiven Arbeitsbereich betrieben.

Es soll angenommen werden, daß alle Restströme vernachlässigbar sind, daß beide Transistoren identisch sind und daß der Ausgangswiderstand des Transistors T_2 unendlich ist. Da beide Transistoren dieselbe Basis-Emitterspannung besitzen, müssen beide Kollektorströme gleich sein

$$I_{C1} = I_{C2} \tag{20.01}$$

Die Summation aller Ströme am Kollektor von T_1 liefert:

$$I_{ref} - I_{C1} - 2\frac{I_{C1}}{\beta} = 0 \tag{20.02}$$

und damit

$$I_{C1} = \frac{I_{ref}}{1 + \frac{2}{\beta}} = I_{C2}$$

(20.03)

Wenn β groß ist, dann ist der Kollektorstrom von T_2 annähernd gleich dem Referenzstrom.

$$I_{C2} \approx I_{ref} = \frac{U_{CC} - U_{BE}}{R}$$

(20.04)

Somit sind für den Fall identischer Transistoren T_1 und T_2, Ausgangsstrom und Referenzstrom gleich.

Eigentlich brauchen die Transistoren nicht identisch zu sein. Man kann die Emitterfläche beider Transistoren verschieden machen, was bedeutet, daß die I_S-Werte beider Transistoren unterschiedlich werden. Die beiden Kollektorströme I_{C1} und I_{C2} werden dann ein konstantes Verhältnis zueinander haben, anstatt gleich zu sein. Dieses Verhältnis kann entweder kleiner oder größer als eins sein. Damit läßt sich jeder gewünschte Ausgangsstrom I_{C2} aus einem konstanten Referenzstrom ableiten. Natürlich läßt sich diese Methode nicht beliebig anwenden, da sonst die Transistorstrukturen zu viel Chipfläche benötigen. Für Anwendungen mit großem Stromverhältnis zwischen Referenzstrom und Ausgangsstrom eignet sich besser die Schaltung in Abbildung 20.2.

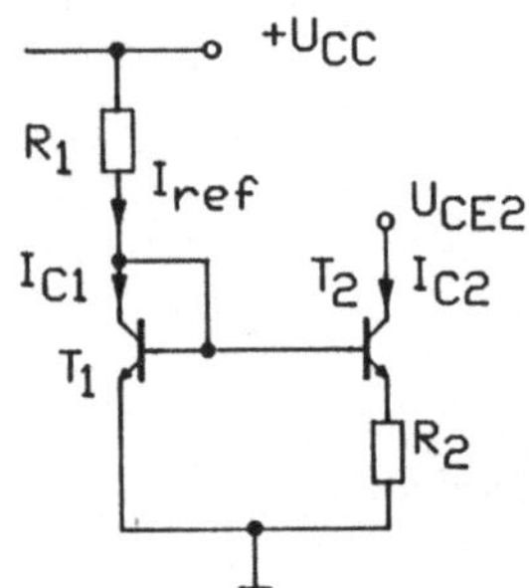

Abb. 20.2: Widlar-Stromquelle

Die Schaltung enthält einen zusätzlichen Widerstand R_2 in der Emitterleitung von T_2. Unter der Voraussetzung, daß die Basisströme vernachlässigt werden und beide Transistoren unendlich hohen Ausgangswiderstand besitzen, kann man schreiben

$$U_{BE1} - U_{BE2} - I_{C2} \cdot R_2 = 0$$

(20.05)

bzw.

$$U_T \cdot \ln \frac{I_{C1}}{I_{S1}} - U_T \cdot \ln \frac{I_{C2}}{I_{S2}} - I_{C2} \cdot R_2 = 0$$

(20.06)

Für identische Transistoren T_1 und T_2 sind die Ströme I_{S1} und I_{S2} gleich und damit wird

$$I_{C2} \cdot R_2 = U_T \cdot \ln \frac{I_{C1}}{I_{C2}} \tag{20.07}$$

Diese transzendente Gleichung muß dann durch Versuch und Irrtum gelöst werden, wenn R_2 und I_{C1} bekannt sind und I_{C2} gefunden werden muß. Aber üblicherweise gibt man die beiden Ströme I_{C1} und I_{C2} vor und kann mit Hilfe der Gleichung 20.07 den benötigten Widerstand R_2 bestimmen.

Einer der wichtigsten Aspekte für die Qualität einer Stromquelle ist die Abhängigkeit des Ausgangsstromes von der Spannung am Ausgang. Diese Abhängigkeit wird bestimmt durch den Kleinsignalausgangswiderstand der Stromquelle. So ist die Gleichtaktunterdrückung eines Differenzverstärkers direkt von diesem Widerstand abhängig, genauso wie auch die Stufenverstärkung bei einer aktiven Lastschaltung davon abhängt. Beschreiben kann man diese Abhängigkeit mit Hilfe der Early-Spannung nach Gleichung 2.24

$$I_C = I_S \cdot e^{\frac{U_{BE}}{U_T}} \left(1 + \frac{U_{CE}}{V_A} \right) \tag{2.24}$$

Wenn zum Beispiel die Kollektor-Emitterspannung von Transistor T_1 auf U_{BE} = 0,7 V gehalten wird und wenn die Kollektorspannung von T_2 U_{CE2} = 30 V ist, dann würde bei einer Early-Spannung von V_A = 100 V das Verhältnis von I_{C2} zu I_{C1}

$$\frac{I_{C2}}{I_{C1}} = \frac{1 + \dfrac{U_{CE2}}{V_A}}{1 + \dfrac{U_{CE1}}{V_A}} = \frac{1 + \dfrac{30}{100}}{1 + \dfrac{0,7}{100}} = 1,29 \tag{20.08}$$

betragen. Somit würde bei einer Schaltung mit einer Versorgungsspannung von 30 V der Strom einer Stromquelle bis zu 29 % von dem Wert abweichen, den man unter Vernachlässigung des Transistorausgangswiderstandes errechnet hat.

Ein weiteres Problem, neben der Variation des Ausgangsstromes mit der Ausgangsspannung, ist, daß sich der Strom I_{C2} um den Faktor 1 + 2/β vom Referenzstrom unterscheidet. Wenn die Stromquelle aus niedrig verstärkenden PNP-Transistoren aufgebaut wird, dann kann β klein genug sein, damit dieser Faktor signifikant wird.

Eine Anordnung, die beide Problempunkte veringert, ist die sog. Wilson-Stromquelle nach Abbildung 20.3.

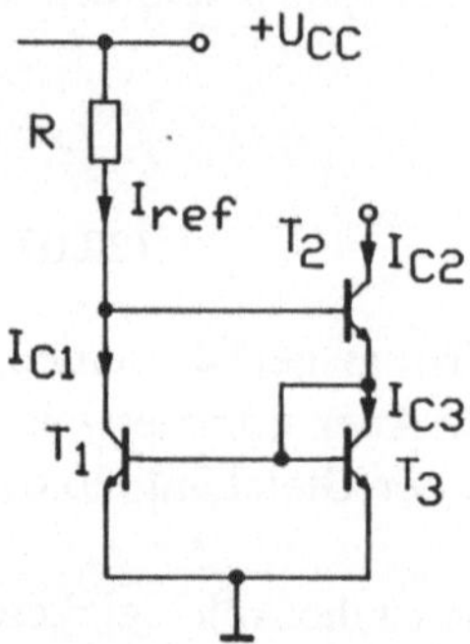

Abb. 20.3: Wilson-Stromquelle

Diese Stromquelle nutzt die Gegenkopplung aus, die durch Transistor T_3 gegeben ist, um den Ausgangswiderstand zu erhöhen. Des weiteren wird eine gewisse Unterdrückung des Basisstromeffekts erreicht, wodurch das Verhältnis Ausgangsstrom zu Referenzstrom unabhängiger von β wird.

Zur Funktion der Anordnung: Die Differenz zwischen Referenzstrom und I_{C1} wird in die Basis von T_2 fließen. Dieser Basisstrom wird multipliziert mit $(\beta + 1)$ und fließt in den Transistor T_3, der als Diode geschaltet ist. Der Transistor T_3 sorgt dafür, daß der Transistor T_1 denselben Strom als Kollektorstrom bekommt. Somit ist eine Regelschleife aufgebaut, die dafür sorgt, daß I_{C1} nahezu gleich dem Referenzstrom wird. Zu bemerken ist auch, daß die Transistoren T_1 und T_3 an Kollektor-Emitterspannungen arbeiten, die sich nur durch eine Diodendurchlaßspannung unterscheiden, und daß die Kollektor-Emitterspannung nicht variiert, wenn die Ausgangsspannung der Stromquelle variiert. Damit bleibt der Kollektorstrom von T_3 ziemlich nahe bei dem von T_1, unabhängig von der Spannung am Kollektor von T_2. Das impliziert aber wiederum, daß der Kollektorstrom von T_2 konstant bleibt, und somit die Gesamtschaltung eine hohe Ausgangsimpedanz besitzt. Der Ausgangsstrom der Wilson-Stromquelle ist gegeben durch

$$I_{C2} = I_{ref}\left(1 - \frac{2}{\beta^2 + 2\beta + 2}\right) \tag{20.09}$$

Somit differieren Referenzstrom und Ausgangsstrom nur um einen Faktor in der Größenordnung von $2/\beta^2$. Der Kleinsignalausgangswiderstand der Schaltung ist

$$R_0 \approx \beta \cdot \frac{r_{o2}}{2} \tag{20.10}$$

20.2 Stromquellen als Lastelemente

Üblicherweise benutzt man in Differenzverstärkern Widerstände als Lastelemente im Kollektorkreis. Für solch eine Anordnung ist die Spannungsverstärkung gegeben durch

$$A_{vd} = g_m \cdot R_C = -\frac{I_C \cdot R_C}{U_T} \tag{20.11}$$

Um eine hohe Spannungsverstärkung zu erzielen, muß man das Produkt $I_C \cdot R_C$ möglichst groß machen. Das erfordert eine hohe Betriebsspannung und einen hohen Widerstandswert. So würde man, wenn eine Verstärkung von 500 erforderlich wäre, eine Spannung von $I_C \cdot R_C = 13$ V benötigen, und, wenn $I_C = 100$ µA sein soll, einen Widerstand von $R_C = 130$ kOhm benötigen. Bei einer Versorgungsspannung von $U_{CC} = 15$ V wäre dann der Gleichtakteingangsbereich stark eingeschränkt und außerdem würden die beiden Widerstände eine große Chipfläche beanspruchen. Beim Entwurf rückgekoppelter Verstärker ist es wünschenswert, die benötigte Spannungsverstärkung mit so wenig Stufen wie möglich zu erzielen. Man kann daher durch Ausnutzung des Ausgangswiderstandes einer PNP-Stromquellenschaltung, die als Lastelement dient, eine hohe Spannungverstärkung erzielen, ohne eine hohe Betriebspannung haben zu müssen. Da das Lastelement nicht aus Widerständen, sondern aus Transistoren besteht, nennt man es aktiv. Abbildung 20.4 zeigt solch eine Anordnung.

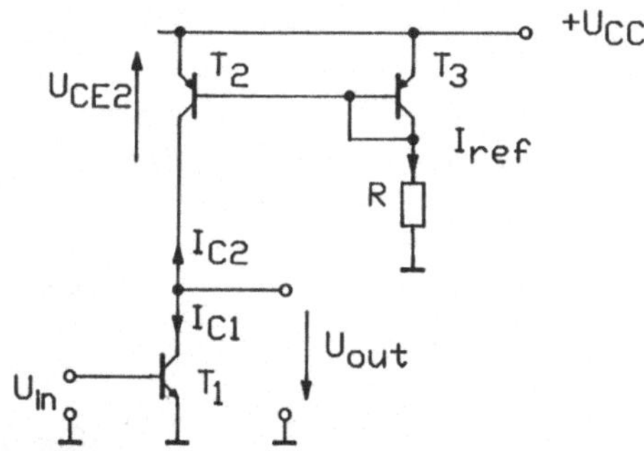

Abb. 20.4: Emittergrundschaltung mit aktiver Last

Die Übertragungsfunktion der Anordnung läßt sich graphisch ermitteln, in dem man die Ausgangskennlinien der beiden Transistoren T_1 und T_2 überlagert, unter der Berücksichtigung, daß

$$I_{C1} = -I_{C2} \tag{20.12}$$

ist, und ferner daß

$$I_{C2} = f\,(-U_{CC} + U_{CE1},\ U_{BE2}) \tag{20.13}$$

ist. Abbildung 20.5 zeigt die Überlagerung der Kennlinienfelder und die resultierende Übertragungsfunktion.

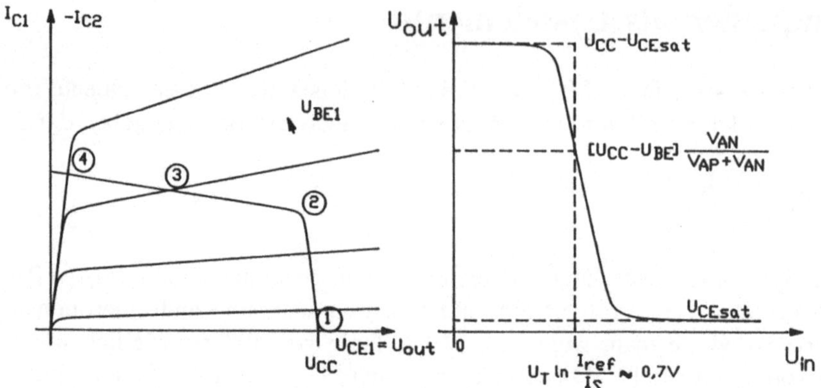

Abb. 20.5: Übertragungscharakteristik einer Emitterschaltung mit aktiver Last

Die Übertragungsfunktion der Schaltung ist

$$U_{out} = (U_{CC} - U_{BE}) \left(\frac{V_{AN}}{V_{AN} + V_{AP}} \right) + V_{Aeff} \left(1 - \frac{I_{S1} \cdot e^{\frac{U_{in}}{U_T}}}{I_{ref}} \right) \tag{20.14}$$

mit

$$V_{Aeff} = \frac{V_{AN} \cdot V_{AP}}{V_{AN} + V_{AP}} \tag{20.15}$$

Die in der Abbildung 20.5 ausgewiesene Punkt auf der Übertragungskennlinie ist der Punkt, wo die nominellen Kollektorströme beider Transistoren gleich sind, also wo

$$I_{S1} \cdot e^{\frac{U_{in}}{U_T}} = I_{ref} \tag{20.16}$$

ist. Die Kleinsignalverstärkung der Schaltung ist

$$A_v = - g_{m1} \left(r_{o1} \parallel r_{o2} \right) \tag{20.17}$$

sie wird also bestimmt aus der Parallelschaltung der beiden Ausgangswiderstände von Emittergrundschaltung und Stromquellenschaltung, wie zu erwarten war.

20.3 Betriebsspannungsunabhängige Arbeitspunkteinstellung

Die Stromquellenschaltung nach Abbildung 20.1 hat den Nachteil, daß der Ausgangsstrom proportional zur Versorgungsspannung ist. Wenn die Schaltung z.B. in einem Operationsverstärker benutzt werden soll, dessen Betriebsspannung zwischen 10 V und 30 V schwanken können soll, dann würde der Arbeitspunktstrom in einem Bereich von 3:1 variieren und die Verlustleistung würde im Verhältnis 9:1 variieren. Eine Anordnung, mit der die Abhängigkeit von der Betriebsspannung vermindert wird, ist in Abbildung 20.6 dargestellt.

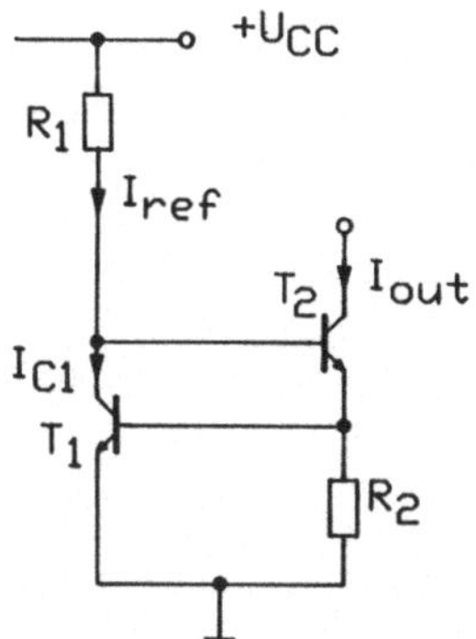

Abb. 20.6: Betriebsspannungsunabhängige Stromquellenschaltung

Die Schaltung ist ähnlich der Wilsonschaltung, nur daß hier der als Diode geschaltete Transistor durch einen Widerstand ersetzt wurde. Der Referenzstrom soll wieder durch T_1 fließen, und, damit das geschehen kann, muß der Transistor T_2 genügend Strom an den Widerstand R_2 liefern, so daß die Basis-Emitterspannung von T_1 groß genug wird, um I_{ref} durch T_1 fließen lassen zu können. Wenn man die Basisströme vernachlässigt, dann ist der Ausgangsstrom gleich dem Emitterstrom von T_2, der wiederum gleich dem Strom durch R_2 ist. Da an R_2 eine Spannung abfällt, die gleich einer Basis-Emitterspannung ist, ist der Ausgangsstrom proportional zu dieser Basis-Emitterspannung. Damit wird, wenn man die Basisströme vernachlässigt

$$I_{out} = \frac{U_{BE1}}{R_2} = \frac{U_T}{R_2} \cdot \ln \frac{I_{ref}}{I_{S1}}$$

(20.18)

Die Schaltung ist nicht völlig unabhängig von der Versorgungsspannung, da die Basis-Emitterspannung des Transistors T_1 geringfügig mit der Versorgungsspannung variieren wird. Das tritt deshalb auf, weil der Kollektorstrom von T_1 proportional zur Versorgungsspannung U_{CC} ist.

Eine weitere mögliche Spannungsreferenz, neben der der Basis-Emitterspannung eines Transistors, ist die Temperaturspannung U_T. Die Differenz im Potential zweier Sperrschichten ist proportional zur Temperaturspannung U_T, wenn sie mit unterschiedlichen Stromdichten betrieben werden. Für die Widlar-Stromquelle wurde in Gleichung 20.07 gezeigt, daß die Spannung über dem Widerstand R_2

$$U_x = I_{C2} \cdot R_2 = U_T \cdot \ln \frac{I_{C1} \cdot I_{S2}}{I_{C2} \cdot I_{S1}}$$

(20.19)

ist. Sorgt man nun mit Hilfe einer Stromspiegelschaltung dafür, daß das Verhältnis der beiden Kollektorströme konstant ist, dann ist der Spannungsabfall über U_x tatsächlich nur von der Temperaturspannung U_T abhängig. Abbildung 20.7 zeigt eine solche Anordnung.

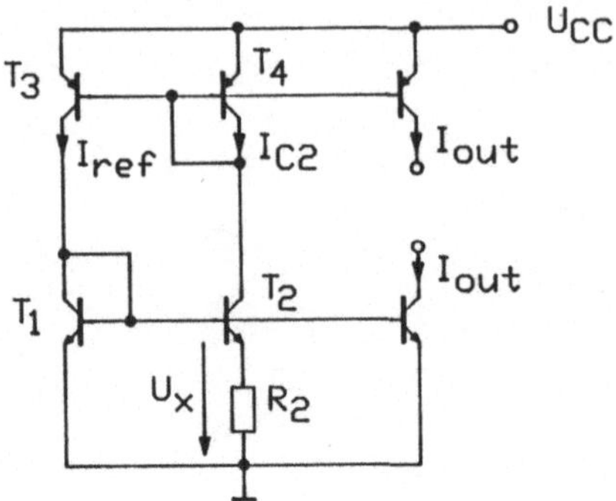

Abb. 20.7: Stromquelle mit Temperaturspannung U_T als Referenz

20.4 Temperaturunabhängige Arbeitspunkteinstellung

Die vorgezeigten Schaltungen bieten ein gewisses Maß an Unabhängigkeit von Betriebsspannungsschwankungen, aber es bleibt die Abhängigkeit von der Temperatur. Die Basis-Emitterspannung als Referenz hat einen negativen Temperaturkoeffizienten, und die Temperaturspannung als Referenz hat einen positiven Temperaturkoeffizienten. Kombiniert man beide Referenzen in geeigneter Weise, so erhält man eine temperaturunabhängige Spannungsreferenz. Abbildung 20.8 zeigt schematisch solch eine Bandabstandsreferenz (Band-Gap-Reference). In dieser Anordnung wird eine Ausgangsspannung erzeugt, die

$$U_{out} = U_{BE} + K \cdot U_T \tag{20.20}$$

ist.

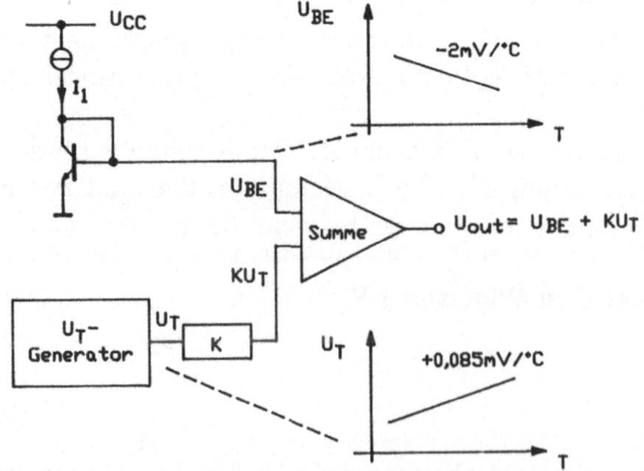

Abb. 20.8: Hypothetische Bandabstandsreferenz

Um K bestimmen zu können, muß die Temperaturabhängigkeit der Basis-Emitterspannung näher untersucht werden. Die Basis-Emitterspannung ist bei Vernachlässigung des Basisstromes gegeben durch

$$U_{BE} = U_T \cdot \ln \frac{I_1}{I_S} \tag{20.21}$$

Der Sättigungsstrom I_S ist abhängig von der Struktur des Bauelements und ist gegeben durch

$$I_S = \frac{e \cdot A \cdot n_i{}^2 \cdot D_n}{Q_B} \tag{20.22}$$

Betrachtet man die Temperaturabhängigkeit der einzelnen Größen und faßt alle abhängigen und unabhängigen Größen zusammen, so läßt sich schreiben

$$I_S = \frac{B \cdot T^\gamma}{e^{\frac{U_{EG}}{U_T}}} \tag{20.23}$$

mit B einer temperaturunabhängigen Konstante und $\gamma = 4 - n$, wobei n abhängig von der Dotierungsstärke in der Basis ist (üblicher Wert $n \approx 0{,}8$). Die Spannung U_{EG} repräsentiert den Bandabstand zwischen Leitungsband und Valenzband (daher der Name: Bandabstandsreferenz).

Die Basis-Emitterspannung wird dann

$$U_{BE} = U_T \cdot \ln \frac{I_1}{B} \cdot T^{-\gamma} \cdot e^{\frac{U_{EG}}{U_T}} \tag{20.24}$$

setzt man für die Temperaturabhängigkeit des Stromes I_1

$$I_1 = G \cdot T^\alpha \tag{20.25}$$

so erhält man

$$U_{BE} = U_{EG} - U_T \left[(\gamma - \alpha) \ln T - \ln \frac{G}{B} \right] \tag{20.26}$$

Nach Gleichung 20.20 ist

$$U_{out} = U_{BE} + K \cdot U_T \tag{20.20}$$

Setzt man Gleichung 20.26 ein, so erhält man

$$U_{out} = U_{EG} - U_T (\gamma - \alpha) \ln T + U_T \left(K + \ln \frac{G}{B} \right) \tag{20.27}$$

Diese Gleichung repräsentiert nun die Temperaturabhängigkeit der Ausgangsspannung von den Bauteilparametern. Interessant ist jedoch, wie die Bauteilparameter zu wählen sind, damit der Temperaturkoeffizient zu Null wird. Dazu ist Gleichung 20.27 zu differenzieren und zu Null zu setzen. Das Ergebnis liefert eine Gleichung in der T_0 die Temperatur ist, bei der der Temperaturkoeffizient Null ist.

$$\left(K + \ln \frac{G}{B} \right) = (\gamma - \alpha) \ln T_0 + (\gamma - \alpha) \tag{20.28}$$

Für verschiedene Bauteilparameter resultieren dann verschiedene Werte für T_0. Die Ausgangsspannung in Abhängigkeit von T_0 ist dann

$$U_{out} = U_{EG} + U_T (\gamma - \alpha) \left[1 + \ln \frac{T_0}{T} \right] \tag{20.29}$$

In Abbildung 20.9 sind die Kurvenverläufe der Ausgangsspannung in Abhängigkeit von der Temperatur für verschiedene Werte von T_0 aufgetragen.

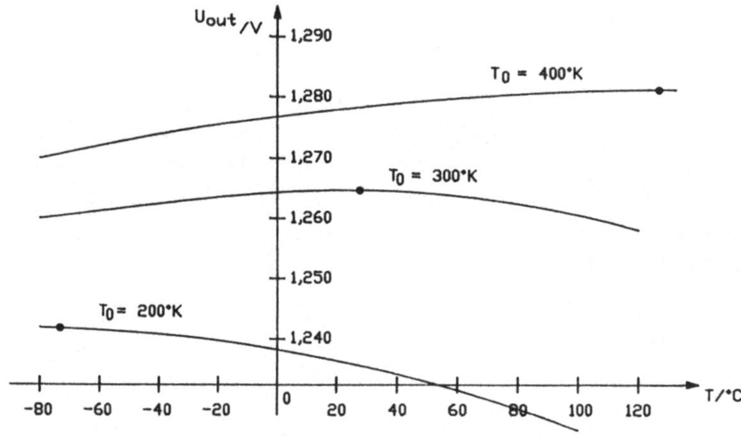

Abb. 20.9: Abhängigkeit der Bandabstandsreferenzspannung von der Temperatur

Eine praktische Realisierung einer Bandabstandsreferenz ist in Abbildung 20.10 gezeigt.

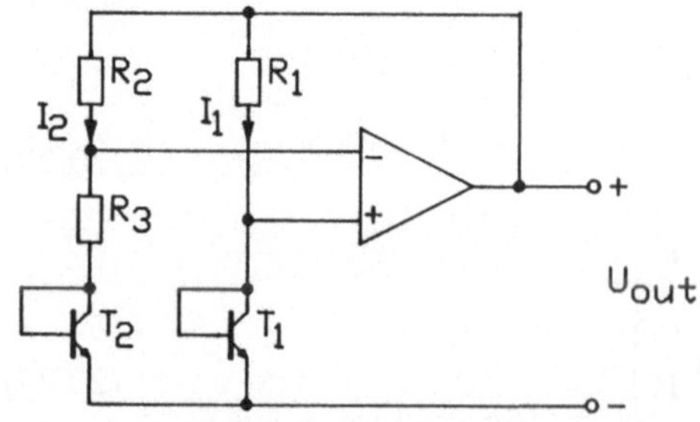

Abb. 20.10: Bandabstandsreferenz

Die Ausgangsspannung dieser Schaltung ist

$$U_{out} = U_{BE1} + \frac{R_2}{R_3} \cdot U_T \cdot \ln \frac{R_2 \cdot I_{S2}}{R_1 \, I_{S1}} = U_{BE1} + K \cdot U_T \tag{20.30}$$

Der korrekte Wert für K wird über R_2/R_1, R_2/R_3 und I_{S2}/I_{S1} eingestellt.

20.5 Pegelverschiebung

Bei kaskadierten Differenzverstärkern erhöht sich der Gleichtaktarbeitspunkt mit jeder weiteren Stufe. Um nicht an die Betriebsspannungsgrenze zu stoßen, muß man ab und zu eine Verschiebung des Gleichtaktarbeitspunktes zu niedrigeren Pegeln vornehmen. Dazu zeigt Abbildung 20.11 zwei Beispiele.

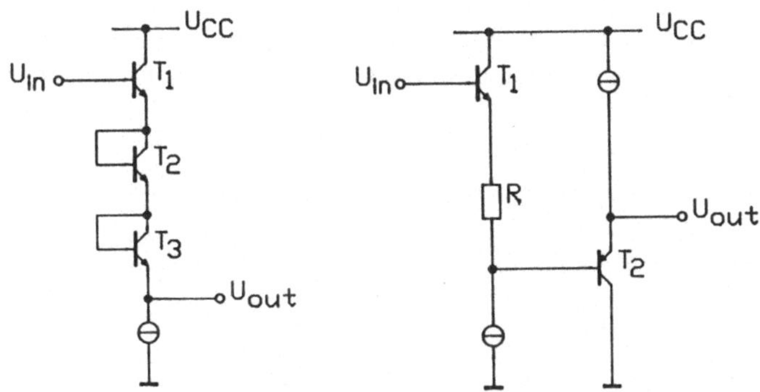

Abb. 20.11: Pegelverschiebung

Die Temperaturabhängige Schaltung bedient sich des Spannungsabfalls an Basis-Emitterstrecken zur Verschiebung des Pegels. Bei der Temperaturunabhängigen Schaltung kompensieren sich die Spannungsabfälle an den beiden Basis-Emitterstrecken, und somit deren Temperaturabhängigkeit. Die Pegelverschiebung wird hier durch den Spannungabfall erreicht, der sich aus Widerstandswert und Konstantstrom ergibt.

20.6 Multiplizierer

Die einfachste Form einer Multiplikation bietet schon der Differenzverstärker (siehe auch Kap. 6). Die Differenz seiner Ausgangsströme ist gegeben durch

$$\Delta I_C = I_{C1} - I_{C2} = I_{EE} \cdot \tanh\left(\frac{U_{ind}}{2 \cdot U_T}\right) \tag{20.31}$$

Wenn die Differenzeingangsspannung klein gegenüber U_T ist, wird

$$\tanh\left(\frac{U_{ind}}{2 \cdot U_T}\right) \approx \frac{U_{ind}}{2 \cdot U_T} \tag{20.32}$$

und damit

$$\Delta I_C = I_{EE}\left(\frac{U_{ind}}{2 \cdot U_T}\right) \tag{20.33}$$

Wenn man nun den Emittersummenstrom steuerbar macht (z.B. durch eine spannungsgesteuerte Stromquelle) erhält man einen Multiplizierer. Da der Emittersummenstrom nicht negativ werden kann, arbeitet dieser einfache Multiplizierer nur in 2 Quadranten der I_{EE}-/U_{ind}-Ebene. Daher bezeichnet man diese Art von Multiplizierer als 2 Quadrantenmultiplizierer.

Die Beschränkung auf 2 Quadranten ist für viele Anwendungen nicht ausreichend. Die Möglichkeit in allen 4 Quadranten zu multiplizieren bietet die Schaltung nach Abbildung 20.12.

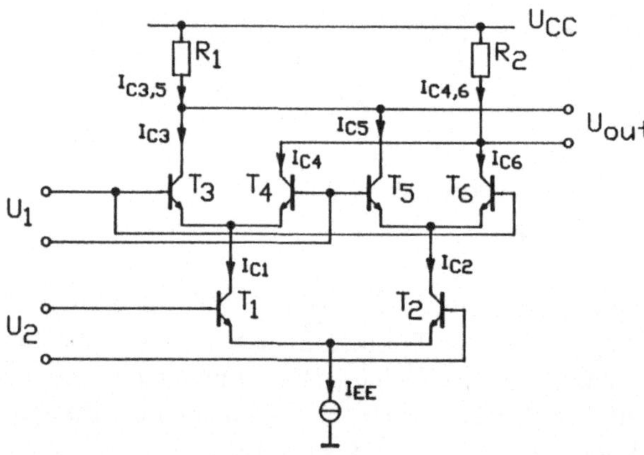

Abb. 20.12: 4 Quadrantenmultiplizierer

Diese Anordnung wird in der amerikanischen Literatur als „Gilbert Cell" bezeichnet, und findet sich häufig in integrierten Schaltungen. Zur Ermittlung der Übertragungsfunktion soll erst das emittergekoppelte Transistorpaar T_3 und T_4 betrachtet werden. Die Kollektorströme der beiden Transistoren sind gegeben durch

$$I_{C3} = \frac{I_{C1}}{1 + e^{\left(-\frac{U_1}{U_T}\right)}} \tag{20.34}$$

bzw.

$$I_{C4} = \frac{I_{C1}}{1 + e^{\frac{U_1}{U_T}}}$$

(20.35)

Der Kollektorstrom I_{C1} ist gegeben durch

$$I_{C1} = \frac{I_{EE}}{1 + e^{-\frac{U_2}{U_T}}}$$

(20.36)

In Gleichung 20.34 und 20.35 eingesetzt ergibt

$$I_{C3} = \frac{I_{EE}}{(1 + e^{-\frac{U_1}{U_T}})\,(1 + e^{-\frac{U_2}{U_T}})}$$

(20.37)

bzw.

$$I_{C4} = \frac{I_{EE}}{(1 + e^{-\frac{U_2}{U_T}})\,(1 + e^{\frac{U_1}{U_T}})}$$

(20.38)

Für die Kollektorströme des Transistorpaares T_5 und T_6 folgt dann

$$I_{C5} = \frac{I_{EE}}{(1 + e^{\frac{U_1}{U_T}})\,(1 + e^{\frac{U_2}{U_T}})}$$

(20.39)

bzw.

$$I_{C6} = \frac{I_{EE}}{(1 + e^{\frac{U_2}{U_T}})\,(1 + e^{-\frac{U_1}{U_T}})}$$

(20.40)

Der Differenzausgangsstrom der Gesamtschaltung ist

$$\Delta I = (I_{C3} + I_{C5}) - (I_{C6} + I_{C4})$$

(20.41)

bzw.

$$\Delta I = (I_{C3} - I_{C6}) - (I_{C4} - I_{C5})$$

(20.42)

Einsetzen der Gleichungen 20.37 bis 20.40 ergibt dann

$$\Delta I = I_{EE} \left[\tanh\left(\frac{U_1}{2 \cdot U_T}\right)\right] \left[\tanh\left(\frac{U_2}{2 \cdot U_T}\right)\right]$$

(20.43)

Somit ist die Übertragungscharakteristik ein Produkt aus den Tangens-Hyperbolicus-Funktionen der beiden Eingangsspannungen.

Die praktischen Anwendungen dieser Multipliziererzelle lassen sich in drei Kategorien einteilen und zwar abhängig von der Amplitude der Eingangsspannungen U_1 und U_2 bezogen auf U_T. Wenn die Amplitude der Signale U_1 und U_2 klein gegenüber U_T gehalten werden, dann kann man die tanh-Funktion als lineare Funktion betrachten und die Schaltung arbeitet wie gewünscht als Multiplizierer. In Anwendungen als Phasenkomparator, z.B. in einer PLL, stören die Verzerrungen durch die tanh-Funktion nicht, so daß hier mit höheren Amplituden gearbeitet werden kann. In Anwendungen als Mischer für HF-Signale kann man Verzerrungen des Oszillatorsignals zulassen (wenn ausreichende Vorselektion gewährleistet ist), aber auf keinen Fall Verzerrungen des HF-Signales. Hier bietet sich eine Linearisierung des Transistorpaares T_1 und T_2 (vgl. Abbildung 20.12) durch Emitterwiderstände, entsprechend Kap. 6, Abbildung 6.4, an. Die Transistorpaare T_3, T_4 und T_5, T_6 lassen sich durch Emitterwiderstände nicht linearisieren. Hier muß man den expotentiellen Verlauf der Transistoreingangskennlinie durch einen entsprechenden logarithmischen Verlauf einer Kompensationsschaltung kompensieren. Dann läßt sich der Bereich der Eingangsspannung beträchtlich erweitern. Abbildung 20.13 zeigt solch einen sog. 4 Quadranten-Analogmultiplizierer.

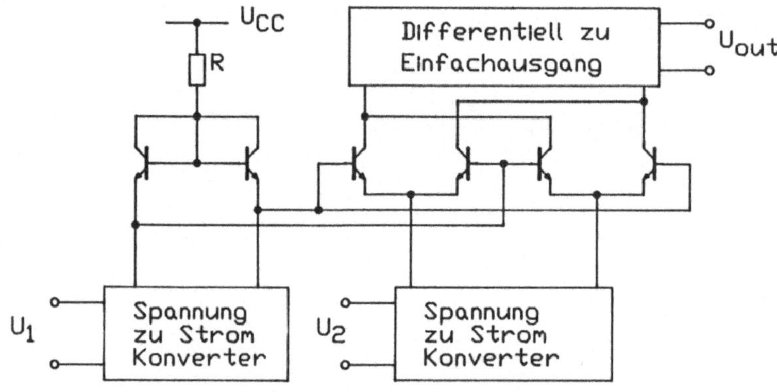

Abb. 20.13: Linearisierter 4 Quadranten-Analogmultiplizierer

21 Analoge Schaltkreissimulation (SPICE)

Wenn man eine elektronische Schaltung entwickelt, dann geht man im ersten Entwurf von vereinfachten Bauelementen aus. Hat man die Schaltung schließlich entworfen, so muß man prüfen, ob die Vereinfachungen zulässig waren. Handelt es sich um eine Schaltung mit wenigen Bauelementen, so ist die Schaltung schnell zusammengelötet und meßtechnisch überprüft. Bei integrierten Schaltungen ist diese Vorgehensweise nicht mehr möglich, da ein Zusammenlöten der Schaltung aus diskreten Bauelementen (möglicherweise in Form eines „Drahtverhaus") völlig andere Eigenschaften zeigen kann, als die gleiche Schaltung in integrierter Form. So haben im experimentellen Aufbau die parasitären Elemente (Streukapazitäten, Leitungen) ein ganz anderes Gewicht als in der miniaturisierten Ausführung. Mit dem Aufkommen der integrierten Schaltungstechnik spielte daher die Simulation elektronischer Schaltungen eine immer wichtigere Rolle. Man beschreibt die Bauelemente durch mathematische Modelle, und typische Messungen, wie die Bestimmung des Zeitverhaltens oder des Frequenzganges, werden durch numerische Methoden ersetzt.

Unter den Programmen zur Schaltungsanalyse hat sich „SPICE" (Simulation Program with Integrated Circuit Emphasis – Simulationsprogramm mit Betonung integrierter Schaltungen) als De-facto-Standard herausgestellt. SPICE wurde 1972 an der University of California, Berkeley entwickelt. Es fand rasche Verbreitung, nicht zuletzt deshalb, weil jeder Interessent das Programm praktisch kostenlos von der University of California beziehen konnte. Im Laufe der Jahre wurde SPICE ständig weiterentwickelt und neben den Ursprungsversionen aus Berkeley existieren heute verschiedene andere Versionen, die z.B. für den interaktiven Betrieb geeignet sind (Precise) oder die auf Personalcomputern eingesetzt werden können (PSPICE). Diese Versionen wurden meist von Firmen weiterentwickelt und sind daher nicht mehr kostenlos erhältlich.

21.1 Aufbau und Beschreibung eines SPICE-Programms

Der prinzipielle Aufbau eines SPICE-Programms sieht folgendermaßen aus:

Titel
Anweisungen zur Schaltungsbeschreibung und zur Programmsteuerung
Endstatement (.END)

In einem SPICE-Programm kann man im wesentlichen drei verschiedene Arten von Anweisungen unterscheiden:

a) Elementanweisung
Jedes Schaltelement erhält eine eigene Elementanweisung, in der die Lage des Elementes in der Schaltung und seine elektrischen Parameter oder Hinweise darauf angegeben werden. Elementanweisungen beginnen mit einem für den Elementtyp charakteristischen Kennbuchstaben.

b) Modellanweisungen

   Die Parameterwerte von Halbleiterelementen werden auf eigenen Modellanweisungen spezifiziert. Diese beginnen mit dem Kennwort .MODEL . Es lassen sich sieben verschiedene Halbleiterarten programmieren.

c) Steueranweisungen

   Mit den Steueranweisungen werden Art und Umfang der Schaltungsanalyse und der Ergebnisausgabe spezifiziert. Steueranweisungen beginnen mit einem Punkt, unmittelbar gefolgt von einem Kennwort.

SPICE berechnet die Schaltung mittels Knotenanalyse. Hierzu muß jedem Knoten der Schaltung eine Knotennummer zugeordnet werden. Als Knotennummern dienen die positiven ganzen Zahlen. Einer der Schaltungsknoten muß die Nummer Null erhalten, denn er dient SPICE als Bezugsknoten. An jedem Knoten müssen mindestens zwei Schaltelemente angeschlossen sein.

Da alle Anschlüsse der Schaltung Knotennummern besitzen, ist eine eindeutige Schaltungsbeschreibung durch die Elementanweisungen möglich. Für jedes Schaltelement wird eine eigene Elementanweisung mit einem Namenfeld, Feldern für die Knotennummern der Anschlüsse und Feldern mit den numerischen Werten der Elementparameter oder Hinweise darauf (Name des verwendeten Modells) programmiert.

Das Namenfeld muß mit einem für jede Schaltelementart typischen Buchstaben beginnen und darf nur alphanumerische Zeichen enthalten. Nur die ersten acht Zeichen des Namensfeldes werden von SPICE benutzt. Jedes Schaltelement muß einen eigenen Namen erhalten, der sich in der Schaltung nicht wiederholen darf.

Die folgenden Anfangsbuchstaben sind für die verschiedenen Schaltelemente vorgesehen:

R Widerstand
C Kapazität
L Induktivität
K Gekoppelte Induktivitäten
T Verlustlose Leitung

G Spannungsgesteuerte Stromquelle
E Spannungsgesteuerte Spannungsquelle
F Stromgesteuerte Stromquelle
H Stromgesteuerte Spannungsquelle

V Unabhängige Spannungsquelle
I Unabhängige Stromquelle

D Diode
Q Bipolarer Transistor
J Sperrschicht-Feldeffekt-Transistor
M MOS-Feldeffekt-Transistor

X Teilschaltung

Die Größe eines Schaltelementparameters wird als Dezimalzahl in seinem Wertfeld
programmiert. Der Parameterwert kann dabei als ganze Zahl, als Dezimalbruch oder
als Gleitkommazahl programmiert werden. Sowohl ganze Zahlen als auch Dezimal-
brüche können mit einer Zehnerpotenz mit ganzzahligem Exponenten multipliziert
werden. Für die Basis 10 wird der Buchstabe E programmiert, die auf E folgende
ganze Zahl ist der Exponent (wissenschaftliche Notation). Anstelle spezieller Zehnerpotenzen können abkürzende Buchstaben (Maßstabsfaktoren) programmiert werden.
Diese sind:

T (Tera)	= E12
G (Giga)	= E9
MEG (Mega)	= E6
K (Kilo)	= E3
M (Milli)	= E-3
U (Mikro)	= E-6
N (Nano)	= E-9
P (Piko)	= E-12
F (Femto)	= E-15
MIL	= 25.4E-6 (tausendstel Inch in Meter)

Prinzipiell können den Zahlenwerten auch Einheiten beigegeben werden, da SPICE
alle der Zahl bzw. dem Maßstabsfaktor nachfolgenden Zeichen ignoriert. Da es aber
zu Verwechslungen mit den Maßstabsfaktoren kommen kann, sollte man auf die Angabe
von Einheiten verzichten.

Es können beliebige lineare oder nichtlineare Schaltungen, die aus den obengenannten Elementen aufgebaut sind, berechnet werden. Jede gewünschte Analyseart
wird auf einer eigenen Steueranweisung spezifiziert. Eine Steueranweisung beginnt
mit einem . (Punkt), unmittelbar gefolgt von einem Kennwort:

.OP	Gleichstrom – Arbeitspunkt
.DC	Gleichstrom – Kennlinie
.TF	Gleichstrom – Kleinsignalparameter
.SENS	Gleichstrom – Empfindlichkeiten
.NODESET	Gleichstrom – Anfangsbedingung
.TRAN	Einschwinganalyse
.IC	Einschwing – Anfangsbedingung
.FOUR	Fourieranalyse
.AC	Wechselstrom – Kleinsignalanalyse
.DISTO	Kleinsignal – Verzerrungsanalyse
.NOISE	Kleinsignal – Rauschanalyse
.TEMP	Temperaturanalyse

.PRINT	Tabellarische Ergebnisausgabe
.PLOT	Plot – Ausgabe
.WIDTH	Formatsteuerung
.PROBE	Dateierstellung für graphischen Postprozessor (PSPICE)
.ALTER	Parametervariation
.OPTIONS	Optionen für die SPICE-Analyse

21.2 Graphischer Postprozessor PROBE (PSPICE)

PROBE ist der graphische Postprozessor für PSPICE. PROBE erlaubt es, die verschiedenen Ergebnisse einer Simulation graphisch auf dem Bildschirm bzw. auf dem Printer/ Plotter auszugeben. Damit ist PROBE so etwas wie ein „Softwareoszilloskop". Ein Programmlauf mit PSPICE entspricht dem Aufbau bzw. der Änderung einer Brettschaltung, während ein Programmlauf mit PROBE der Untersuchung der Brettschaltung mit einem Oszilloskop entspricht.

Um Ergebnisse mit dem Postprozessor zu bekommen, muß im SPICE-Programm die Anweisung .PROBE vorhanden sein. PSPICE erzeugt dann eine Datei PROBE.DAT, die von dem Postprozessor ausgewertet werden kann.

PROBE ist menügesteuert und selbsterklärend. Bei der Angabe von Ausgangsvariablen können Spannungen (in der Form V(Knoten1,Knoten2) bzw. V(Knoten)) und Ströme (in der Form I(RL)) angegeben werden. Es sind auch mathematische Ausdrücke erlaubt (z.B. V(100)*1000). Bei der AC-Analyse ist zusätzlich die Möglichkeit gegeben, die komplexen Ergebnisse nach Betrag (VM(Knoten)), Betrag in dB (VDB(Knoten)), Realteil (VR(Knoten)), Imaginärteil (VI(Knoten)) und Phasenlage (VP(Knoten) auszugeben.

21.3 Mustersimulation eines Operationsverstärkers TAA761

```
*
* Schaltungsbeschreibung
*

* Die folgenden Anweisungen beschreiben die Schaltung für Spice.
* Bei der Schaltung handelt es sich um eine Approximation des
  Operationsverstärkers TAA761 (siehe Abbildung 21.1).
```

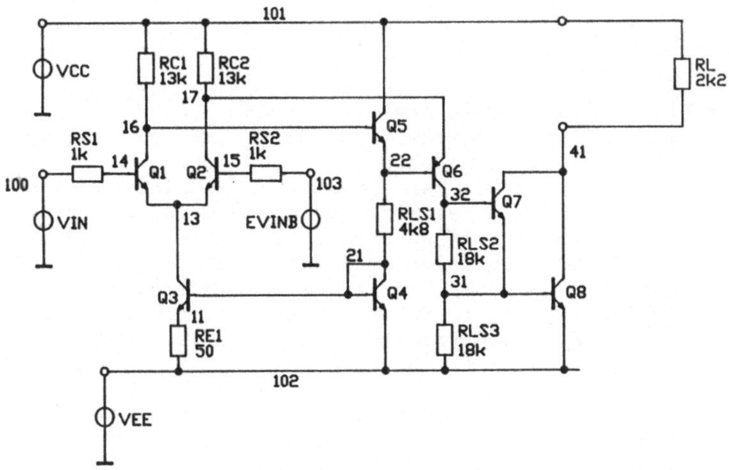

Abb. 21.1: Beispielschaltung zur SPICE-Simulation

```
* VIN ist die Eingangsquelle der Schaltung. Sie hat während der
*  AC-Analyse eine Amplitude von 1 V. Während der Einschwinganalyse
*  hat die Quelle sinusförmigen Spannungsverlauf bei einer Amplitude
*  von 0,00001 V und einer Frequenz von 10 kHz.
*  Zur differentiellen Ansteuerung der Schaltung dient die
*  gesteuerte Spannungsquelle EVINB.
VIN 100 0 AC 1 SIN(0 0.00001 10k)
EVINB 103 0 100 0 -1


* Die Versorgungsspannung beträgt +10 Volt und -10 Volt.
VCC 101 0 DC 10
VEE 102 0 DC -10


* Die Transistorknoten sind in der Reihenfolge
*  Kollektor-Basis-Emitter. Alle Transistoren müssen sich auf ein
*  Modell beziehen (hier QNL bzw. QPL).
Q1 16 14 13 QNL
Q2 17 15 13 QNL
Q3 13 21 11 QNL
Q4 21 21 102 QNL
Q5 101 16 22 QNL
Q6 32 22 17 QPL
Q7 41 32 31 QNL
Q8 41 31 102 QNL


* Modelle für Widerstände sind optional. Wenn Sie benutzt werden,
*  dann spezifizieren sie Dinge wie Skalierung,
*  Temperaturkoeffizient und Toleranzen.
RS1 100 14 1K
RS2 15 103 1K
RC1 101 16 13K
RC2 101 17 13K
RE1 11 102 50
RLS1 22 21 4.8K
RLS2 32 31 18K
RLS3 31 102 18K
RL 101 41 2.2K
```

```
*
* Modellbeschreibung
*

* Das Modell des Bipolartransistors basiert auf dem sog.
* Gummel-Poon-Modell. Es gibt 55 Modellparameter, aber die meisten
* sind dazu da, um zweitrangige Effekte zu berücksichtigen. Für
* realistische Schaltungen werden bei den meisten Bipolarmodellen
* zwischen 12 und 15 Parameter spezifiziert, während für den Rest
* Standardwerte benutzt werden. In untenstehendem Modell ist die
* Stromverstärkung im Vorwärtsbetrieb auf 80 gesetzt. Der
* Basiswiderstand ist auf 100 Ohm, die Kollektor-Substrat-Kapazität
* ist auf 2 pF, die Transitzeit im Vorwärtsbetrieb ist auf 0,3 ns,
* die Transitzeit im Rückwärtsbetrieb ist auf 6 ns, die
* Basis-Emitter-Kapazität ist auf 3 pF, die
* Basis-Kollektor-Kapazität ist auf 2 pF und die Earlyspannung im
* Vorwärtsbetrieb ist auf 50 Volt gesetzt. Die Kapazitäten sind
* üblicherweise spannungsabhängig, und die angegebenen Werte
* bezeichnen die Werte im spannungslosen Zustand.
.MODEL QNL NPN (BF=80 RB=100 CCS=2PF TF=0.3NS TR=6NS CJE=3PF CJC=2PF
+ VA=50)
.MODEL QPL PNP (BF=80 RB=100 CCS=2PF TF=0.3NS TR=6NS CJE=3PF CJC=2PF
+ VA=50)


*
* Steuerkommandos
*


* Dieses Kommando setzt Optionen.
*
*           ACCT      Ausdruck von Laufzeitstatistik
*           LIST      Ausdruck zusammengefasster Eingabedaten
*           NODE      Ausdruck einer Knotentabelle
*           OPTS      Ausdruck der Optionenwerte
*           NOPAGE    Unterdrückt Seitenvorschub
*           RELTOL    Setzt die relative Fehlertoleranz des Programms
*
.OPT ACCT LIST NODE OPTS NOPAGE RELTOL=.001

* Ausgabebreite auf 80 Spalten setzen.
.WIDTH OUT=80

* Dieses Kommando erzeugt einen Gleichspannungsdurchlauf. Die
* Spannungsquelle VIN durchläuft den Bereich von -0,25 Volt bis
* 0,25 Volt in 0,005 Volt Schritten. Spice benutzt zur Analyse die
* nichtlinearen Bauteilgleichungen.
.DC VIN -0.25 0.25 0.005

* Ein Ergebnisplot ist in Abbildung 21.2 dargestellt. Es zeigt
* den Verlauf der Spannungen an verschiedenen Knoten in
* Abhängigkeit der Eingangsspannung.
```

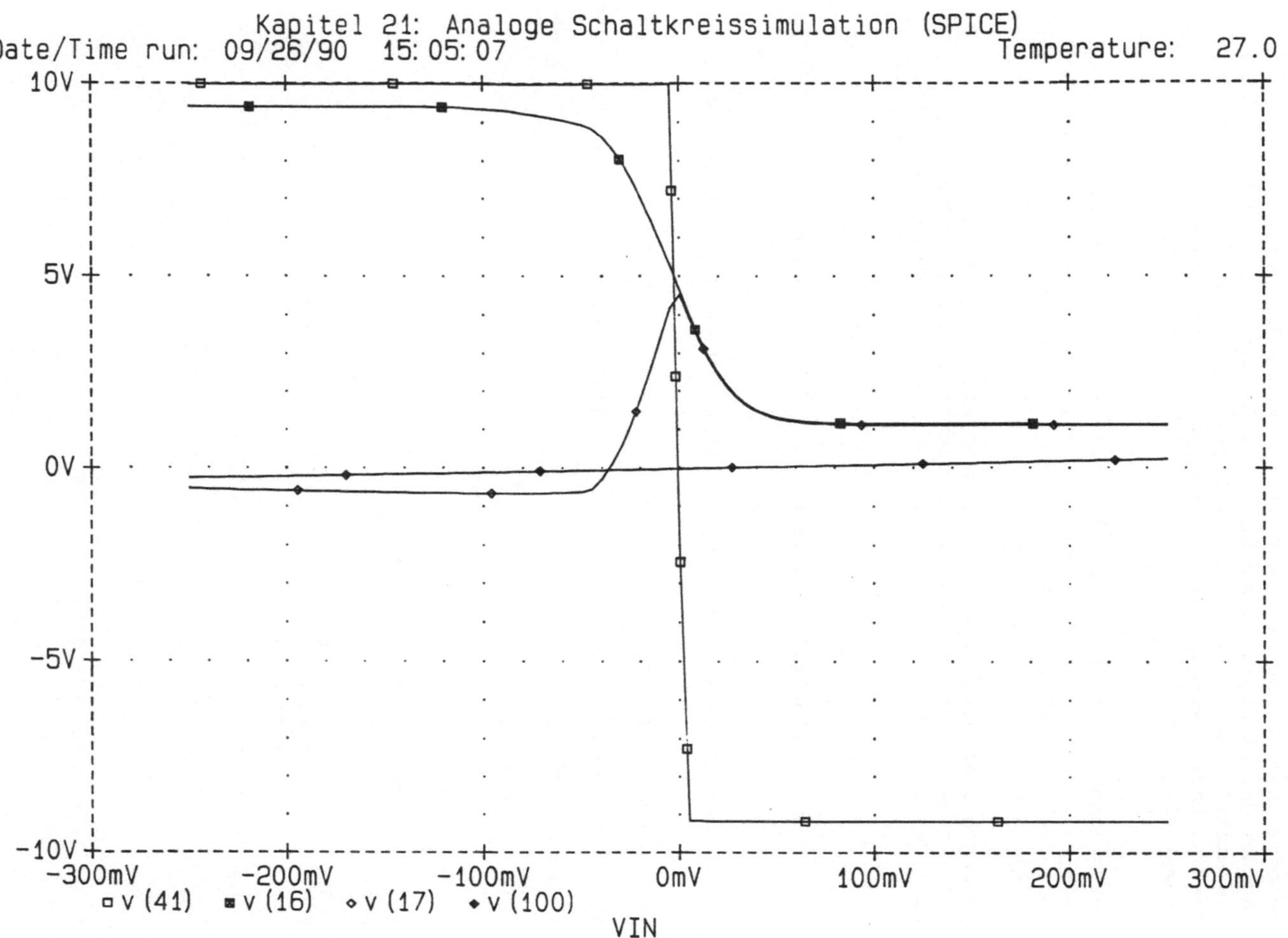

Abb. 21.2: DC-Übertragungscharakteristik

```
* Es gibt kein spezielles Kommando, um den Kleinsignalarbeitspunkt
*  zu berechnen. Diese Berechnung wird automatisch durchgeführt,
*  nachdem der Gleichspannungsdurchlauf beendet ist. Spice benutzt
*  die nichtlinearen Bauteilgleichungen, um den Arbeitspunkt zu
*  finden. Danach werden die Gleichungen im Arbeitspunkt
*  linearisiert und für die Analysen .TF, .SENS, .AC und .NOISE
*  verwendet.

* Dieses Kommando errechnet die Kleinsignalübertragungsfunktion,
*  unter der Annahme, daß VIN der Eingang und V(41) (die Spannung am
*  Knoten 41) der Ausgang ist.
.TF V(41) VIN

* Ein Ergebnisausdruck ist in Abbildung 21.3 dargestellt. Neben
*  der Angabe der Spannungen an den einzelnen Knoten finden sich
*  hier Verlustleistung, Verstärkung, Ein- und Ausgangswiderstand.
```

```
****       SMALL SIGNAL BIAS SOLUTION           TEMPERATURE =   27.000 DEG C


NODE     VOLTAGE       NODE    VOLTAGE       NODE    VOLTAGE       NODE    VOLTAGE


(    11)   -9.9612  (    13)    -.7517  (    14)    -.0043  (    15)    -.0043

(    16)    4.6599  (    17)    4.5447  (    21)   -9.1970  (    22)    3.8597

(    31)   -9.1797  (    32)   -8.4793  (    41)   -2.0279  (   100)    0.0000

(   101)   10.0000  (   102)  -10.0000  (   103)    0.0000



     VOLTAGE SOURCE CURRENTS
     NAME          CURRENT

     VIN          -4.349E-06
     VCC          -8.987E-03
     VEE           8.996E-03

     TOTAL POWER DISSIPATION   1.80E-01   WATTS




****       SMALL-SIGNAL CHARACTERISTICS


     V(41)/VIN = -9.764E+04

     INPUT RESISTANCE AT VIN =   7.578E+03

     OUTPUT RESISTANCE AT V(41) =   1.533E+03
```

Abb. 21.3: **Ergebnisausdruck Kleinsignalanalyse**

```
* Hiermit erfolgt eine Wechselstromanalyse (AC-Analyse). Es werden
*  die komplexen Signalamplituden der Schaltung in einem
*  linearisierten Arbeitspunkt berechnet. Dabei werden die
*  Eingangssignale im Frequenzbereich von 1 Hertz bis 100 Megahertz
*  dekadisch, mit 10 Berechnungspunkten pro Dekade, durchfahren.
*  Diese Schaltung hat als einzigen AC-Eingang VIN.
.AC DEC 10 1 100MEGHZ


* Ein Ergebnisplot ist in Abbildung 21.4 dargestellt. Es zeigt
*  den Amplitudengang (in dB) und den Phasengang (in Grad) der
*  Ausgangsspannung als Funktion der Frequenz der Eingangsspannung.
*  Da die Eingangsspannung auf 1 V eingestellt ist, entspricht der
*  Amplitudengang dem der Gesamtverstärkung.



* Mit diesem Kommando wird während der AC-Analyse eine
*  Rauschberechnung durchgeführt. Der Rauschanteil eines jeden
*  Bauteils wird berechnet und auf den Knoten 41 übertragen. Die
*  Effektivwerte aller Rauschanteile werden am Knoten 41
*  aufsummiert. Neben der, durch .PLOT bzw. .PRINT gesteuerte,
*  Ausgabe der Rauschwerte für jeden Frequenzpunkt der AC-Analyse
*  wird hier an jedem vierzigsten Frequenzpunkt eine ausführliche
*  Rauschanalyse ausgedruckt.
.NOISE V(41) VIN 40


* Ein Ergebnisausdruck bei einer Frequenz von 10 kHz ist in
*  Abbildung 21.5 dargestellt. SPICE berechnet die Rauschanteile
*  jedes Transistors und Widerstandes der Schaltung. Die
*  Rauschanteile werden aufsummiert und durch den Wert der
*  Übertragungsfunktion dividiert. Das Resultat ist die auf den
*  Eingang bezogene spektrale Rauschspannung.



* Abbildung 21.6 zeigt den Verlauf der spektralen
*  Ausgangsrauschspannung (onoise) und der spektralen
*  Eingangsrauschspannung (inoise) über der Frequenz.


* Hiermit erfolgt eine Einschwinganalyse. Erst wird der
*  Arbeitspunkt der Schaltung berechnet. Dann berechnet Spice das
*  Übertragungsverhalten im Zeitbereich von 0 ms bis 1 ms,
*  wobei es die nichtlinearen Bauteilgleichungen benutzt. Spice
*  berücksichtigt hierbei auch die nichtlinearen Kapazitäten. Die
*  Zeitintervalle werden von Spice grundsätzlich variabel gehalten,
*  doch erzwingt dieses Kommando die Interpolation der Ergebnisse
*  auf ein 10 Mikrosekunden-Intervall.
*  Die Einschwinganalyse ist die am häufigsten benutzte Analyse.
.TRAN/OP 10US 1MS



* Abbildung 21.7 zeigt die Arbeitspunktinformation, die SPICE bei
*  der Transientenanalyse berechnet. Hier finden sich nützliche
*  Hinweise über das Betriebsverhalten einzelner Transistoren.
```

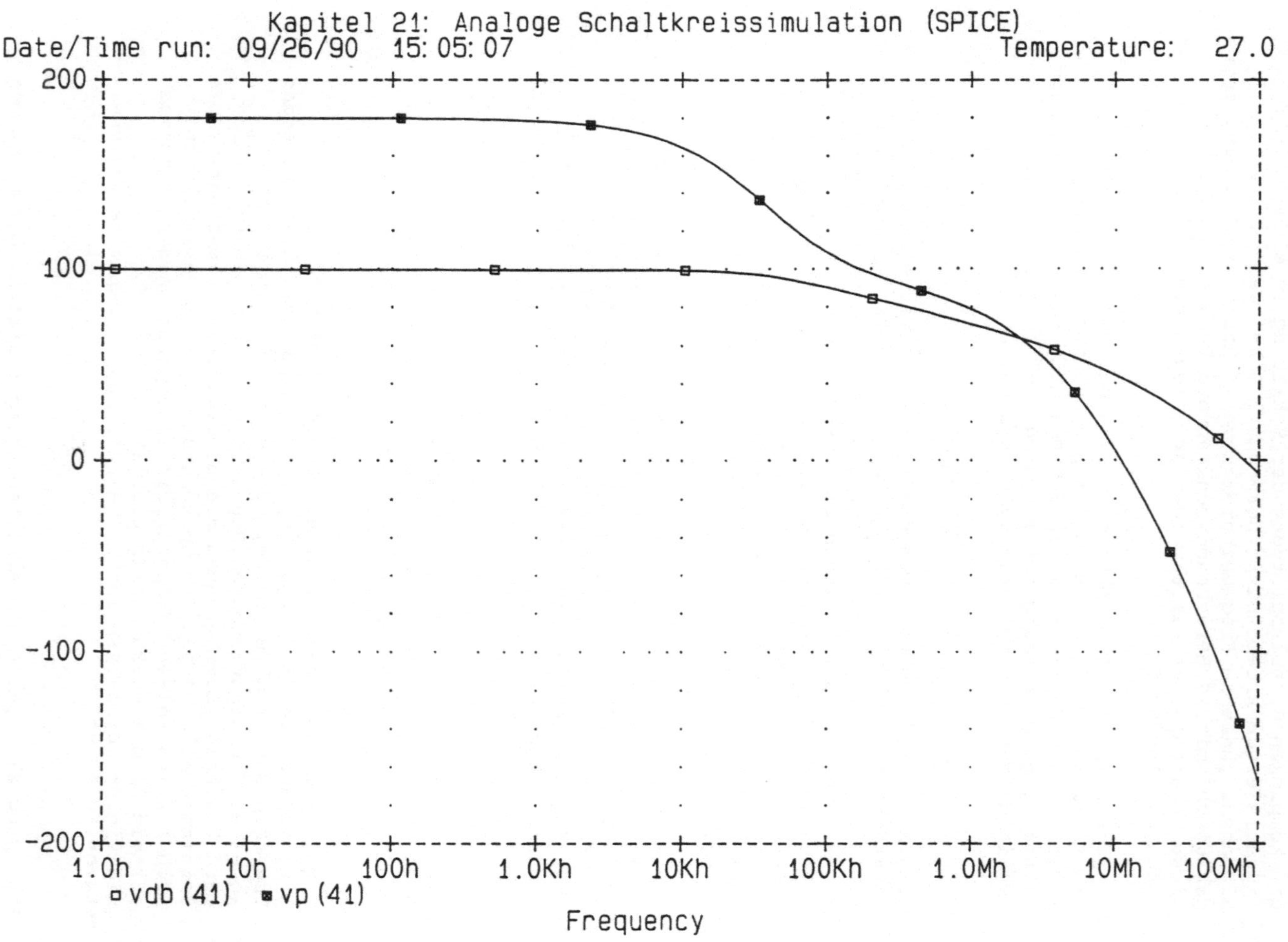

Abb. 21.4: Amplituden- und Phasengang der Ausgangsspannung

```
****      NOISE ANALYSIS                    TEMPERATURE =   27.000 DEG C


      FREQUENCY =   1.000E+04 HZ


**** TRANSISTOR SQUARED NOISE VOLTAGES (SQ V/HZ)


               Q1         Q2         Q3         Q4         Q5         Q6

      RB     3.673E-09  3.673E-09  8.370E-13  8.544E-13  1.630E-13  1.735E-13
      RC     0.000E+00  0.000E+00  0.000E+00  0.000E+00  0.000E+00  0.000E+00
      RE     0.000E+00  0.000E+00  0.000E+00  0.000E+00  0.000E+00  0.000E+00
      IB     3.728E-09  3.745E-09  3.444E-14  4.402E-14  1.346E-10  1.978E-12
      IC     1.754E-09  1.759E-09  1.557E-13  5.138E-14  1.748E-12  7.986E-13
      FN     0.000E+00  0.000E+00  0.000E+00  0.000E+00  0.000E+00  0.000E+00

      TOTAL  9.155E-09  9.177E-09  1.027E-12  9.498E-13  1.365E-10  2.950E-12


               Q7         Q8

      RB     8.129E-14  9.726E-17
      RC     0.000E+00  0.000E+00
      RE     0.000E+00  0.000E+00
      IB     3.700E-12  3.288E-13
      IC     3.658E-13  3.783E-15
      FN     0.000E+00  0.000E+00

      TOTAL  4.147E-12  3.327E-13



**** RESISTOR SQUARED NOISE VOLTAGES (SQ V/HZ)


               RS1        RS2        RC1        RC2        RE1        RLS1

      TOTAL  3.673E-08  3.673E-08  1.777E-11  1.903E-11  4.189E-13  4.806E-15


               RLS2       RLS3        RL

      TOTAL  1.461E-11  1.581E-14  1.646E-17



**** TOTAL OUTPUT NOISE VOLTAGE          =   9.198E-08 SQ V/HZ

                                         =   3.033E-04 V/RT HZ

      TRANSFER FUNCTION VALUE:

        V(41)/VIN                         =   9.414E+04

      EQUIVALENT INPUT NOISE AT VIN =   3.222E-09 V/RT HZ
```

Abb. 21.5: Ergebnis der Rauschanalyse bei f = 10 kHz

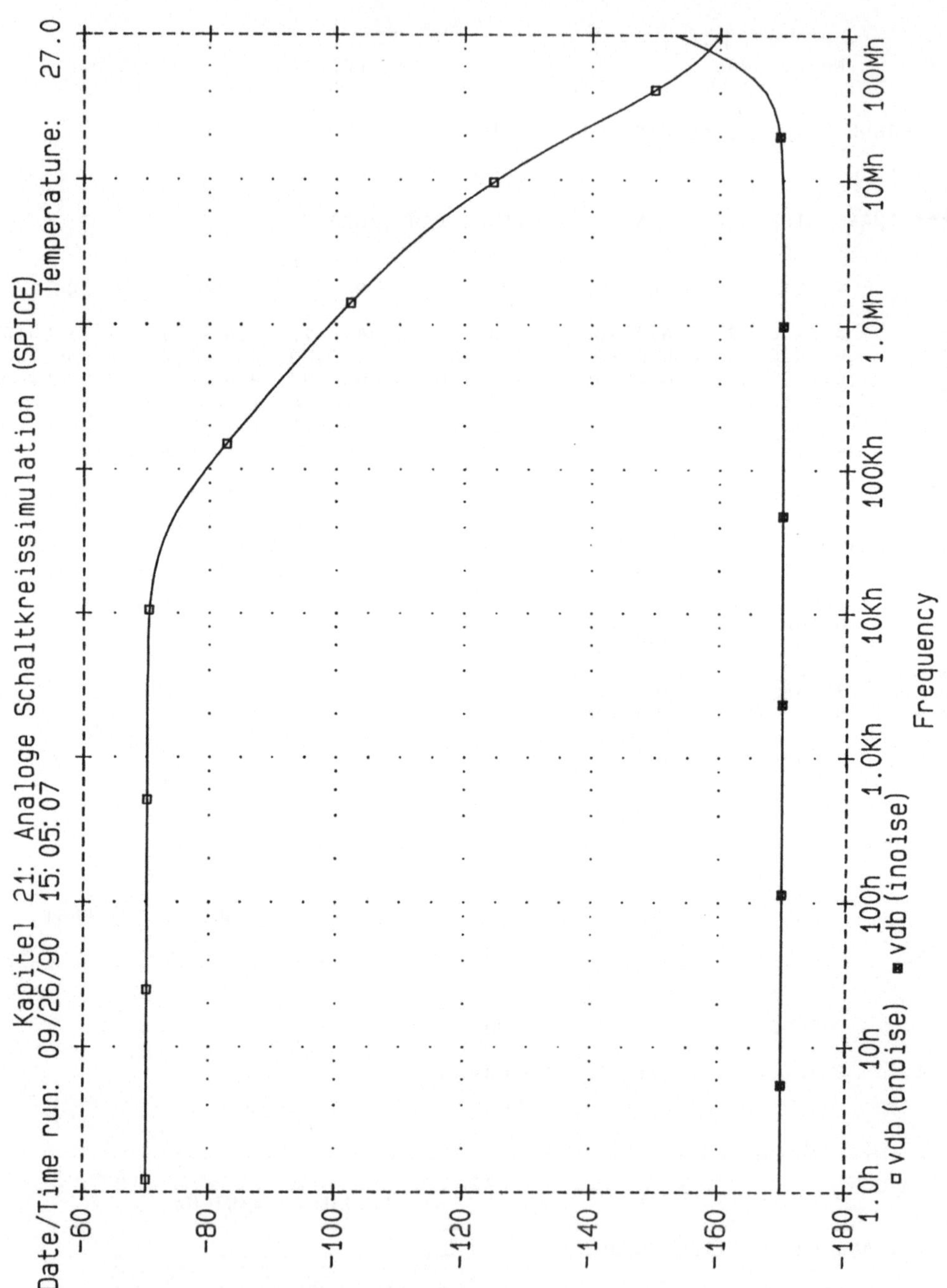

Abb. 21.6: Frequenzabhängigkeit der spektralen Rauschgrößen

```
 ****         OPERATING POINT INFORMATION        TEMPERATURE =   27.000 DEG C


 **** VOLTAGE-CONTROLLED VOLTAGE SOURCES


 NAME           EVINB
 V-SOURCE       0.000E+00
 I-SOURCE      -4.349E-06


 **** BIPOLAR JUNCTION TRANSISTORS


 NAME           Q1              Q2              Q3              Q4              Q5
 MODEL          QNL             QNL             QNL             QNL             QNL
 IB             4.35E-06        4.35E-06        8.22E-06        3.35E-05        3.04E-05
 IC             3.80E-04        3.80E-04        7.69E-04        2.68E-03        2.69E-03
 VBE            7.47E-01        7.47E-01        7.64E-01        8.03E-01        8.00E-01
 VBC           -4.66E+00       -4.55E+00       -8.45E+00        0.00E+00       -5.34E+00
 VCE            5.41E+00        5.30E+00        9.21E+00        8.03E-01        6.14E+00
 BETADC         8.75E+01        8.73E+01        9.35E+01        8.00E+01        8.85E+01
 GM             1.47E-02        1.47E-02        2.97E-02        1.04E-01        1.04E-01
 RPI            5.95E+03        5.95E+03        3.15E+03        7.73E+02        8.52E+02
 RX             1.00E+02        1.00E+02        1.00E+02        1.00E+02        1.00E+02
 RO             1.44E+05        1.44E+05        7.60E+04        1.87E+04        2.06E+04
 CBE            9.42E-12        9.41E-12        1.40E-11        3.62E-11        3.64E-11
 CBC            1.04E-12        1.05E-12        8.75E-13        2.00E-12        1.00E-12
 CBX            0.00E+00        0.00E+00        0.00E+00        0.00E+00        0.00E+00
 CJS            2.00E-12        2.00E-12        2.00E-12        2.00E-12        2.00E-12
 BETAAC         8.74E+01        8.72E+01        9.35E+01        8.00E+01        8.85E+01
 FT             2.24E+08        2.23E+08        3.18E+08        4.31E+08        4.43E+08


 NAME           Q6              Q7              Q8
 MODEL          QPL             QNL             QNL
 IB            -3.97E-07        7.20E-07        5.91E-05
 IC            -3.96E-05        6.50E-05        5.40E-03
 VBE           -6.85E-01        7.00E-01        8.20E-01
 VBC            1.23E+01       -6.45E+00       -7.15E+00
 VCE           -1.30E+01        7.15E+00        7.97E+00
 BETADC         9.97E+01        9.03E+01        9.15E+01
 GM             1.53E-03        2.51E-03        2.09E-01
 RPI            6.51E+04        3.59E+04        4.38E+02
 RX             1.00E+02        1.00E+02        1.00E+02
 RO             1.57E+06        8.68E+05        1.06E+04
 CBE            5.26E-12        5.60E-12        6.79E-11
 CBC            7.78E-13        9.48E-13        9.19E-13
 CBX            0.00E+00        0.00E+00        0.00E+00
 CJS            2.00E-12        2.00E-12        2.00E-12
 BETAAC         9.97E+01        9.03E+01        9.14E+01
 FT             4.04E+07        6.10E+07        4.83E+08
```

Abb. 21.7: Arbeitspunktinformation

```
* Das Ergebnis der Transientenanalyse ist in Abbildung 21.8
*  dargestellt. Es zeigt den Spannungsverlauf am Kollektor des
*  ersten Transistors und den Spannungsverlauf am Ausgang der
*  Schaltung.
```

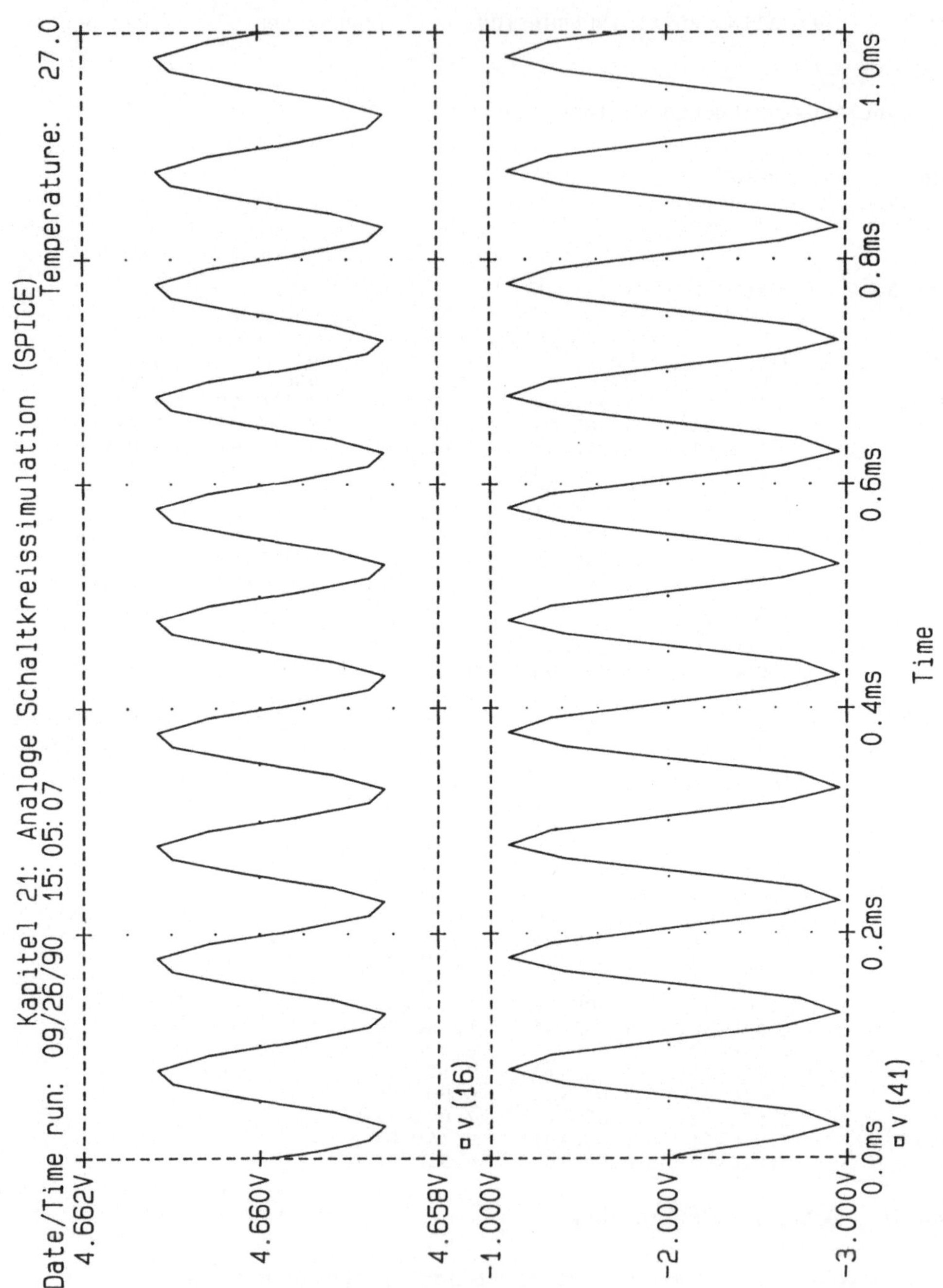

Abb. 21.8: Ergebnis der Transientenanalyse

```
*  Dieser Befehl analysiert während der Einschwinganalyse die
*   Kurvenform der Spannung am Knoten 41 nach harmonischen
*   Anteilen. Spice berechnet den Betrag und die Phase von der
*   Grundwelle (10 kHz) und von den ersten acht Harmonischen.
.FOUR 10k V(41)

*  Das Ergebnis ist in Abbildung 21.9 dargestellt.
```

```
****       FOURIER ANALYSIS                    TEMPERATURE =    27.000 DEG C


FOURIER COMPONENTS OF TRANSIENT RESPONSE V(41)


DC COMPONENT =   -2.029415E+00

HARMONIC   FREQUENCY      FOURIER     NORMALIZED     PHASE      NORMALIZED
   NO        (HZ)        COMPONENT    COMPONENT      (DEG)      PHASE (DEG)

    1      1.000E+04     8.843E-01    1.000E+00     1.635E+02     0.000E+00
    2      2.000E+04     2.653E-03    3.001E-03    -4.537E+01    -2.088E+02
    3      3.000E+04     1.903E-03    2.152E-03     1.230E+02    -4.046E+01
    4      4.000E+04     1.416E-03    1.602E-03     1.122E+02    -5.125E+01
    5      5.000E+04     9.177E-04    1.038E-03     1.366E+02    -2.686E+01
    6      6.000E+04     1.499E-03    1.695E-03     1.366E+02    -2.690E+01
    7      7.000E+04     1.754E-02    1.984E-02    -8.646E+01    -2.499E+02
    8      8.000E+04     6.943E-04    7.852E-04     1.498E+02    -1.362E+01
    9      9.000E+04     1.098E-02    1.242E-02     6.554E+01    -9.791E+01


   TOTAL HARMONIC DISTORTION =   2.384445E+00 PERCENT
```

Abb. 21.9: Ergebnis der Fourieranalyse

```
*  Mit dem graphischen Postprozessor PROBE (PSPICE) lassen sich
*   auch die Ergebnisse der Transientenanalyse spektral auswerten.
*   Dazu zeigt Abbildung 21.10 einen entsprechenden Ausdruck. Der
*   Vergleich mit der numerischen Analyse zeigt hier jedoch deutliche
*   Diskrepanzen.
```

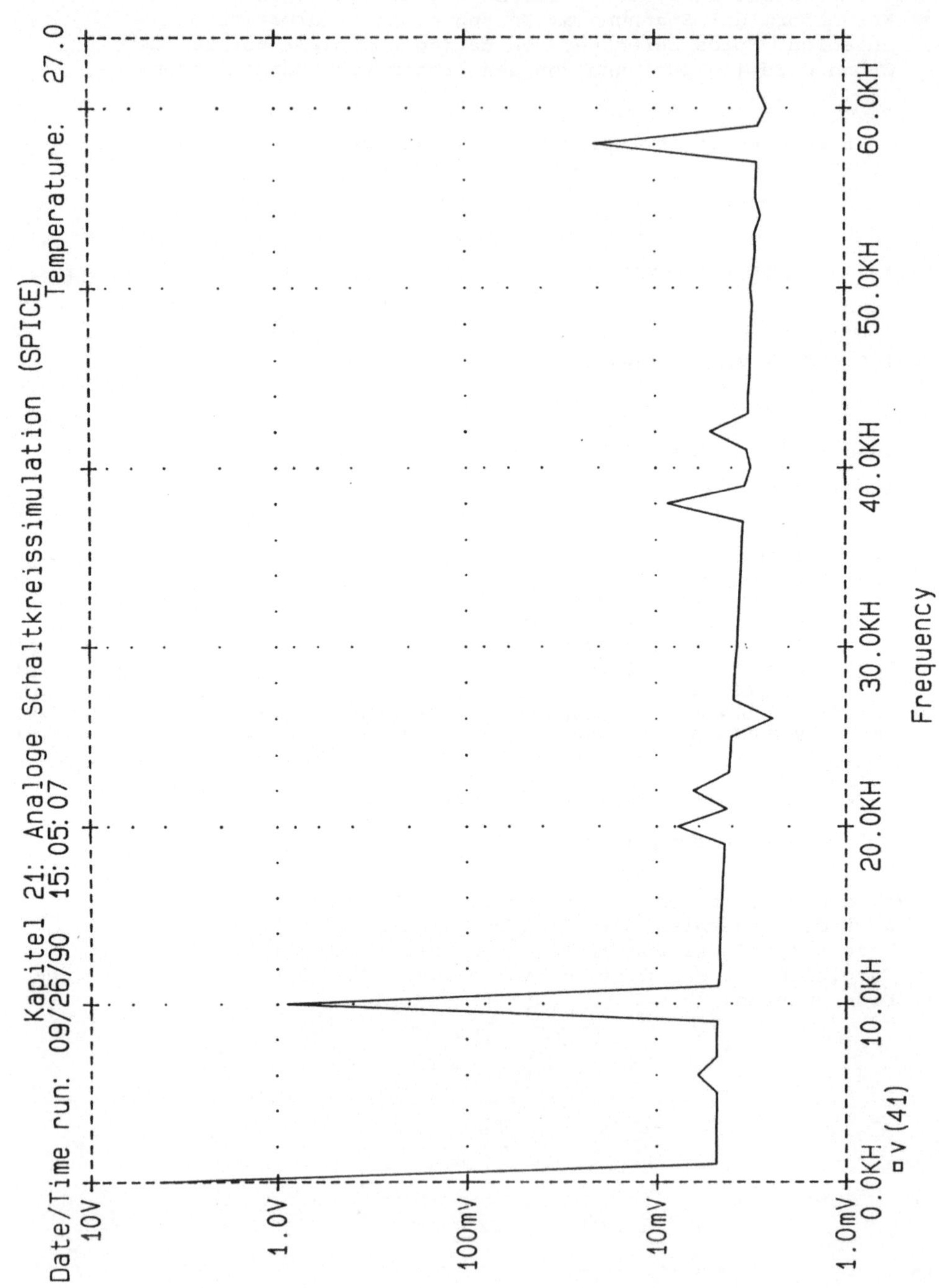

Abb. 21.10: Fourieranalyse mit PROBE

```
* Diese Kommandos steuern Druck- und Plot-Ausgaben für
*  ausgewählte Spannungen und Ströme. Die Plots sind sogenannte
*  „Zeilendrucker"-Plots, d.h. die Plots werden auf dem
*  Zeilendrucker mit Hilfe von regulären Zeichen dargestellt. Um
*  reelle, hochauflösende Plots zu bekommen, muß man PROBE benutzten.
.PRINT AC VDB(41) VP(41)
.PRINT NOISE INOISE ONOISE
.PRINT TRAN V(16) V(41)
.PROBE
.END
```

21.4 Gewinnung der SPICE-Parameter

In den Herstellerangaben findet man selten Angaben über SPICE-Parameter. Anhand des Transistors BC107B soll exemplarisch gezeigt werden, wie aus den üblichen Datenblättern in erster Näherung die SPICE-Parameter ermittelt werden können.

Einige wichtige Parameter lassen sich aus dem sog. „Gummel-Poon-Plot" entnehmen. Der Gummel-Poon-Plot wurde in Kapitel 2, Abbildung 2.21 dargestellt. Er ist hier noch einmal in Abbildung 21.11 wiedergegeben.

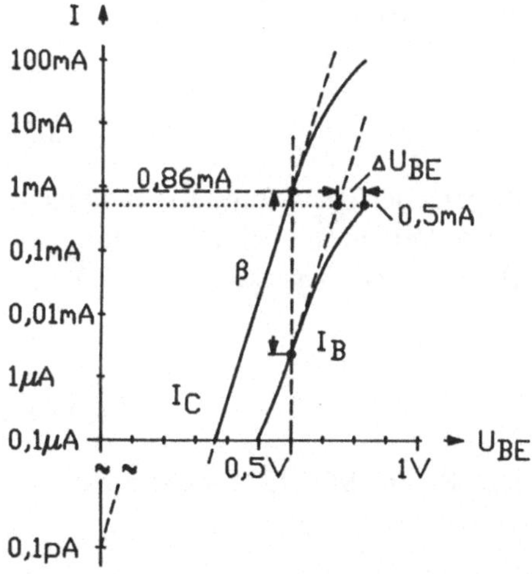

Abb. 21.11: Gummel-Poon-Plot des Transistors BC107B

Aus dem Gummel-Poon-Plot läßt sich der Sättigungsstrom I_S durch graphische Extrapolation der logarithmischen Kennlinie des Kollektorstromes hin zur Abszisse (U_{BE} = 0) ermitteln. Nach Gleichung 2.11 ist

$$I_C = I_S \cdot e^{\frac{U_{BE}}{U_T}}$$

(2.11)

Somit folgt für $U_{BE} = 0$

$$I_C = I_S \ \big|\ U_{BE} = 0 \qquad\qquad (21.01)$$

Im Falle des Beispieltransistors beträgt der Sättigungsstrom

$$I_S \approx 1 \cdot 10^{-13}\,A \qquad\qquad (21.02)$$

Zu einem ähnlichen Ergebnis gelangt man, wenn man $U_T = 26$ mV in Gleichung 2.11 einsetzt und nach I_S auflöst

$$I_S = \frac{I_C}{e^{U_{BE}/26\,mV}} \qquad\qquad (21.03)$$

bei $I_C = 0{,}86$ mA und $U_{BE} = 0{,}6$ V liefert das für I_S

$$I_S = 8.18 \cdot 10^{-14}\,A \qquad\qquad (21.04)$$

Die Stromverstärkung im Vorwärtsbetrieb läßt sich aus dem Abstand der logarithmischen Kennlinien des Kollektorstromes und des Basisstromes in dem Bereich bestimmen, in dem beide Kennlinien einen linearen Verlauf haben. Aus Abbildung 21.11 folgt nach diesem Schema für β (entspricht BF in SPICE)

$$\beta = \frac{I_C}{I_B} \ \bigg|\ U_{BE} = 0{,}6\,V = \frac{0{,}86\,mA}{2{,}51\,\mu A} \approx 340 \qquad\qquad (21.05)$$

Der Basisbahnwiderstand ermittelt sich aus der Differenz der Basis-Emitterspannungen, die sich aus dem idealen linearen und dem realen Verlauf bei einem bestimmten Basisstrom ergibt. In Abbildung 21.11 ergibt sich für einen Basisstrom von 0,5 mA eine Differenz der Basis-Emitterspannung von

$$\Delta U_{BE} \ \big|\ I_B = 0{,}5\,mA = 0.087\,V \qquad\qquad (21.06)$$

dann folgt für den Basisbahnwiderstand (entspricht R_B im SPICE-Modell) an dieser Stelle

$$R_{BB'} = \frac{\Delta U_{BE}}{I_B} = \frac{0{,}087\,V}{0{,}5\,mA} = 174\,\Omega \qquad\qquad (21.07)$$

Die Earlyspannung im Vorwärtsbetrieb (VAF im SPICE-Modell) läßt sich aus dem Ausgangswiderstand des Kleinsignalersatzschaltbildes ableiten. In den Datenblättern wird dafür der Ausgangsleitwert in Form des H-Parameters h_{22_e} angegeben. Die Earlyspannung errechnet sich dann zu

$$VAF = \frac{I_C}{h_{22_e}} - U_{CE} \qquad\qquad (21.08)$$

Das Datenblatt des BC107B liefert für I_C = 2 mA, U_{CE} = 5 V einen Ausgangsleitwert von h_{22_e} $\approx$ 30 μS. Dann folgt für die Earlyspannung

$$VAF = \frac{2\,mA}{30\,\mu S} - 5\,V = 62\,V \tag{21.09}$$

Aus dem Datenblatt lassen sich direkt die Werte für die Basis-Emitterkapazität (CJE im SPICE-Modell) und die Basis-Kollektorkapazität (CJC im SPICE-Modell) entnehmen.

$$C_{JE} = 8\,pf \tag{21.10}$$

$$C_{JC} = 3,5\,pf \tag{21.11}$$

Die Transitfrequenz des Datenblattes läßt sich in die Transitzeit im Vorwärtsbetrieb T_F wie folgt umrechnen

$$T_F = \frac{1}{2\,\pi\,f_T} - \frac{(C_{je} + C_\mu)\,U_T}{I_C} \approx \frac{1}{2\,\pi\,f_T} \tag{21.12}$$

Für den BC107B, der laut Datenblatt eine Transitfrequenz von f_T = 250 MHz hat, folgt für die Transitzeit

$$T_F = \frac{1}{2\,\pi\,250\,MHz} = 0,64\,ns \tag{21.13}$$

Mit den gezeigten Größen erreicht man schon eine recht gute Annäherung an das reale Verhalten des Transistors.

22 Digitale Signalverarbeitung

Bei der digitalen Signalverarbeitung handelt es sich üblicherweise um die Verarbeitung zeit- und amplitudendiskreter Größen. Da viele Signalquellen und Signalsenken zeit- und amplitudenkontinuierlicher Art sind, findet man häufig den in Abbildung 22.1 dargestellten prinzipiellen Aufbau eines digitalen Signalverarbeitungssystems.

Abb. 22.1: Prinzipieller Aufbau eines digitalen Signalverarbeitungssystems

22.1 Abgetastete Systeme und Quantisierung

Durch den in Abbildung 22.1 gezeigten A/D-Wandler wird ein zeit- und amplitudenkontinuierliches Signal (analoges Signal) in ein zeit- und amplitudendiskretes Signal (digitales Signal) gewandelt. Der A/D-Wandler vereint zwei Schritte. Zum einen wird vom Eingangssignal nur zu bestimmten Zeitpunkten ein Amplitudenwert genommen (Samplingvorgang) zum anderen wird dieser Amplitudenwert quantisiert (Digitalisierung).

Der Samplingvorgang ist eine Multiplikation eines zeitkontinuierlichen Signals mit der Folge von zeitlich äquidistanten Dirac-Impulsen. Um das Ergebnis des Samplingvorganges beurteilen zu können, ist zu fragen, wie das Spektrum einer Folge von zeitlich äquidistanten Dirac-Impulsen aussieht. Zur Vereinfachung soll angenommen werden, daß einer der Impulse genau bei t = 0 auftritt. Solch eine Folge muß dann ein Linienspektrum besitzten, das nur Kosinusterme enthält, weil die Folge eine periodische Zeitfunktion darstellt, die symmetrisch um den Nullpunkt ist. Die Frequenz der ersten Harmonischen (Grundwelle) ist naheliegenderweise 1/T Hz bzw. $2\pi/T$ rad/s. Die Amplituden der einzelnen Kosinusterme lassen sich dadurch ermitteln, daß man die Wellenform der zeitlich äquidistanten Dirac-Impulse mit einem Kosinus einer geeigneten Frequenz multipliziert und dann das Produkt über eine komplette Periode integriert. Wenn man z.B. den Kosinus der dritten harmonischen Frequenz ($\omega = 6\pi/T$) mit der Impulsfolge multipliziert und über die Periode -T/2 < t < T/2 integriert, sorgt die „Siebfunktion" des Dirac-Impulses dafür, daß das Ergebnis einfach gleich dem Wert der Kosinuswelle bei t = 0 sein wird, also gleich 1. Durch das Vorhandensein der Impulsfolge wird dasselbe Ergebnis bei t = T erzielt, wenn von T/2 < t < 3T/2 integriert wird. Das bedeutet, daß die dritte Harmonische mit der Amplitude 1 vorhanden sein muß. Dies muß dann auch für alle anderen harmonischen Frequenzen (und für den Term f = 0) zutreffen, da die Kosinusfunktion von allen harmonischen Frequenzen bei t = 0 (bzw. t = nT) den Wert 1 haben.

Damit kann man sagen, daß das Spektrum einer zeitlich äquidistanten Folge von Dirac-Impulsen eine unendliche Anzahl von Kosinusharmonischen besitzt, die alle dieselbe Amplitude haben und einen Abstand von $2\pi/T$ rad/s besitzen (siehe Abbildung 22.2.).

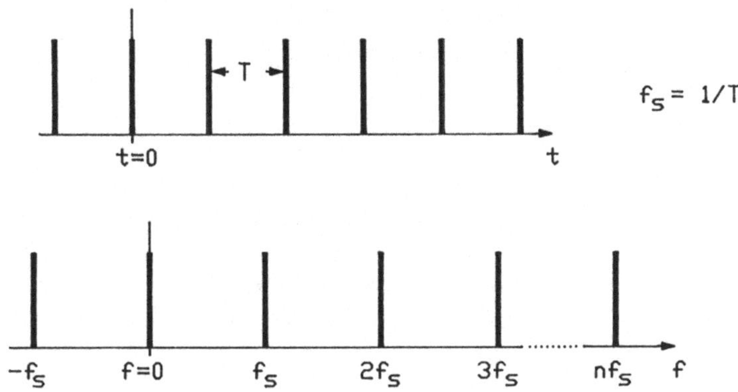

Abb. 22.2: Spektrum der Abtastimpulse

Eine zeitlich äquidistante Folge von Diracimpulsen hat also im Zeit- und im Frequenzbereich eine identische Form.

Die Faltung der Dirac-Impulsfolge mit einem zeitkontinuierlichen Signal führt nun dazu, daß das Spektrum des resultierenden Faltungsproduktes aus der wiederholten Folge des Spektrums des zeitkontinuierlichen Signals im Abstand der Samplingfrequenz besteht.

Der Digitalisierungsvorgang beinhaltet die Konvertierung des analogen Eingangssignals mit seiner theoretisch unbegrenzten Genauigkeit in eine Zahlenrepräsentation (digitales Ausgangssignal) mit begrenzter Wortlänge (z.B. 16 Bit). Wenn die Wortlänge begrenzt ist, kann das Eingangssignal bei der Umsetzung nur endlichen Amplitudenstufen zugewiesen werden. Zwischen dem Ausgangssignal und dem Eingangssignal entsteht dann der sog. Quantisierungsfehler aus der Differenz zwischen analogem und dem digitalem Wert (siehe Abbildung 22.3).

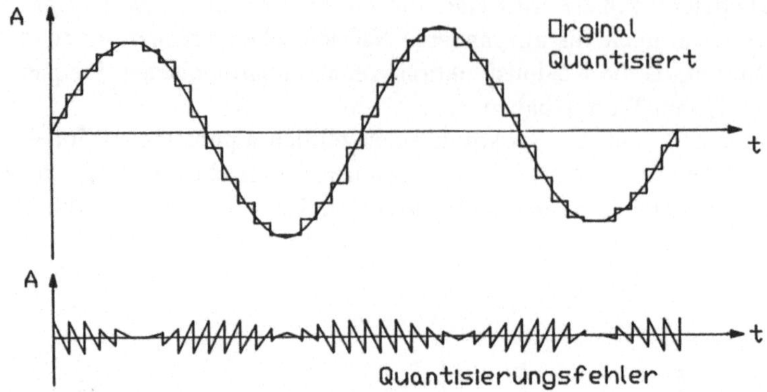

Abb. 22.3: Quantisierungsrauschen

Bei analogen Signalen wird die Auflösung durch Rauschen begrenzt. In ähnlicher Weise modelliert man im Digitalen den Quantisierungsfehler durch eine Rauschquelle und spricht vom Quantisierungsrauschen. Der Signal-Rauschabstand eines digitalen Übertragungssystems ist also durch die Wortlänge der Signalverarbeitenden Elemente bestimmt. Bezogen auf ein sinusförmiges Nutzsignal beträgt der erzielbare Signal-Rauschabstand

$$\text{SNR} = 1,8 \text{ dB} + n \cdot 6 \text{ dB} \tag{22.01}$$

wobei n die Bitbreite des Signals darstellt. Bei einem 16-Bit-System beträgt demnach der maximal erzielbare Signalrauschabstand 97,8 dB.

Die zeitliche Diskretisierung des Eingangssignals hat also eine Periodizität des Eingangsspektrums mit der Samplingfrequenz zur Folge (siehe Abbildung 22.4).

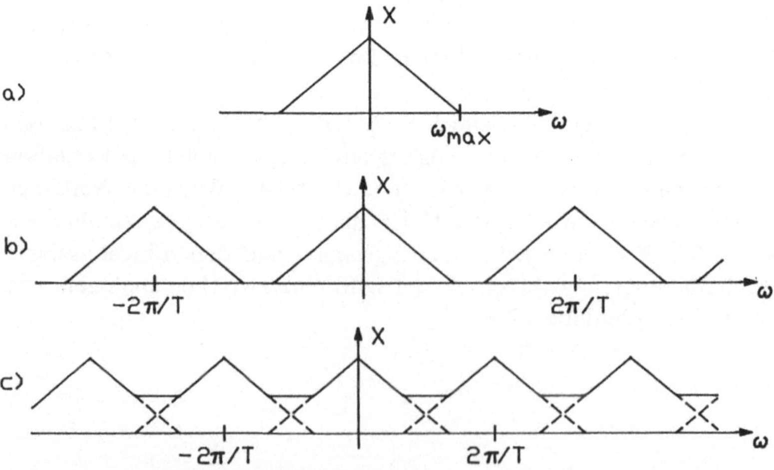

Abb. 22.4: Spektren eines kontinuierlichen Signals und von zwei durch verschiedene Abtastfrequenzen daraus gewonnenen diskreten Signale

Wird dabei die Abtastfrequenz zu klein gewählt, so daß die maximale Frequenz des Eingangsspektrums größer wird als die halbe Abtastfrequenz, so tritt eine Überlappung der Teilspektren auf, wie es in Abb. 22.4c gezeigt ist. Dieses Überlappen wird als „aliasing" bezeichnet. Tritt solch eine Überlappung auf, so ist es nicht mehr möglich, die einzelnen Signalanteile voneinander zu trennen. Daher muß man durch eine Bandbegrenzung des Eingangssignals dafür sorgen, daß keine Überlappung auftritt (sog. Antialiasfilterung). In der Abbildung 22.1 ist dazu vor dem A/D-Wandler ein Tiefpaßfilterblock angeordnet. Die Periodizität des zeitdiskreten Signals ist auch der Grund dafür, daß nach einer D/A-Wandlung ein sog. „Rekonstruktionsfilter" vorzusehen ist, damit nur das Basisband an die weitere analoge Signalverarbeitung weitergegeben wird.

22.2 Die Z-Transformation

Betrachtet man das zeitdiskrete Signal in der komplexen s-Ebene (siehe Abbildung 22.5), so wiederholt sich der Informationsgehalt im Streifen $|j\omega| < \pi/T$ parallel zur reellen Achse periodisch.

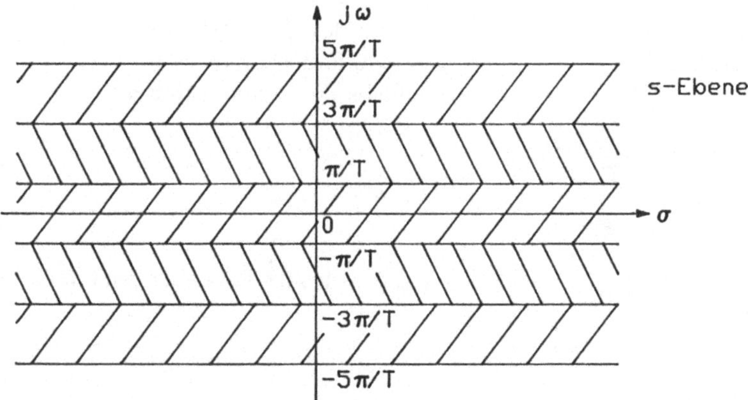

Abb. 22.5: Periodizität des zeitdiskreten Signals in der s-Ebene

Um diese Periodizität in der Darstellung zu vermeiden, bildet man die s-Ebene durch

$$z = e^{s \cdot T} \tag{22.02}$$

eindeutig und nichtlinear auf die sog. z-Ebene ab (siehe Abbildung 22.6).

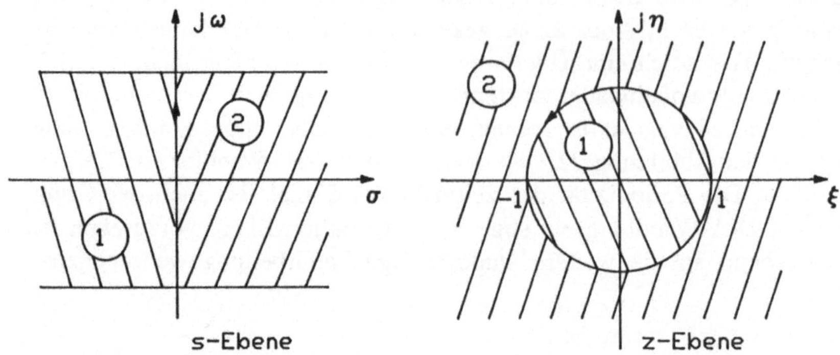

Abb. 22.6: Abbildung der s-Ebene auf die z-Ebene

Durch diese Abbildung kommt es zu folgenden Entsprechungen

s-Ebene	*z-Ebene*
Linke komplexe Ebene	Inneres des Einheitskreises
Imaginäre Achse	Peripherie des Einheitskreises
Rechte komplexe Ebene	Äußeres des Einheitskreises
Ursprung (s = 0)	z = 1
halbe Samplingfrequenz	
(s = +/-jπ/T)	z = -1

Daraus folgt z.B., daß ein System stabil ist, wenn sich alle Polstellen innerhalb des Einheitskreises befinden.

22.3 Digitale Filter

22.3.1 Einfache digitale Filter

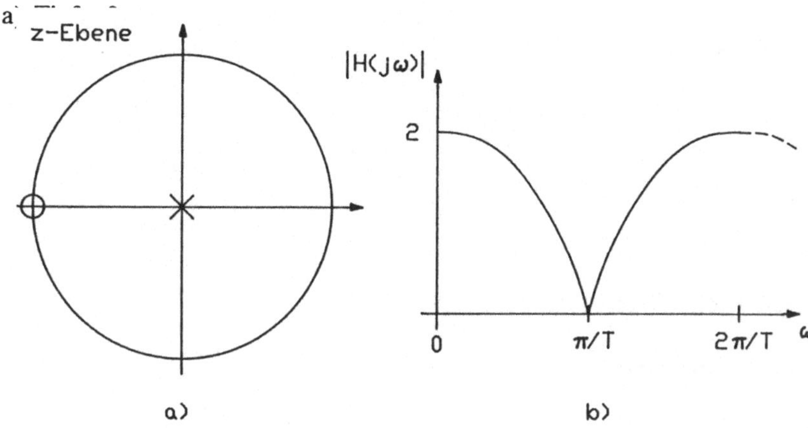

Abb. 22.7: Einfacher Tiefpaß, a) Darstellung in der z-Ebene, b) Darstellung des Frequenzganges

Die einfachste Form eines digitalen Filters ist ein Tiefpaßfilter, das durch eine Nullstelle bei Z = -1 realisiert wird. Die Übertragungsfunktion dieses Filters lautet

$$H(z) = z + 1 \qquad\qquad (22.03)$$

Dieses Filter ist so nicht realisierbar, da nur Zeitverzögerungen möglich sind, daher addiert man einen einfachen Pol im Ursprung der z-Ebene

$$H(z) = \frac{z + 1}{z} = 1 + z^{-1} \qquad\qquad (22.04)$$

Die Realisierung dieses Filters in Form eines Flußdiagramms ist in Abbildung 22.8 gezeigt.

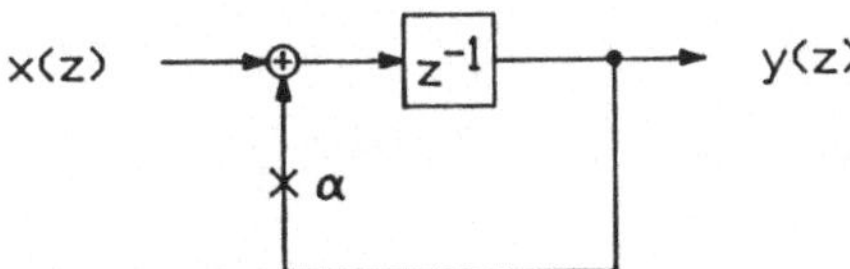

Abb. 22.8: Signalflußdiagramm eines einfachen Tiefpasses

b) rekursiver Tiefpaß

Ein weiterer einfacher Tiefpaß ist möglich durch Plazierung einer Polstelle auf der reellen Achse nahe z = 1 (ω = 0).

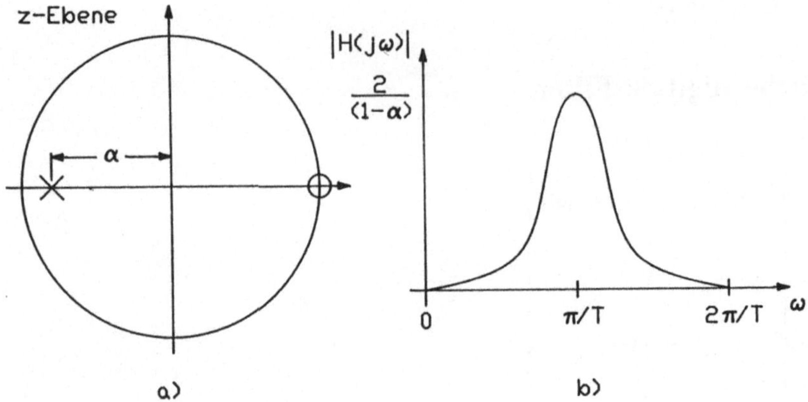

Abb. 22.9: Einfacher rekursiver Tiefpaß

Die Übertragungsfunktion dieses Tiefpasses lautet

$$H(z) = \frac{1}{z - \alpha} = \frac{y(z)}{x(z)} \tag{22.05}$$

Durch Umformen erhält man

$$(z - \alpha) \cdot y(z) = x(z) \tag{22.06}$$

und

$$z \cdot y(z) - \alpha \cdot y(z) = x(z) \tag{22.07}$$

erweitert mit z^{-1} ergibt

$$y(z) = \alpha \cdot z^{-1} \cdot y(z) + x(z) \cdot z^{-1} \tag{22.08}$$

und damit eine Vorschrift zur Realisierung des Filters.

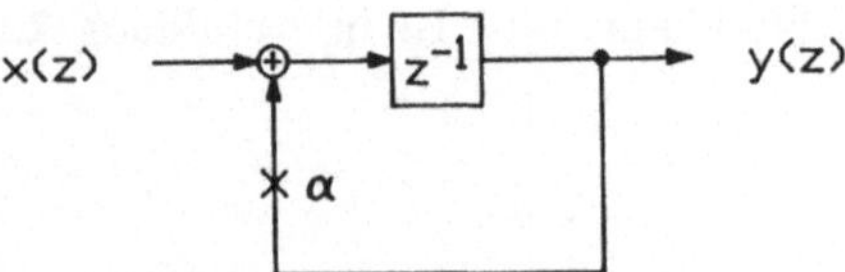

Abb. 22.10: Signalflußdiagramm eines einfachen rekursiven Tiefpasses

Dieses Filter wird rekursiv bezeichnet, da das Ausgangssignal zurückgeführt wird.

c) Rekursiver Hochpaß

Ein Hochpaß bedeutet eine stärkere Übertragung von Frequenzen in der Nähe von $\omega = \pi/T$. Daher die Plazierung eines Poles bei $z = -\alpha$, wobei α gerade etwas kleiner als 1 ist. Wenn außerdem eine totale Unterdrückung der Komponenten mit der Frequenz $\omega = 0$ geschehen soll, muß bei $z = 1$ eine Nullstelle plaziert werden.

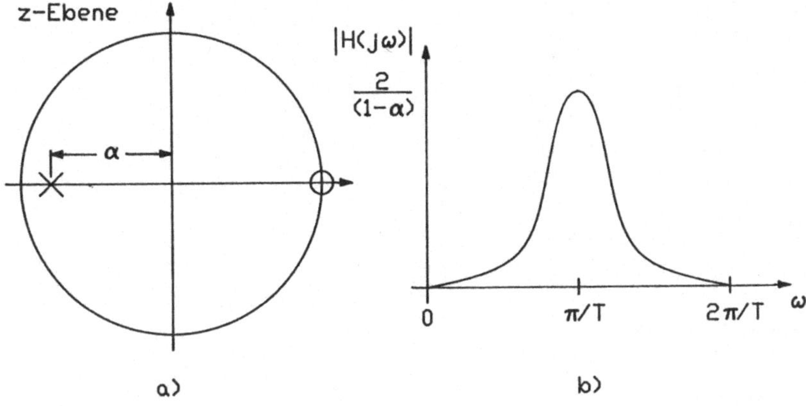

Abb. 22.11: Rekursiver Hochpaß

Die Übertragungsfunktion lautet

$$H(z) = \frac{z - 1}{z + \alpha}$$

(22.09)

Die Realisierung ist in Abbildung 22.12 gezeigt.

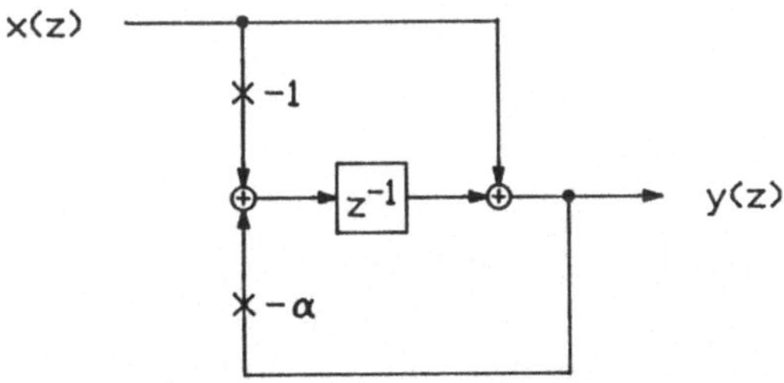

Abb. 22.12: Signalflußdiagramm eines einfachen rekursiven Hochpasses

d) Rekursiver Bandpaß
Zur Übertragung der gewünschten Frequenz ist ein konjugiert komplexes Polpaar in der Nähe des Einheitskreises mit der gewünschten Frequenz zu plazieren. Zur Unterdrückung der Frequenz Null und der halben Samplingfrequenz ist jeweils bei $z = 1$ und bei $z = -1$ eine Nullstelle einzubringen.

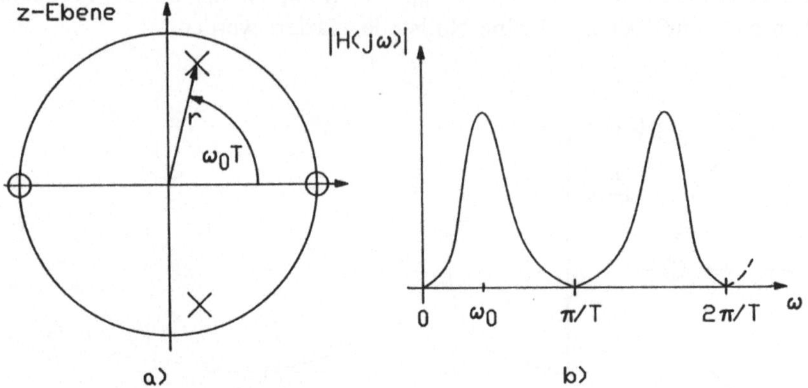

Abb. 22.13: Rekursiver Bandpaß

Die Übertragungsfunktion lautet

$$H(z) = \frac{(z+1)(z-1)}{(z - r \cdot e^{j\omega_0 T})(z - r \cdot e^{-j\omega_0 T})} \qquad (22.10)$$

bzw.

$$H(z) = \frac{z^2 - 1}{z^2 - 2 \cdot r \cdot z \cdot \cos \omega_0 T + r^2} \qquad (22.11)$$

Man sieht, daß sich, ähnlich wie in analogen Systemen, die Übertragungsfunktionen eines digitalen Filters durch Polynome beschreiben lassen.

22.3.2 Allgemeine Form digitaler Filter

Die allgemeine Systemfunktion eines digitalen Systems ist

$$H(z) = \frac{\displaystyle\sum_{j=0}^{m} b_j \cdot z^j}{\displaystyle\sum_{i=0}^{n} c_i \cdot z_i} \qquad (22.12)$$

wobei der Koeffizient c_n üblicherweise zu $c_n = 1$ gesetzt wird, um eine Überbestimmung der Polynomfunktion zu vermeiden. Im Falle eines zweipoligen Filters würde die Systemfunktion dann

$$H(z) = \frac{b_2 \cdot z^2 + b_1 \cdot z + b_0}{z^2 + c_1 \cdot z + c_0} \qquad (22.13)$$

lauten. Bei der Realisierung von digitalen Systemen wird z durch eine Zeitverschiebung mit der Periodendauer der Abtastfrequenz erreicht. Eine doppelte Zeitverschiebung entspräche dann z^2. Da man ja nur Zeitverzögerungen realisieren kann, sind die Exponenten auf negative Werte beschränkt. Durch Erweitern von Gleichung 22.13 mit z^{-2} erhält man

$$H(z) = \frac{b_2 + b_1 \cdot z^{-1} + b_0 \cdot z^{-2}}{1 + c_1 \cdot z^{-1} + c_0 \cdot z^{-2}} \tag{22.14}$$

Diese Übertragungsfunktion läßt sich z.B. mit der Filterstruktur nach Abbildung 22.14 realisieren.

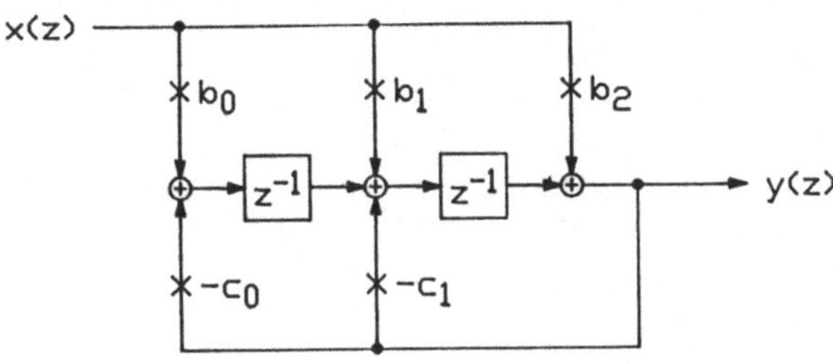

Abb. 22.14: Digitale Filterstruktur 2. Ordnung

Das Filter in Abbildung 22.14 ist ein rekursives Filter, weil das Signal innerhalb der Anordnung rückgeführt wird. Diese Art von Filter werden auch IIR-Filter genannt (infinite impulse response = unendliche Impulsantwort). Im Gegensatz dazu stehen die sog. FIR-Filter (finite impulse response = endliche Impulsantwort) deren Übertragungsfunktion dadurch gekennzeichnet ist, daß das Nennerpolynom nur aus dem Glied mit der höchsten Potenz (c_n = 1) besteht, was bedeutet, daß das Signal nicht innerhalb der Anordnung zurückgeführt wird. Somit lautet die Übertragungsfunktion eines FIR-Filters

$$H(z) = b_n + b_{n-1} \cdot z^{-1} + b_{n-2} \cdot z^{-2} + \ldots + b_0 \cdot z^{-n} \tag{22.15}$$

Aus dieser Übertragungsfunktion läßt sich die Struktur nach Abbildung 22.15 für das FIR-Filter ableiten.

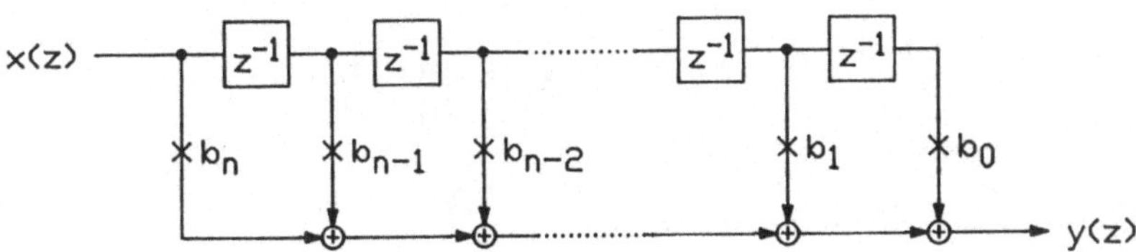

Abb. 22.15: Struktur eines FIR-Filters

Da es sich bei einem FIR-Filter im Prinzip um die gewichtete Addition von Anzapfungen einer Verzögerungskette handelt, wird die Filterordnung bei FIR-Filtern häufig durch die Anzahl dieser Anzapfungen N beschrieben (engl. „Taps").

$$N = n + 1 \tag{22.16}$$

Der Vorteil eines FIR-Filters ist, daß sich linearphasige Filter damit realisieren lassen, d.h. daß die Gruppenlaufzeit eines solchen Filters konstant ist.

22.4 Sampling rate converter (Umsetzung der Abtastrate)

In der digitalen Audiosignalverarbeitung haben sich bereits mehrere Abtastraten in verschiedenen Anwendungen etabliert. So z.B. bei

CD (Compact Disk)	f_s = 44,1 kHz
DAT (Digital Audio Tape)	f_s = 32 kHz
	f_s = 44,1 kHz
	f_s = 48 kHz
DSB (Digital Satellite Broadcast)	f_s = 32 kHz

Des weiteren stellt sich bei Systemen mit mehreren digitalen Quellen das Problem der Synchronisierung. In bekannten Signalverarbeitungssystemen stellte sich dieses Problem bisher nur im TV-Bereich. Dort sorgt man durch Synchronisation auf einen Mastertakt für den nötigen Gleichlauf der Systeme. Die Synchronisation ist hier leicht möglich, da alle Systeme mit denselben Frequenzen arbeiten, nur die Phasenlage ist ohne Synchronisation an den verschiedenen Orten unterschiedlich. Im Bereich der digitalen Audiosignalverarbeitung hat man zusätzlich noch das Problem unterschiedlicher Abtastraten.

Die einfachste Form der Abtastratenumsetzung ist die Suche nach einem kleinsten gemeinsamen Vielfachen (KGV). Das Eingangssignal wird zuerst mit einer L-fachen Abtastrate überabgetastet (Oversampling) und danach auf die gewünschte Abtastrate um den Faktor M dezimiert (Downsampling). Die benötigte Oversampling- und Downsamplingfaktoren (L, M) werden vom kleinsten gemeinsamen Vielfachen (KGV) der Eingangs- und Ausgangsabtastfrequenz bestimmt. Zur Verdeutlichung ein einfaches Beispiel:

Eingangsabtastrate	f_{sin}	= 48 kHz
Ausgangsabtastrate	f_{sout}	= 32 kHz
kleinstes gemeinsames Vielfaches	KGV	= 96 kHz

Somit beträgt der Oversamplingfaktor

$$L = \frac{96\,\text{kHz}}{48\,\text{kHz}} = 2 \tag{22.17}$$

und der Downsamplingfaktor

$$M = \frac{96\,\text{kHz}}{32\,\text{kHz}} = 3 \tag{22.18}$$

22.4.1 Oversampling

Soll die Eingangsfrequenz um einen ganzzahligen Faktor L erhöht werden, so müssen zwischen zwei bekannten Samples L-1 Nullsamples eingefügt werden. danach wird dem entstandenen Signal ein digitales Tiefpaßfilter nachgeschaltet, das zur Aufgabe hat, das Orginalsignal zu rekonstruieren und gleichzeitig Spiegelfrequenzen bei $2\pi/L$, $4\pi/L$ ... zu unterdrücken.

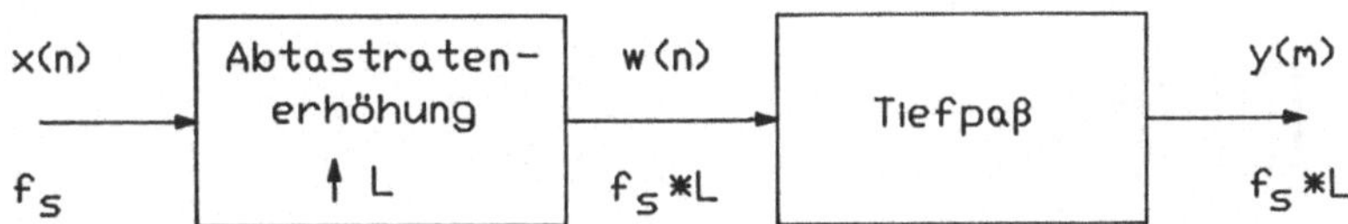

Abb. 22.16: Blockschaltbild einer Interpolation mit dem Faktor L

Um keine Signalverluste zu erhalten, müßte eigentlich ein idealer Tiefpaß nachgeschaltet werden (keine Welligkeit im Durchlaßbereich, unendlich hohe Flankensteilheit, etc.) was letztendlich nicht realisierbar ist. Somit entsteht hier durch die reale Tiefpaßfilterung der erste Qualitätsverlust.

22.4.2 Downsampling

Als Gegenstück zur Interpolation wird bei der Dezimation die Abtastrate um einen ganzzahligen Faktor M heruntergeteilt. Dies erreicht man, indem jedes M-te Sample des abgetasteten Signals verwendet wird. Weiterhin muß gewährleistet sein, daß keine Aliasverzerrungen in das Basisband gelangen. Abhilfe schafft hier ebenfalls ein digitales Tiefpaßfilter, das jedoch vor der eigentlichen Dezimation zum Einsatz kommt.

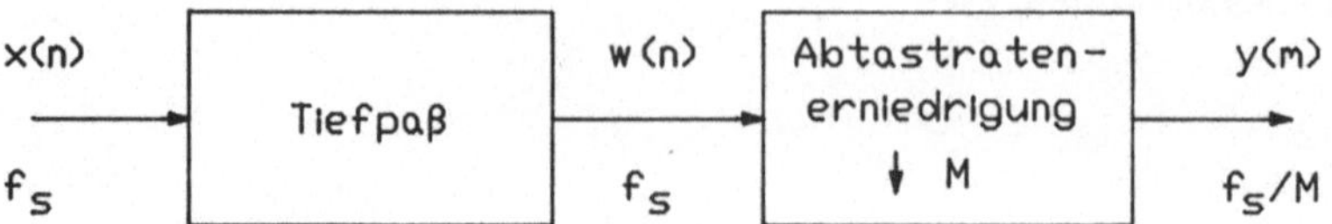

Abb. 22.17: Blockschaltbild einer Dezimation mit dem Faktor M

Soll eine Dezimation direkt im Anschluß an eine Interpolation durchgeführt werden,
so können die beiden zu verwendenden Tiefpaßfilter in einem Filter realisiert werden.
Abbildung 22.18 zeigt schematisch den Ablauf einer Abtastratenumsetzung nach dieser
Methode.

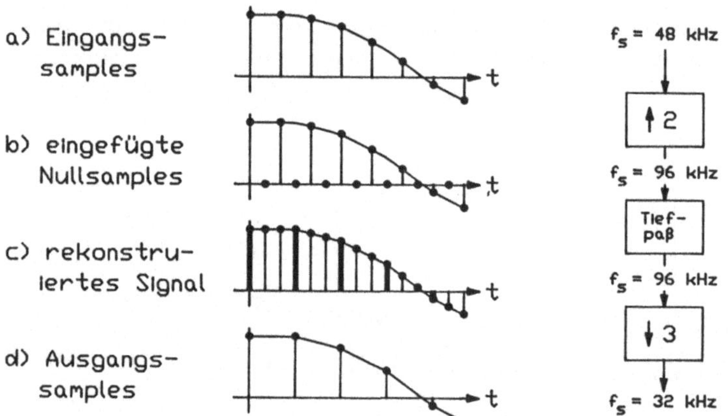

Abb. 22.18: Interpolation mit L = 2 und Dezimation mit M = 3

22.4.3 Umsetzung variabler Frequenzen

Die im vorangegangenen Beispiel verwendeten Abtastfrequenzen von 32 kHz und
48 kHz standen in einem günstigen Verhältnis von 2:3 zueinander. Bei derartigen
Verhältnissen läßt sich eine Abtastratenkonvertierung leicht durchführen. Eine Abtastratenumsetzung von z.B. 44,1 kHz auf 38 kHz ist schon komplexer. Diese liefert ein
kleinstes gemeinsames Vielfaches von KGV = 1,6785 MHz. Der Interpolationfaktor
ergibt sich zu L = 380, der Dezimationsfaktor ergibt sich zu M = 441. Bei einer ganz
extremen Umsetzung von beispielsweise 37,9999 kHz auf 38,000 kHz würde das KGV
eine Frequenz weit über den GHz-Bereich hinaus ergeben. Weiterhin müßte mittels
Tiefpasses eine enorm große Anzahl (L-1) von Samples rekonstruiert werden.

   Das Hauptproblem bei ungünstigen Verhältnissen liegt in der Komplexität der
Tiefpaßfilter begründet. Je höher die Zwischenfrequenz ist, desto mehr Aufwand muß
in die Filter gesteckt werden, was sich bei der Realisierung negativ auf die Rechenzeit
und den Speicherbedarf auswirkt.

Eine Möglichkeit, den Aufwand zu beschränken ist, nicht auf das KGV beider Frequenzen zu interpolieren, sondern mit einem fixen Faktor überabzutasten. Danach müßte noch durch einen einfachen Algorithmus der richtige Amplitudenwert ermittelt werden. Eine akzeptable Lösung ist die Überabtastung mit dem Faktor 256 und eine nachfolgende lineare Interpolation. Diese Lösung hat den Vorteil, daß das Tiefpaßfilter nicht für jede Eingabeabtastfrequenz neu berechnet werden muß, sondern es kann ein einziges, fest implementiertes Filter benutzt werden. Allerdings stellt das Oversampling um den Faktor $L = 256$ an das benötigte Tiefpaßfilter immer noch recht hohe Anforderungen. Durch das Aufsplitten des Filters auf verschiedene Untersamplingraten läßt sich das Filter in einem noch vertretbaren Aufwand realisieren. Diese Technik ist in Abbildung 22.19 dargestellt.

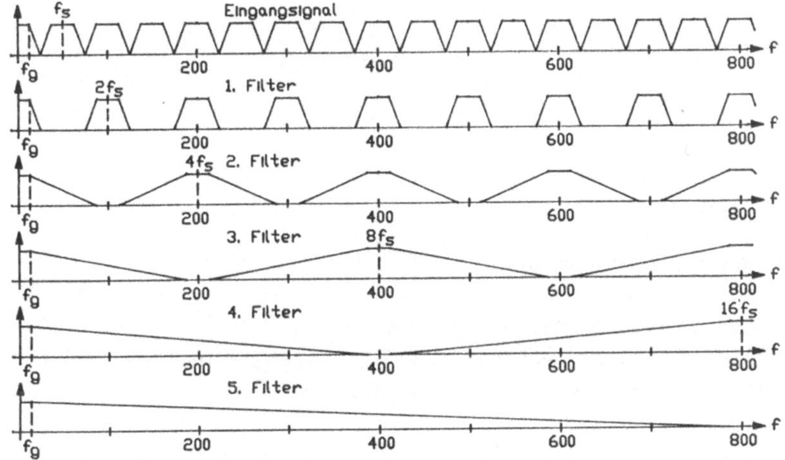

Abb. 22.19: Frequenzgänge des Eingangssignals und der Tiefpaßfilter bei einem Oversampling von $L = 256$

Durch lineare Interpolation können nun die Samples auf der Ausgangsabtastrate gewonnen werden.

Liegt die gewünschte Ausgangsabtastrate (nach der linearen Interpolation) tiefer als die Eingangsabtastrate, können bei bestimmten Eingangssignalen Aliaskomponenten entstehen. Zur Vermeidung dieses Effektes muß das bereits linear interpolierte Signal zusätzlich bandbegrenzt werden.

22.5 Bilineare Transformation

Oft besteht beim Entwurf eines digitalen Filters der Wunsch, das Übertragungsverhalten eines analogen Systems zu approximieren. D.h. man möchte die gebrochen rationale Systemfunktion der s-Ebene in eine ebensolche der z-Ebene überführen. Dies ist mit der Transformation $z = e^{sT}$ nicht möglich. Eine gute Annäherung bietet hier die sog. bilineare Transformation mit

$$s = \frac{2}{T} \cdot \frac{z-1}{z+1} \tag{22.19}$$

Die bilineare Transformation bildet die komplette linke s-Halbebene in das Innere des Einheitskreises ab (siehe Abbildung 22.20).

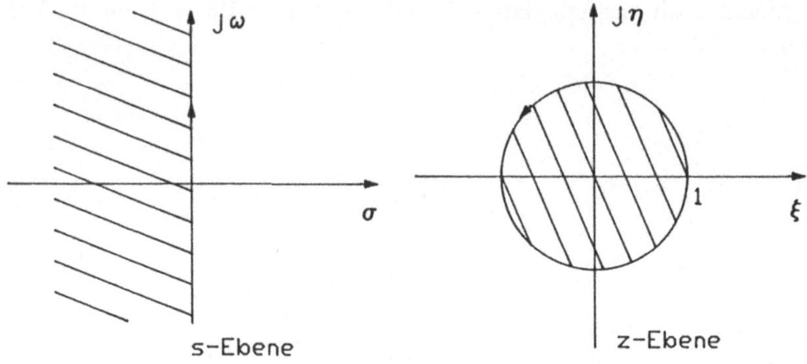

Abb. 22.20: Abbildung der s-Ebene in die z-Ebene durch die bilineare Transformation

Dadurch entsteht eine gewisse Verzerrung des Übertragungsverhaltens in der Nähe der halben Abtastfrequenz. Kann man das gewünschte Übertragungsverhalten auf niedrigere Frequenzen beschränken, so erhält man mit der bilinearen Transformation eine recht gute Approximation.

Die Transformation eines analogen Tiefpaßfilters 2. Ordnung mit folgender allgemeiner Übertragungsfunktion

$$H(s) = \frac{1}{\left[1 + a\left(\dfrac{s}{\omega_0}\right) + b\left(\dfrac{s}{\omega_0}\right)^2\right]} \tag{22.20}$$

läßt sich mit

$$s = 2 \cdot fs \cdot \frac{z-1}{z+1} \tag{22.21}$$

in die Übertragungsfunktion in der z-Ebene

$$H(z) = \frac{b_2 \cdot z^2 + b_1 \cdot z + b_0}{z^2 + c_1 \cdot z + c_0} \tag{22.22}$$

überführen, wobei die Koeffizienten folgende Werte annehmen

$$b_0 = K \tag{22.23}$$

$$b_0 = K \tag{22.23}$$

$$b_1 = 2\,K \tag{22.24}$$

$$b_2 = K \tag{22.25}$$

$$c_0 = K\left(\frac{1}{K} - \frac{a}{\omega_0} \cdot 4 \cdot fs\right) \tag{22.26}$$

$$c_1 = K\left(2 - 8 \cdot b \cdot \frac{fs^2}{\omega_0^2}\right) \tag{22.27}$$

mit

$$K = \frac{1}{1 + \dfrac{a}{\omega_0} \cdot 2 \cdot fs + \dfrac{b}{\omega_0^2} \cdot 4 \cdot fs^2} \tag{22.28}$$

22.6 Struktur eines DSP-Prozessors (UDPC 1000)

Die Struktur der verschiedenen in den vorangegangenen Kapiteln behandelten Filter zeigt ein häufiges Auftreten von Multiplikationen mit nachfolgenden Additionen (siehe zum Beispiel die Filterstruktur eines rekursiven Filters in Abbildung 22.14). Bei dem Entwurf eines Prozessors, der speziell auf die digitale Signalverarbeitung zugeschnitten sein soll, ist diesem Umstand Rechnung zu tragen. Herkömmliche Rechnerstrukturen, wie z.B. die klassische Struktur des „von Neumann-Rechners", besitzen als zentrales Element einen Addierer mit dazugehörigem Akku zur Ergebnisaddition. Befehlsanweisungen, wie auch die Daten, die verarbeitet werden sollen, werden dem Prozessor vom Hauptspeicher zugeführt. Hier entsteht bei herkömmlichen Strukturen ein sog. Flaschenhals *(bottleneck)*, denn es müssen das Befehlswort und sämtliche Operanden bzw. Daten über dieselbe Schnittstelle dem Prozessor zugeführt bzw. abgeführt werden. Der Transport aller Informationen einer Operation über ein und denselben Kanal kostet Zeit und vermindert die Rechengeschwindigkeit.

Würden die klassischen Operationen der digitalen Signalverarbeitung, wie Multiplikation und Addition, mit einer herkömmlichen Rechnerstruktur realisiert, wäre der Zeitaufwand immens.

Eine Rechnerstruktur, die speziell auf digitale Signalverarbeitung ausgelegt ist, muß diesem Umstand Rechnung tragen. Anhand des Signalprozessors UDPC 1000 von ITT-Intermetall soll der Aufbau und die Wirkungsweise solch eines speziellen Prozessors gezeigt werden. Abbildung 22.21 zeigt dazu das Blockschaltbild dieses Prozessors.

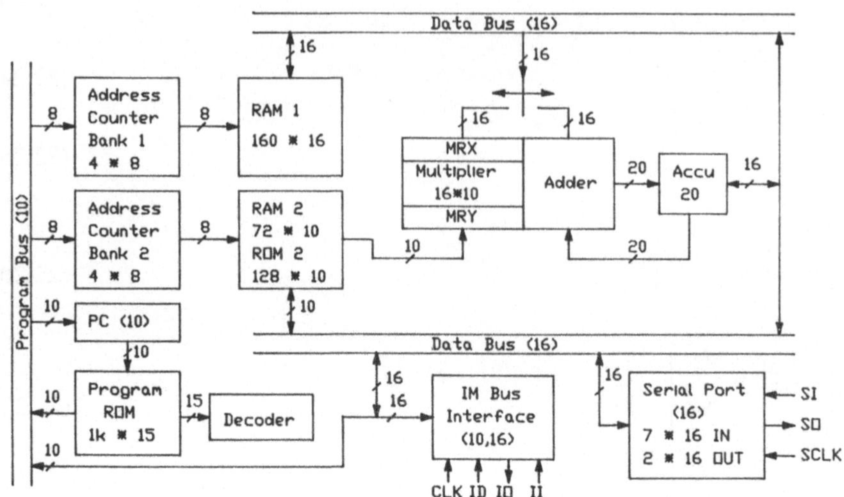

Abb. 22.21: Blockschaltbild des digitalen Signalprozessors UDPC 1000

Das wesentlichste Element ist das Rechenwerk mit einem in Hardware realisierten Multiplizierer und Addierer. Um einen hohen Datendurchsatz zu bekommen, haben die Eingangsgrößen des Multiplizierers und des Addierers getrennte Signalpfade. In den meisten Anwendungsfällen hat man es mit der Multiplikation einer Variablen (der Eingangsgröße) mit einer Konstanten (dem Koeffizienten) und anschließender Addition mit dem Ergebnis der vorangegangenen Operation zu tun. Die Geschwindigkeitsoptimierung wird dadurch erreicht, daß Zeiger (Pointer) auf die jeweilige Adresse im Variablenspeicher bzw. Koeffizientenspeicher gesetzt werden. Die so adressierten Daten stehen der Multipliziererzelle dann im nächsten Taktzyklus zur Verfügung. Während der anschließenden zeitintensiven Multiplikation können die Zeiger schon auf das nächste Wertepaar gesetzt werden. Abbildung 22.22 soll diesen Vorgang verdeutlichen.

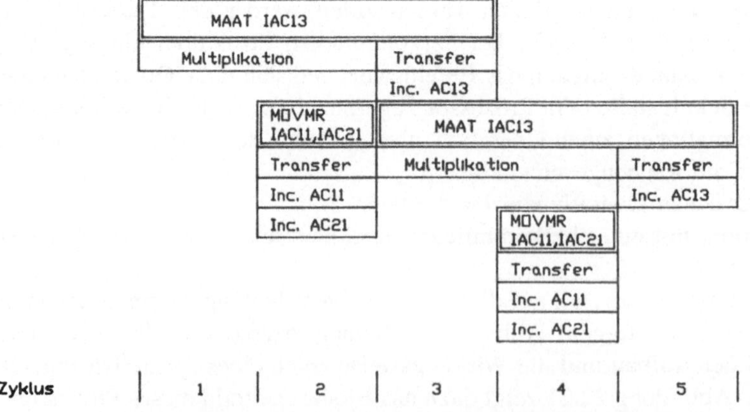

Abb. 22.22: Verschachtelter zeitoptimierter Ablauf am Signalprozessor UDPC 1000

Die in diesem Beispiel verwendeten Befehle bedeuten:

MAAT IAC13:

> Multipliziere die Register X und Y miteinander, addiere das Multiplikationsergebnis zum Akku dazu, transferiere den Akkuinhalt auf die Speicherstelle, auf die der Adreßcounter 13 (AC13) zeigt und inkrementiere anschließend diesen Adreßcounter

MOVMR IAC11, IAC21:

> Transferiere den Inhalt der Speicherstelle, die durch AC11 adressiert wird, zum X-Register, transferiere den Inhalt der Speicherstelle, die durch AC21 adressiert wird, zum Y-Register, inkrementiere anschließend AC11 und AC21

Man sieht, daß es durch optimale Ausnutzung der Datenpfade möglich ist, umfangreiche und mächtige Befehle, wie der Transfer zum Rechenwerk, die Multiplikation, die Addition und der anschließende Transfer zurück zum Speicher, in quasi zwei Maschinenzyklen durchzuführen. Im speziellen Fall des UDPC bedeutet dies, daß die oben genannten Funktionen alle 120 ns durchgeführt werden können.

22.7 DFT bzw. FFT und Fensterfunktionen

Bei der spektralen Analyse zeitdiskreter Daten wird man, um die Rechenzeit zu begrenzen, nur eine bestimmte Anzahl N von Samples (z.B. N = 1024) heranziehen. Durch diesen endlichen Zeitrahmen hat man aber nur fs/N diskrete Frequenzwerte zur Verfügung. Nun wird eine periodische Funktion nicht immer vollständig ($m \cdot 2\pi$) in das Zeitfenster hineinpassen, das durch die endliche Anzahl von Samples gebildet wird. In der spektralen Analyse wird dann die der Funktion entsprechende, am nächsten benachbarte diskrete Frequenz ausgesteuert werden. Zusätzlich werden aber auch die Spektrallinien in der Nachbarschaft dieser diskreten Frequenzlinie ähnlich einem Vorhang ausgesteuert. Es kommt zum sog. „Leakage"-Effekt oder Leckeffekt.

Um diesen Leckeffekt zu vermeiden, kann man das Zeitfenster mit einer sog. Fensterfunktion versehen. Eine solche Funktion ist das „Hanning-Fenster"

$$f(k) = 0{,}5 \left[1 - \cos\left(2\pi k / (N - 1)\right)\right] \tag{22.29}$$

mit der 0 < k < N-1. Die Anwendung einer solchen Fensterfunktion erlaubt es, den Leakage-Effekt zu minimieren. Weitere mögliche Fensterfunktionen sind das „Hanning-Fenster"

$$f(k) = 0{,}54 - 0{,}46 \cos\left(2\pi k / (N - 1)\right) \tag{22.30}$$

oder das „Blackman-Fenster"

$$f(k) = 0{,}42 - 0{,}5 \cos\left(2\pi k / (N - 1)\right) \\ - 0{,}08 \cos\left(4\pi k / (N - 1)\right) \tag{22.31}$$

Der Verlauf dieser Funktionen ist in Abbildung 22.23 gezeigt.

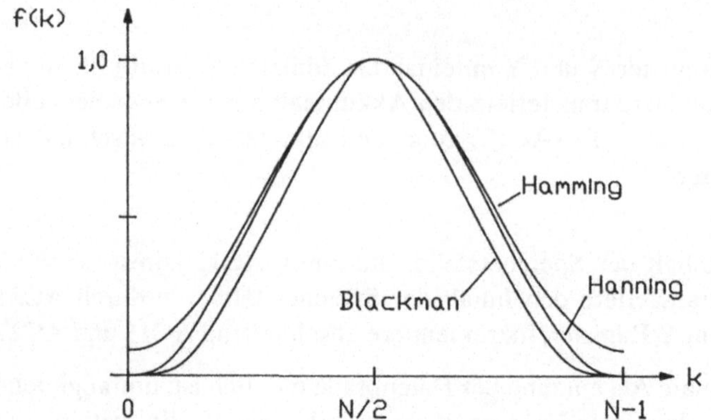

Abb. 22.23: Verschiedene Fensterfunktionen im Zeitbereich

23 Oszillatoren

23.1 Schwingbedingung

Ein Oszillator besteht im Allgemeinen aus einem Verstärker mit der komplexen Verstärkung A_v und einem komplexen Rückkopplungsnetzwerk k.

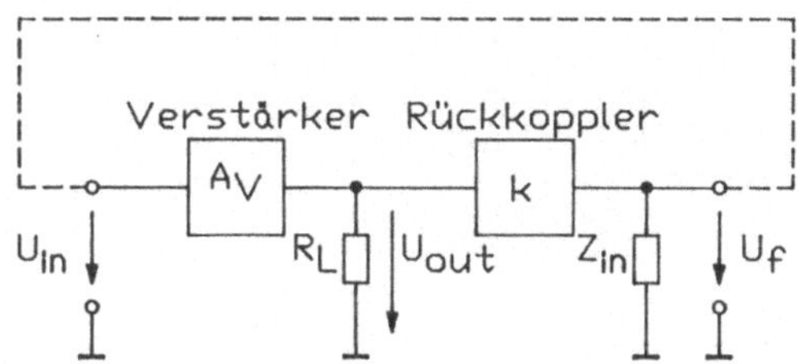

Abb. 23.1: Prinzipielle Anordnung eines Oszillators

Um die Schwingbedingung zu untersuchen, trennt man die Rückkopplungsleitung auf, belastet den Ausgang des Rückkopplers aber weiterhin mit einer Impedanz Z_{in}, die so groß ist, wie die Eingangsimpedanz des Verstärkers (siehe auch Abbildung 23.1).

Der Oszillator ist schwingfähig, wenn die Ausgangsspannung gleich der Eingangsspannung wird. Daraus folgt die notwendige Schwingbedingung:

$$\underline{k} \cdot \underline{U}_{out} = \underline{k} \cdot \underline{A}_v \cdot \underline{U}_{in} = \underline{U}_{in} \tag{23.01}$$

$$\underline{k} \cdot \underline{A}_v = 1 \tag{23.02}$$

$$|\underline{k}| \, |\underline{A}_v| \, e^{j\,(\alpha + \beta)} = 1 \tag{23.03}$$

Daraus folgen zwei Bedingungen

$$|\underline{k}| \cdot |\underline{A}_v| = k \cdot A_v = 1 \tag{23.04}$$

$$\alpha + \beta = 0, \, 2\pi, \, \dots \tag{23.05}$$

Gleichung 23.04 wird als Amplitudenbedingung bezeichnet. Sie besagt, daß ein Oszillator nur dann schwingen kann, wenn der Verstärker die Abschwächung im Rückkopplungsnetzwerk aufhebt. Die Phasenbedingung (Gleichung 23.05) besagt, daß eine Schwingung nur dann zustande kommen kann, wenn die Ausgangsspannung mit der Eingangsspannung in Phase ist.

Einfache Verstärkerelemente haben meist eine Phasendrehung von 180° zwischen

Eingangs- und Ausgangstor, so daß das Rückkoppelnetzwerk zusätzliche 180° Phasendrehung bereitstellen muß, damit die Schwingbedingung erfüllt wird.

23.2 Grundschaltungen

23.2.1 Phasenschieberoszillator

Die Schwingbedingung läßt sich erfüllen, wenn man ein RC-Netzwerk dazu benutzt, die Phasenverschiebung zu realisieren.

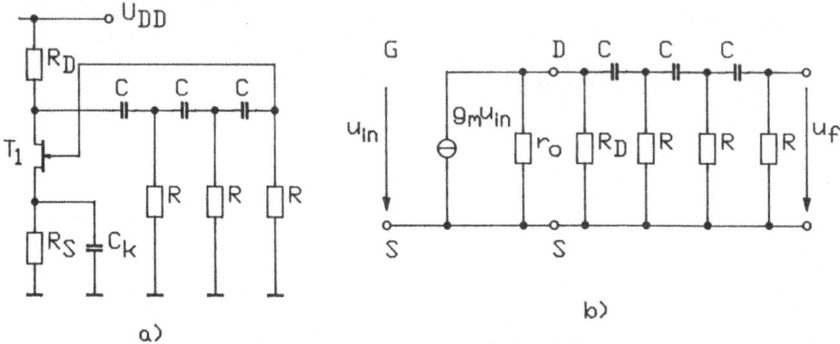

Abb. 23.2: FET-Phasenschieberoszillator a) Schaltung und b) Ersatzschaltung

In Abbildung 23.2 folgt nach einem konventionellem JFET-Verstärker eine Anordnung aus drei kaskadierten RC-Elementen. Der Ausgang der letzten RC-Kombination ist mit dem Gate des JFET verbunden. Wenn man die Belastung des Verstärkers durch das Phasenschiebernetzwerk vernachlässigt, wird der Verstärker die Phase jeder Spannung, die am Gate anliegt, um 180° schieben. Das RC-Netzwerk wird die Phase um einen zusätzlichen Betrag drehen. Bei einer bestimmten Frequenz wird die Phasenverschiebung durch das RC-Netzwerk exakt 180° sein und der Gesamtbetrag der Phasenverschiebung vom Gate über die Schaltung und zurück zum Gate ist exakt 0°. Bei dieser bestimmten Frequenz wird die Schaltung oszillieren, wenn der Betrag der Verstärkung genügend hoch ist. Die Übertragungsfunktion des RC-Netzwerkes ist

$$\frac{U_f}{U_{out}} = \frac{1}{1 - 5 \cdot \alpha^2 - j\,(6 \cdot \alpha - \alpha^3)} \tag{23.06}$$

mit $\alpha = 1/\omega RC$.

Die Phasenverschiebung von U_f/U_{out} ist dann 180°, wenn $\alpha^2 = 6$ ist. Dann ergibt sich für die Oszillationsfrequenz

$$f_s = \frac{1}{2 \cdot \pi \cdot R \cdot C \cdot \sqrt{6}} \tag{23.07}$$

Der Betrag der Übertragungsfunktion U_f/U_{out} ist bei dieser Frequenz

$$\left|\frac{U_f}{U_{out}}\right|_{f=f_s} = \frac{1}{29} \tag{23.08}$$

Damit die Schwingbedingung erfüllt wird, muß die Verstärkung des JFET mindestens

$$\frac{U_{out}}{U_{in}} = 29 \tag{23.09}$$

sein. Wird für die Verstärkerstufe ein Bipolartransistor verwendet, so belastet dessen niedriger Eingangswiderstand das RC-Netzwerk. Man wird in diesem Falle den Eingangswiderstand des Verstärkers mit in den letzten Widerstand des Netzwerkes einrechnen.

23.2.2 Meißneroszillator

Der Phasenschieberoszillator eignet sich vorwiegend für Anwendungen im Frequenzbereich zwischen einigen Hertz und einigen hundert Kilohertz. Zur Erzeugung von Frequenzen im MHz-Bereich eignen sich Oszillatoren mit abgestimmtem Schwingkreis besser. Abbildung 23.3 zeigt eine solche Anordnung in Form des sog. „Meißneroszillators".

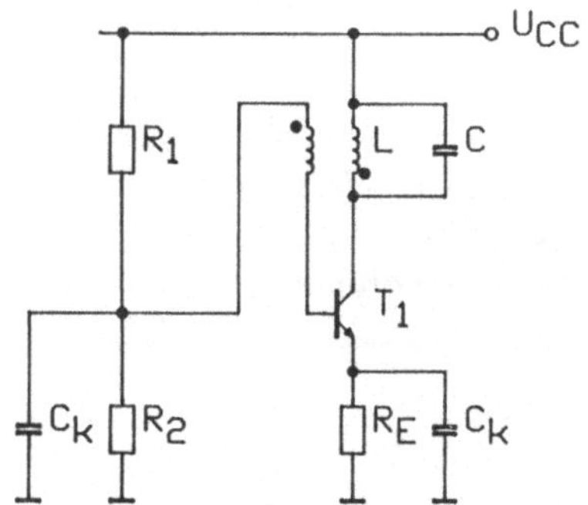

Abb. 23.3: Meißneroszillator

Bei der Frequenz

$$\omega = \frac{1}{\sqrt{LC}} \tag{23.10}$$

ist die Impedanz des Resonanzkreises ziemlich hoch und rein ohmisch. In diesem Fall ist der Spannungsabfall über der Spule, vom Kollektor zu Masse, genau 180° in seiner

Phasenlage zur Basiseingangsspannung verschoben. Wenn die Sekundärwicklung des Transformators phasenrichtig an die Basis angeschlossen wird, so daß dadurch eine weitere 180°-Phasendrehung entsteht, ist die Phasenbedingung zum Oszillieren erfüllt. Die Kreisverstärkung muß dann nur groß genug sein, damit die Schaltung wirklich oszilliert.

23.2.3 Colpitts- und Hartleyoszillator

Viele Oszillatorschaltungen lassen sich durch eine generelle Form wie in Abbildung 23.4 beschreiben.

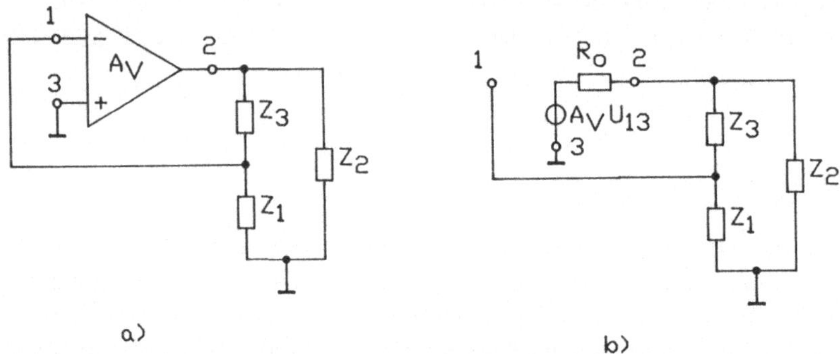

Abb. 23.4: Generelle Form vieler schwingkreisgekoppelter Oszillatoren

Das aktive Verstärkerelement kann hierbei ein Bipolartransistor, ein Operationsverstärker oder ein FET sein. In der folgenden Analyse soll ein aktives Verstärkerelement angenommen werden, daß einen unendlich hohen Eingangswiderstand besitzt, wie z.B. ein FET. Abbildung 23.4b zeigt das Ersatzschaltbild dieser Anordnung, wenn der Verstärker die Verstärkung A_v und einen Ausgangswiderstand R_{out} besitzt. Die Schleifenverstärkung $A_v \cdot K$ der Gesamtanordnung wird dann

$$A_v \cdot k = \frac{A_v \cdot Z_1 \cdot Z_2}{R_{out}(Z_1 + Z_2 + Z_3) + Z_2(Z_1 + Z_3)} \tag{23.11}$$

Wenn die Impedanzen Z_1, Z_2 und Z_3 reine Reaktanzen sind ($Z_1 = jX_1$, usw.), dann wird

$$A_v \cdot k = \frac{-A_v \cdot X_1 \cdot X_2}{j R_{out}(X_1 + X_2 + X_3) - X_2(X_1 + X_3)} \tag{23.12}$$

Damit die Schleifenverstärkung reell wird (0° Phasenverschiebung), muß die Bedingung

$$X_1 + X_2 + X_3 = 0 \qquad (23.13)$$

erfüllt sein, und außerdem gilt dann

$$A_v \cdot k = \frac{-A_v \cdot X_1 \cdot X_2}{-X_2\,(X_1 + X_3)} = \frac{A_v \cdot X_1}{X_1 + X_3} \qquad (23.14)$$

Anhand Gleichung 23.13 kann man sehen, daß es eine Reihe von Kombinationen gibt, mit denen die Schaltung oszillieren wird. Setzt man Gleichung 23.13 in Gleichung 23.14 ein, so folgt

$$A_v \cdot k = \frac{-A_v \cdot X_1}{X_2} \qquad (23.15)$$

Da A_v vom Zahlenwert her immer negativ ist (180° Phasenverschiebung des Verstärkerelementes), geht aus Gleichung 23.15 hervor, daß X_1 und X_2 immer dasselbe Vorzeichen haben müssen. Beide Elemente sind also entweder induktiv oder kapazitiv zu machen. Wenn z.B. X_1 und X_2 kapazitiv sind, dann folgt aus Gleichung 23.13, daß das Element X_3 induktiv sein muß und umgekehrt.

Wenn X_1 und X_2 Kapazitäten sind und X_3 eine Induktivität ist, dann nennt man die Schaltung einen „Colpitts-Oszillator". Wenn X_1 und X_2 Induktivitäten sind und X_3 eine Kapazität ist, dann handelt es sich um einen „Hartley-Oszillator" (siehe auch Abbildung 23.5).

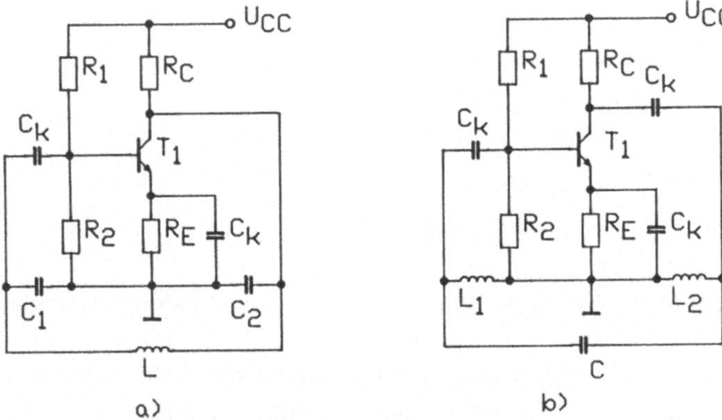

Abb. 23.5: Colpitts- und Hartley-Oszillator

23.2.4 Pierce-Oszillator

Für frequenzstabile Anwendungen benutzt man Quarzoszillatoren. Der Quarz ist ein piezoelektrischer Kristall, an dem zwei Elektroden angebracht sind. Beim Anlegen einer elektrischen Spannung an den Elektroden deformiert sich der Kristall. Nutzt man dabei die mechanische Resonanz des Kristalls aus, läßt sich der Quarz als Schwingkreis hoher Güte einsetzen.

Der Frequenzbereich von Quarzen erstreckt sich von einigen Kilohertz bis zu einigen Megahertz. Die Güte des Quarzes liegt im Bereich zwischen einigen Tausend bis einigen Hunderttausend. Diese hohen Gütewerte und die hohe Stabiltität der Frequenz über Zeit und Temperatur sind der Grund für den vielfältigen Einsatz von Quarzen als frequenzbestimmendes Element.

Abbildung 23.6 zeigt in a) das Schaltbild und in b) das Ersatzschaltbild eines Quarzes. Die Werte für die Elemente des Ersatzschaltbildes liegen bei

$$
\begin{aligned}
L &\approx 10 \ldots 100\,\mathrm{H} \\
C &\approx 0{,}01 \ldots 0{,}1\ \mathrm{pF} \\
R &\approx 100 \ldots 100\mathrm{k}\ \mathrm{Ohm} \\
C' &\approx 3 \ldots 7\ \mathrm{pF}
\end{aligned}
$$

Abbildung 23.6c zeigt als typische Kennlinie die frequenzabhängige Impedanz des Quarzes.

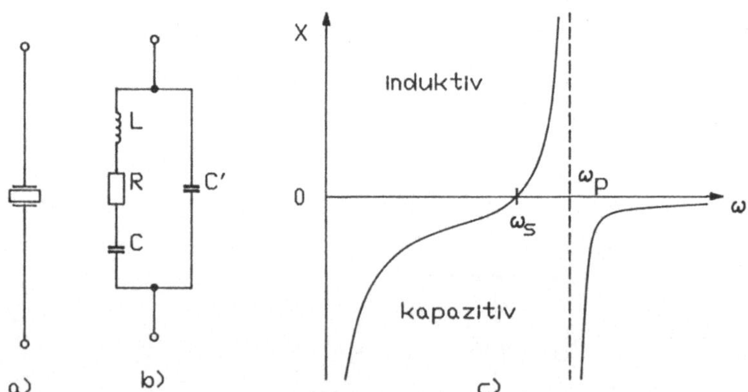

Abb. 23.6: Quarz, a) Schaltbild, b) Ersatzschaltung und c) frequenzabhängige Impedanz

Beim Quarz treten zwei Resonanzstellen auf, deren Frequenzen dicht beieinander liegen. Der Quarz hat eine kapazitive Impedanz bis zu seiner Serienresonanzstelle, wird dann induktiv bis zur Parallelresonanzstelle, um dann kapazitiv zu bleiben. Da beide Resonanzstellen dicht beieinander liegen, und der Quarz nur zwischen diesen Resonanzstellen induktives Verhalten zeigt, läßt sich diese Eigenart zum Aufbau quarzstabiler Oszillatoren nutzen. Ein Beispiel dafür ist der Pierce-Oszillator. Er entspricht einem Colpitts-Oszillator, dessen Induktivität durch den Quarz ersetzt wurde (siehe Abbildung 23.7).

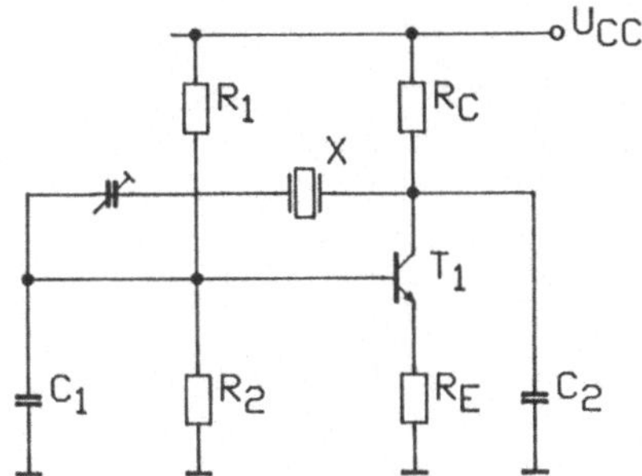

Abb. 23.7: Pierce-Oszillator

Beim Pierce-Oszillator kann ein Trimmkondensator in Reihe zum Quarz geschaltet werden, der eine gewisse Verstimmung der Oszillatorfrequenz erlaubt (sog. „Ziehen" des Quarzes).

23.2.5 Wien-Robinson-Oszillator

Im niederfrequenten Bereich (f < 30 kHz) lassen sich weder Quarzoszillatoren noch LC-Oszillatoren sinnvoll einsetzen, weil die Induktivitäten, Kapazitäten und Quarze unhandlich groß werden. Man verwendet deshalb in diesem Frequenzbereich vorzugsweise Oszillatoren, bei denen RC-Netzwerke die Frequenz bestimmen. Zu diesen Oszillatoren gehört neben dem in Kap. 23.2.1 vorgestellten Phasenschieberoszillator der sog. „Wien-Robinson-Oszillator".

Der Phasengang des aufgeschnittenen Phasenschieberoszillators zeigt im Bereich des Nulldurchgangs, also an der Stelle, an der die Phasenbedingung erfüllt ist, eine geringe Steigung (vgl. Abbildung 23.8, Kurve VDB(70) und VP(70)). Das hat zur Folge, daß der Phasenschieberoszillator eine schlechte Frequenzstabilität aufweist.

Ein Netzwerk, das einen viel steileren Nulldurchgang besitzt, ist die Wien-Robinson-Brücke. Abbildung 23.8 (VDB(30) und VP(30)) zeigt, daß die Steilheit des Nulldurchgangs mit der eines Schwingkreises hoher Güte verglichen werden kann (Abbildung 23.8 VDB(90) und VP(90) zeigt einen Schwingkreis mit Q = 10). Daraus resultiert eine sehr gute Frequenzstabilität und Oberwellenunterdrückung. Das Prinzipschaltbild des Wien-Robinson-Oszillators ist in Abbildung 23.9 gezeigt.

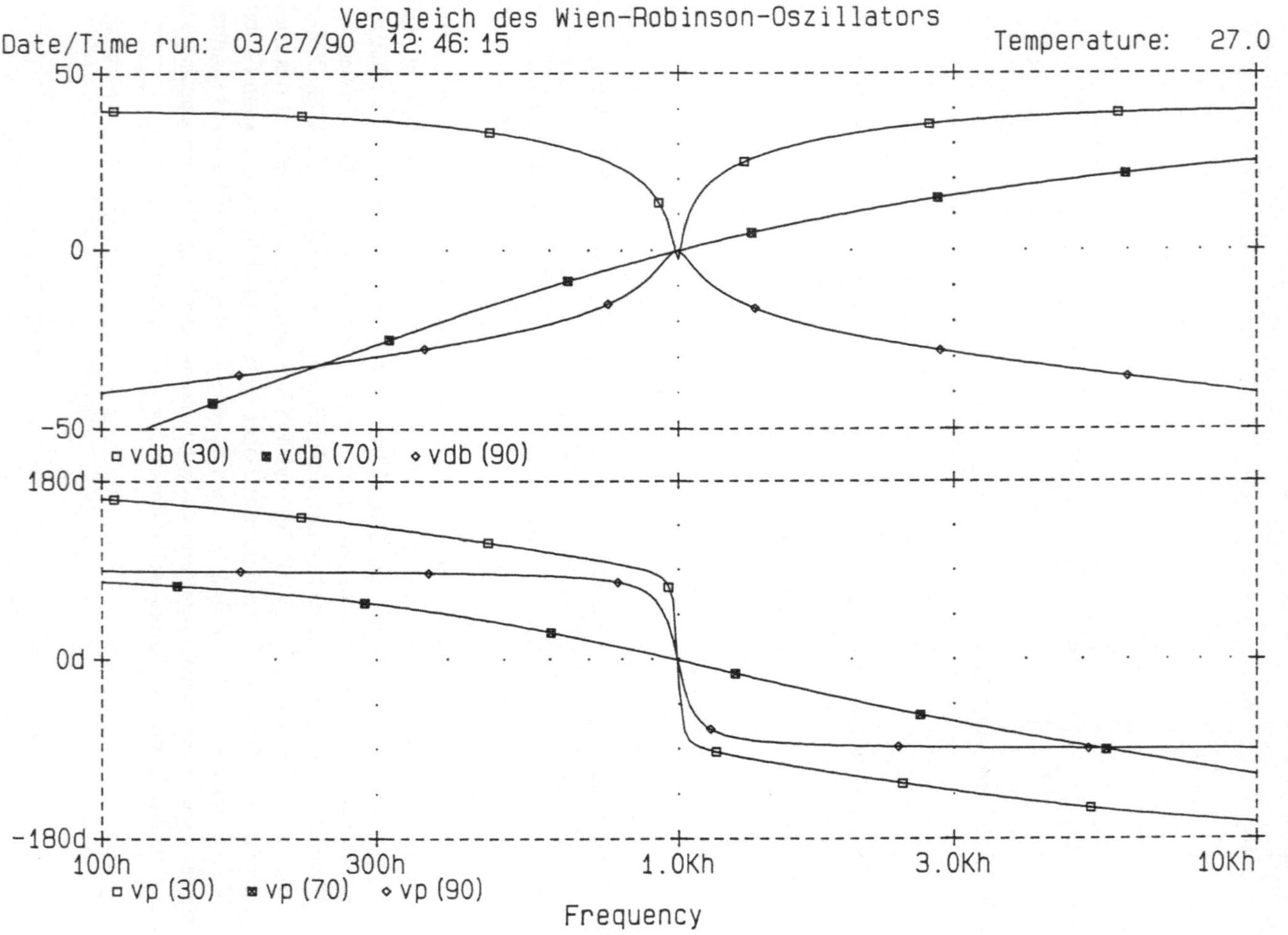

Abb. 23.8: Amplituden- und Phasenverläufe diverser Oszillatoren

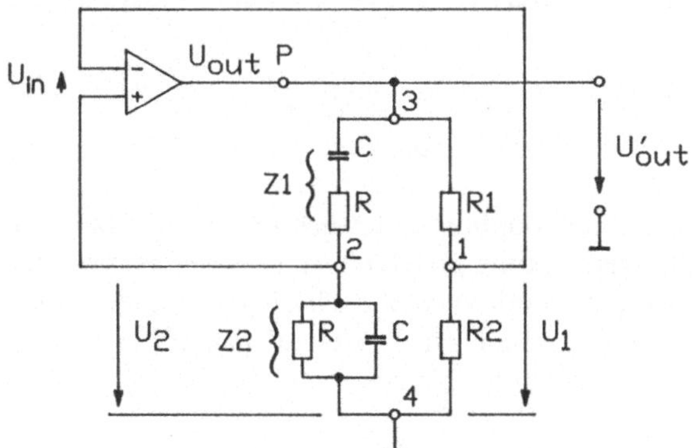

Abb. 23.9: Prinzipschaltung des Wien-Robinson-Oszillators

Das aktive Element ist ein Operationsverstärker, der eine hohe Spannungsverstärkung besitzt. Um die Schleifenverstärkung zu bestimmen, wird die Schleife im Punkt P geöffnet und eine externe Spannung U_{out}· an den Klemmen 3 und 4 gelegt. Da $U_{out} = A_v \cdot U_{in}$ ist, ergibt sich die Schleifenverstärkung zu

$$k \cdot A_v = \frac{U_{out}}{U'_{out}} = \frac{U_{in} \cdot A_v}{U'_{out}} \qquad (23.16)$$

In Abbildung 23.9 sind zwei weitere Spannungen U_1 und U_2 eingezeichnet. Aus diesen ergibt sich U_{in} zu

$$U_{in} = U_2 - U_1 \qquad (23.17)$$

dann ist

$$k = \frac{U_{in}}{U'_{out}} = \frac{U_2 - U_1}{U'_{out}} = \frac{Z_2}{Z_1 + Z_2} - \frac{R_2}{R_1 + R_2} \qquad (23.18)$$

Die beiden Impedanzen Z_1 und Z_2 haben gleiche Phasenwinkel bei der Frequenz

$$f_0 = \frac{1}{2\pi\,RC} \qquad (23.19)$$

Damit ergeben sich die Impedanzen Z_1 und Z_2 zu

$$Z_1 = (1 - j)\,R; \quad Z_2 = \frac{(1 - j)\,R}{2} \qquad (23.20)$$

und U_2 zu

$$U_2 = \frac{1}{3} \cdot U'_{out} \qquad (23.21)$$

Wenn k zu null werden soll, dann müssen R_1 und R_2 so gewählt werden, daß U_{in} zu null wird. Daraus folgt

$$\frac{R_2}{(R_1 + R_2)} = \frac{1}{3} \quad \text{bzw. } R_1 = 2\,R_2 \tag{23.22}$$

Im vorliegenden Fall, wo die Brücke als Rückkopplungsnetzwerk für einen Oszillator verwendet werden soll, muß die Schleifenverstärkung gleich eins und der Phasenwinkel gleich null sein. Da A_v ein positiver Wert ist, muß zwar die Phase von k gleich null sein, aber die Amplitude darf nicht zu null werden. Dies erreicht man, in dem man das Widerstandsverhältnis

$$\frac{R_2}{(R_1 + R_2)} < \frac{1}{3} \tag{23.23}$$

macht. Berücksichtigt man die Abweichung von 1/3 durch die Größe δ ($\delta > 3$), wird

$$\frac{U_1}{U'_{out}} = \frac{R_2}{R_1 + R_2} = \frac{1}{3} - \frac{1}{\delta} \tag{23.24}$$

Damit wird

$$k = \frac{U_2 - U_1}{U'_{out}} = \frac{U_2}{U'_{out}} - \frac{1}{3} + \frac{1}{\delta} \tag{23.25}$$

An der Stelle f_0 wird $U_2/U'_{out} = 1/3$, und k ergibt sich zu

$$k = \frac{1}{\delta} \tag{23.26}$$

Die Amplitudenbedingung Gleichung 23.04 ist dann erfüllt, wenn

$$\delta = A_v \tag{23.27}$$

ist. Die minimale Verstärkung ist nötig, wenn R_1 gegen unendlich geht. Sie beträgt nach Gleichung 23.24

$$A_{vmin} = 3 \tag{23.28}$$

Nachteilig ist hier allerdings, daß der Phasengang dann flach ist (27° für eine Oktave Frequenzänderung). Man wird daher beim Aufbau eines Wien-Robinson-Oszillators die Verstärkung $A_v \gg 3$ wählen ($A_v \approx 300$). Der Arbeitspunkt für eine konstante Schwingungsamplitude wird dann durch Verändern des Spannungsteilers R_1/R_2 eingestellt. Da dieser Arbeitspunkt jedoch labil ist, wird ein nichtlinearer Widerstand zum Einregeln der Verstärkung benötigt. Entweder durch Einsetzen eines Widerstandes anstelle von R_1, der seinen Wert beim Vergrößern der Ausgangsspannung verkleinert (NTC), oder eines Widerstandes anstelle von R_2, der seinen Wert entsprechend vergrößert (PTC). Die Regelwirkung tritt dadurch ein, daß sich durch die Veränderung der Ausgangsspannung die im Widerstand umgesetzte Wechselstromleistung und damit der Widerstandswert ändert. Dazu zeigt Abbildung 23.10 ein Beispiel.

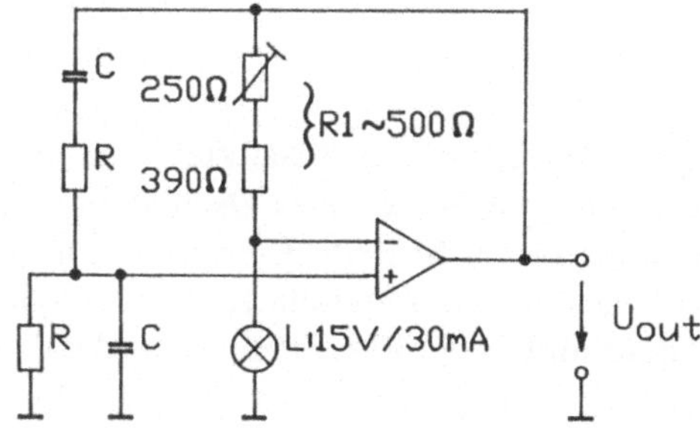

Abb. 23.10: Beispiel eines Wien-Robinson-Oszillators

In dem Beispiel wird als PTC-Widerstand anstelle von R_2 eine Glühlampe mit den Daten 15V/30mA verwendet. Nachteilig an dieser Schaltung ist, daß die Ausgangsspannung durch den PTC-Widerstand temperaturabhängig ist. Abhilfe schafft hier eine Amplitudenregelung mit einem Feldeffekttransistor.

24 PLL (Phase Locked Loop)

Eine Phasenregelschleife (PLL, Phase Locked Loop) ist ein Schaltkreis der einem externen Referenzsignal erlaubt, die Frequenz und die Phase eines Oszillators in der Schleife zu steuern. Die Frequenz des Oszillators in der Schleife kann dabei dieselbe wie die Referenzfrequenz sein oder ein Vielfaches davon. Wenn die Referenzfrequenz von einem Quarzoszillator kommt, können daraus mittels der PLL Frequenzen abgeleitet werden, die dieselbe Stabilität besitzen wie die des Quarzoszillators (z.B. bei der Anwendung als Synthesizer).

Wenn das Referenzsignal in der Frequenz variabel ist (wie bei einem frequenzmodulierten Signal), wird die Schleifenoszillatorfrequenz dieser Frequenz folgen. Dieses Prinzip wird z.B. bei FM-Demodulatoren benutzt.

Eine elementare Phasenregelschleife ist in Abbildung 24.1 dargestellt.

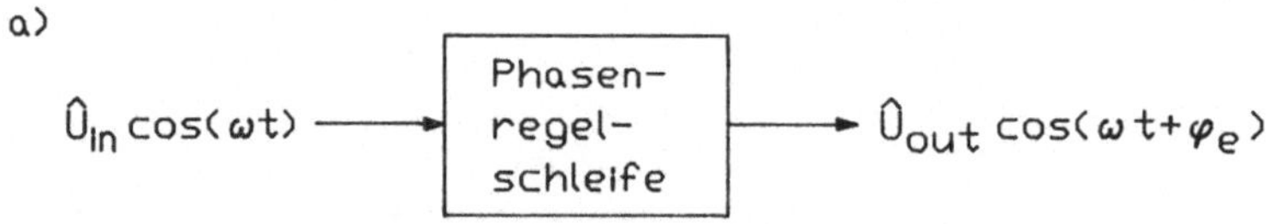

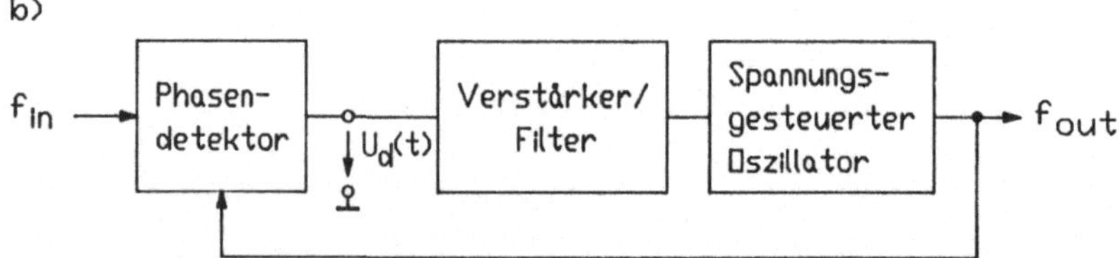

Abb. 24.1: Elementare Phasenregelschleife, a) Frequenzbeziehung, b) Aufbau

Diese wird also mit ihrem Ausgangssignal, wenn sie korrekt arbeitet, synchron der Frequenz des Eingangssignales folgen (engl. *to lock on*). Am Ausgangssignal zeigt sich dann eine feste Phasenbeziehung zum Eingangssignal.

Solch eine elementare Phasenregelschleife besteht aus einem Phasendetektor, einem Verstärker bzw. Filter und einem spannungsgesteuerten Oszillator (siehe Abbildung 24.1b). Die Phasendifferenz zwischen f_{out} und f_{in} wird im Phasendetektor ermittelt, im Verstärker/Filter-Block verstärkt und dem spannungsgesteuerten Oszillator (VCO, Voltage Controlled Oscillator) zugeführt, um die Frequenz entsprechend der Abweichung zu beeinflussen.

24.1 PLL-Arten

Man unterscheidet im wesentlichen zwei Arten von PLL-Typen, und zwar die lineare PLL und die digitale PLL. Die Unterscheidung folgt aus dem Aufbau des verwendeten Phasendetektors.

Die verschiedenen Typen von Phasendetektoren sind in der Abbildung 24.2 dargestellt.

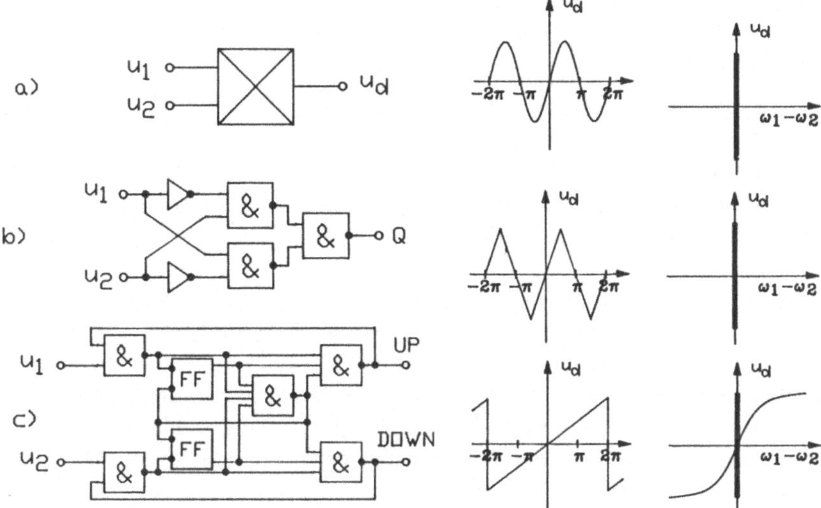

Abb. 24.2: Eigenschaften verschiedener Phasen-Detektor-Typen

Lineare Phasendetektoren sind dadurch gekennzeichnet, daß sie mit Schaltungen der Analogrechentechnik aufgebaut sind, die im linearen Gebiet ihrer Kennlinien arbeiten. Digitale Phasendetektoren dagegen werden aus digitalen Funktionseinheiten aufgebaut und setzen weiterhin voraus, daß mit Rechtecksignalen gearbeitet wird.

Die Phasendetektorschaltung Typ a) ist nichts anderes als eine analoge Multipliziererschaltung (4-Quadranten-Multiplizierer). Nimmt man an, daß die beiden Eingangssignale sinusförmig sind und dieselbe Kreisfrequenz ω haben, so liefert die Phasendetektorschaltung als Ausgangsspannung U_d das Produkt aus

$$U_1(t) = \hat{U}_1 \cdot \sin(\omega t + \varphi_1) \quad \text{und} \quad U_2(t) = \hat{U}_2 \cdot \sin(\omega t + \varphi_2)$$

zu

$$U_d(t) = k \cdot U_1 \cdot U_2 = \frac{k \cdot \hat{U}_1 \cdot \hat{U}_2}{2} [\sin(\varphi_1 - \varphi_2) + \sin(2\omega + \varphi_1 + \varphi_2)] \tag{24.01}$$

U_d besteht demnach aus einer Gleich- und einer Wechselspannungskomponente. Da letztere vom Schleifenfilter ausgefiltert wird, soll hier nur die Gleichspannungskomponente betrachtet werden. Diese Komponente $\overline{U}_d$ beträgt nach Gl. 24.01

$$\overline{U}_d = K_\Phi \cdot \sin \varphi_e \qquad (24.02)$$

mit dem Verstärkungsfaktor

$$K_\Phi = \frac{k \cdot \hat{U}_1 \cdot \hat{U}_2}{2} \qquad (24.03)$$

des Phasendetektors und mit

$$\varphi_e = \varphi_1 - \varphi_2 \qquad (24.04)$$

der Phasendifferenz zwischen den beiden Eingangssignalen. Für kleine Phasendifferenzen läßt sich die Sinusfunktion linearisieren und man erhält am Ausgang dieser Phasendetektorschaltung eine der Phasendifferenz proportionale Ausgangsspannung, wenn die PLL eingerastet ist.

Wenn die PLL noch nicht eingerastet ist, d.h. wenn $\omega_1 \neq \omega_2$, dann besteht $U_d(t)$ aus zwei Termen, deren Kreisfrequenzen $\omega_1 - \omega_2$ bzw. $\omega_1 + \omega_2$ sind. Die Gleichspannungskomponente ist also null, was bedeutet, daß die PLL nicht einrasten dürfte. Das Einrasten kann aber dadurch erreicht werden, daß man die Frequenz des spannungsgesteuerten Oszillators variiert (z.B. während des Einschaltvorganges oder durch einen zusätzlichen Oszillator), bis sie mit der Eingangsfrequenz übereinstimmt. Die PLL wird dann einrasten und die Frequenz halten, wenn die Phasenregelschleife richtig ausgelegt ist.

Bei den digitalen Phasendetektoren sind die beiden Eingangsspannungen U_1 und U_2 stets rechteckförmig. Die einfachste digitale Phasendetektorschaltung besteht aus einem Exklusiv-Oder-Gatter (Abbildung 24.2 Typ b)). $\overline{U}_d$ wird hier durch das Tastverhältnis des Ausgangssignals Q gegeben und variiert dreieckförmig in Funktion der Phasendifferenz φ_e. Die dreieckförmige Übertragungsfunktion gilt allerdings nur für den Fall, daß das Tastverhältnis beider Signale U_1 und U_2 50 % beträgt. Im ausgerasteten Zustand der PLL ist $\overline{U}_d$ null. Die Schaltung des Typs b) verhält sich demnach ähnlich wie die Schaltung vom Typ a).

Der Phasendetektor des Typs c) ist aus mehreren Gattern und Latches aufgebaut und hat den großen Vorteil, daß sein Ausgangssignal für jeden beliebigen Wert von ω_1 und ω_2 ein definiert frequenzsensitives Verhalten zeigt (siehe Abbildung 24.2). Ein weiterer Vorteil ist, daß dieser Typ entweder nur die positive oder die negative Flanke der Eingangssignale vergleicht, und daher das Tastverhältnis der Eingangssignale keinen Einfluß auf das Ausgangssignal $\overline{U}_d$ hat.

Ein weiteres Unterscheidungsmerkmal ist die Art der Verstärker/Filter-Baugruppe. Man unterscheidet passive und aktive Baugruppen. Abbildung 24.3 zeigt die wichtigsten Arten.

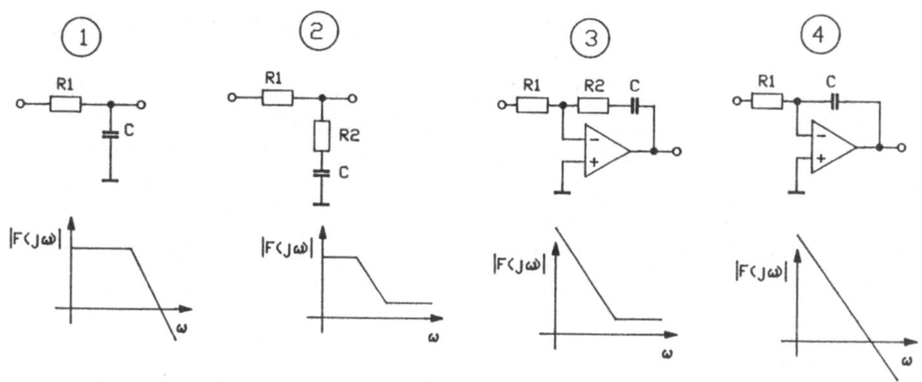

Abb. 24.3: Die wichtigsten Filterarten für PLLs

24.2 Beschreibung der Regelschleife

Das Verhalten der Phasenregelschleife wird durch Verstärkungsfaktoren in den einzelnen Blöcken der Abbildung 24.4 beschrieben.

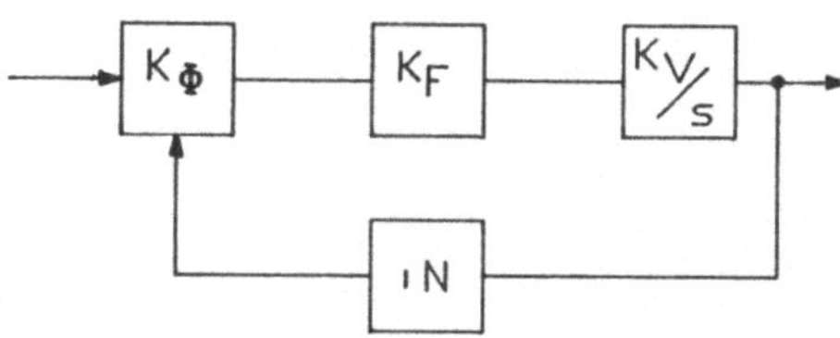

K_Φ = Phasendetektorverstärkungsfaktor [V/rad]

K_F = Verstärker-/Filterfaktor

K_V = Oszillatorverstärkungsfaktor [rad/s/V]

N = ganzzahliger Teilungsfaktor

Abb. 24.4: Verstärkungskonstanten der Komponenten einer PLL

Der Phasendetektor einer PLL liefert üblicherweise eine Impulsfolge, deren Mittelwert ein Maß für die aufgetretene Phasendifferenz ist. Dieser Mittelwert der Impulse kann als Verstärkungskonstante K_Φ des Phasendetektors bezeichnet werden.

Der spannungsgesteuerte Oszillator ist so auszulegen, daß sein Frequenzbereich mindestens gleich bzw. größer ist als der benötigte Ausgangsfrequenzbereich des Gesamtsystems. Das Verhältnis von Ausgangsfrequenz zu Steuerspannung nennt man die Verstärkungskonstante K_V. Wenn die Kennlinie von f_{out} zu V_{in} über den erwarteten

Frequenzbereich nicht linear genug ist, läßt sich diese stückweise linearisieren. Daraus lassen sich dann die entsprechenden Verstärkungskonstanten für den schlechtesten bzw. besten Fall ableiten, wenn das Schleifenverhalten analysiert werden soll.

Hat die PLL gefangen (d.h. $f_{out} = f_{in}$), dann wird die Dynamik des Gesamtsystems durch den Verstärker- bzw. Filterblock bestimmt. Die Verstärkung dieses Blocks bestimmt, wie groß der Phasenfehler zwischen f_{in} und f_{out} wird. Die fundamentalen Charakteristiken der Phasenregelschleife, wie Fangbereich, Schleifenbandbreite, Fangzeit und Sprungantwort werden in erster Linie durch das Schleifenfilter bestimmt.

Das Verhalten zwischen Ausgangssignal zu Eingangssignal entspricht dem eines 2-poligen Tiefpaßfilters mit einer statischen Verstärkung von N

$$\frac{\Theta_o(s)}{\Theta_i(s)} = \frac{K_\Phi \cdot K_F \cdot K_V}{s + \dfrac{K_\Phi \cdot K_F \cdot K_V}{N}} \tag{24.05}$$

mit

$$K_F = \frac{1 + T_1 \cdot s}{T_2 \cdot s} \tag{24.06}$$

Dieses K_F beschreibt einen Verstärkungs- bzw. Filterblock, wie er in Abbildung 24.3, Teil 3 dargestellt ist. Die Zeitkonstanten in Gleichung 24.06 werden dann zu

$$T_1 = R_2 \cdot C \tag{24.07}$$

und

$$T_2 = R_1 \cdot C \tag{24.08}$$

Mit Gleichung 24.06 wird

$$\frac{\Theta_{o(s)}}{\Theta_{i(s)}} = \frac{N\,(1 + T_1 \cdot s)}{\dfrac{s^2 \cdot N \cdot T_2}{K_\Phi \cdot K_V} + T_1 \cdot s + 1} \tag{24.09}$$

Diese 2-polige Tiefpaßfilterfunktion wird üblicherweise durch die natürliche Frequenz ω_n (entspricht in etwa der Schleifenbandbreite) und dem Dämpfungsfaktor d beschrieben. Jede dieser Größen ist wichtig bei der Bestimmung des Verhaltens der Schleife auf einen Phasen- bzw. Frequenzsprung (siehe Abbildung 24.5).

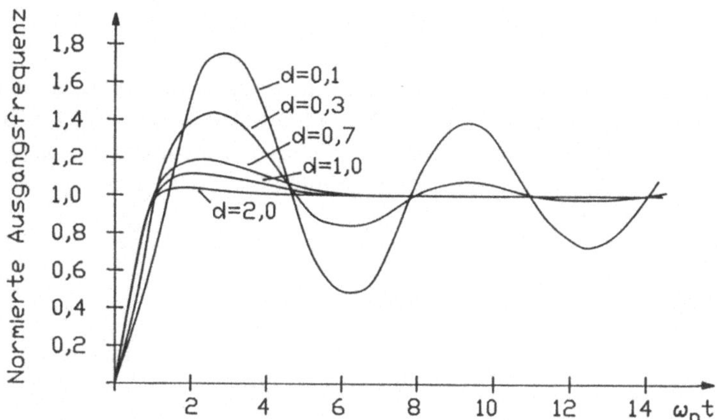

Abb. 24.5: Sprungantwort der geschlossenen Schleife als Funktion von ω_n und Dämpfungsfaktor d

Mit der natürlichen Frequenz

$$\omega_n = \sqrt{\frac{K_\Phi \cdot K_V}{N \cdot T_2}}$$

$$(24.10)$$

und dem Dämpfungsfaktor

$$d = \sqrt{\frac{K_\Phi \cdot K_V}{N \cdot T_2}} \left(\frac{T_1}{2}\right)$$

$$(24.11)$$

wird Gleichung 24.09 zu

$$\frac{\Phi_o(s)}{\Phi_i(s)} = \frac{N(1 + T_1 \cdot s)}{\dfrac{s^2}{\omega_n^2} + \dfrac{2 \cdot d \cdot s}{\omega_n} + 1}$$

$$(24.12)$$

24.3 Dimensionierung der Regelschleife

In einem gut definierten System können die Kontrollfaktoren ω_n und d aus der erforderlichen Sprungantwort (im Zeitbereich) oder aus dem erforderlichen Frequenzgang (Bandbreite und „Peaking") abgeleitet werden. So bestimmt das maximal erlaubte Überschwingen den Dämpfungsfaktor d (vergleiche Abbildung 24.5). Aus der normierten Einschwingdauer $\omega_n \cdot t$ (die Zeit, bis sich die Sprungantwort auf 5 % des Endwertes genähert hat) kann bei Vorgabe der tatsächlich erlaubten Einschwingzeit die natürliche Frequenz ω_n berechnet werden.

$$\omega_n = \frac{\omega_n \cdot t}{t} \qquad (24.13)$$

Wenn die beiden Kontrollfaktoren ω_n und d bekannt sind, ist die Synthese des Filters relativ einfach. Die Konstanten $K\Phi$, K_V und N sind üblicherweise vorgegeben, so daß nur T_1 und T_2 als Variablen übrig bleiben, um ω_n und d anzupassen. Da T_2 nur in Gleichung 24.10 vorkommt, bietet sich zur Bestimmung von T_2 an:

$$T_2 = \frac{K_\Phi \cdot K_V}{N \cdot \omega_n{}^2} \qquad (24.14)$$

Aus Gleichung 24.11 ergibt sich

$$T_1 = \frac{2\,d}{\omega_n} \qquad (24.15)$$

Aus diesen Beziehungen lassen sich dann die entsprechenden Widerstandswerte bestimmen

$$R_1 = \frac{K_\Phi \cdot K_V}{N \cdot \omega_n{}^2 \cdot C} \qquad (24.16)$$

bzw.

$$R_2 = \frac{2\,d}{\omega_n \cdot C} \qquad (24.17)$$

Obwohl sich grundsätzlich der Wertebereich von R_1 und R_2 zwischen einigen Hundert bis zu einigen Tausend Ohm erstrecken kann, so können Überlegungen zur Unterdrückung unerwünschter Seitenbänder (z.B. durch die Modulation des VCOs mit der Vergleichsfrequenz) es nötig machen, den Wert für R_1 zuerst festzulegen. Der Wert für die Kapazität berechnet sich dann aus

$$C = \frac{K_\Phi \cdot K_V}{N \cdot \omega_n{}^2 \cdot R_1} \qquad (24.18)$$

Die Berechnung der Komponenten R_2 und C wird bei Synthesizern durch die unvollständige Information über den Teilungsfaktor N erschwert, da dieser variabel ist. Damit variiert dann auch ω_n und d. Ähnlich wichtig sind Änderungen des Verstärkungsfaktors K_V über den Bereich der Ausgangsfrequenz. Das erfordert dann die Berechnung von Minimal- und Maximalwerten für ω_n und d nach Gleichung 24.10 und 24.11, wenn für alle Verstärkungsfaktoren die ungünstigsten Werte bekannt sind.

Neben den Überlegungen zum dynamischen Verhalten einer Phasenregelschleife spielt auch die Unterdrückung unerwünschter Seitenbänder beim Entwurf hoch qualitativer Synthesizer eine Rolle. Jedes zeitlich veränderliche Signal am Eingang des VCOs erzeugt, nach der Theorie der Frequenzmodulation, Seitenbänder. Für kleine

Störsignale am VCO-Eingang kann das Verhältnis von Seitenbandpegel zu Hauptpegel wie folgt angenähert werden

$$\frac{\text{Seitenband}}{\text{Hauptsignal}} = \frac{V_{ref} \cdot K_V}{2\omega_{ref}} \qquad (24.19)$$

wobei mit V_{ref} die Spitzenspannung der unerwünschten Störsignale am VCO-Eingang erfaßt wird.

Unerwünschte Modulation der VCO-Steuerspannung kann von vielen Quellen herrühren. Meist wird es jedoch durch die Impulse des Phasendetektors verursacht, die durch das Schleifenfilter gelangen.

Im idealen eingeschwungenen Zustand, also wenn die PLL gefangen hat, sollte die mittlere Ausgangsspannung des Phasendetektors null sein, und am Ausgang des Phasendetektors sollten keine Impulse auftreten. Da aber der Phasendetektor den nachfolgenden Schleifenverstärker treiben muß, hat er eine gewisse mittlere Ausgangsspannung bereitzustellen. Somit erscheinen am Ausgang des Phasendetektors Impulse, deren Tastverhältnis abhängig von der benötigten mittleren Ausgangsspannung ist. Neben der Ansteuerung des nachfolgenden Schleifenverstärkers muß der Phasendetektor auch die Leckströme der Schaltung ausgleichen.

Eine gewisse Reduktion erfahren die Impulse durch das Schleifenfilter selbst, das eine Art Tiefpaßfilterfunktion besitzt. Wenn z.B. die Referenzfrequenz des Phasendetektors deutlich höher liegt als die natürliche Frequenz des Schleifenfilters, dann wirkt das Schleifenfilter als Abschwächer für die Impulse mit

$$K_{F(j\omega)} \bigg|_{\omega = \omega_{ref}} = - \frac{R_2}{R_1} \qquad (24.20)$$

Ist diese Seitenbandunterdrückung für bestimmte Anwendungen nicht ausreichend, so kann eine zusätzliche Unterdrückung durch Einbringen eines weiteren Poles in die Übertragungsfunktion des Schleifenfilters erreicht werden, indem man zu R_2 einen Kondensator C_c parallelschaltet. Um die Stabilität der Regelschleife nicht zu gefährden, sollte die Eckfrequenz dieses zusätzlichen Poles weit genug über der natürlichen Frequenz der Regelschleife liegen. Eine Daumenregel ist hier

$$\omega_c > 5 \cdot \omega_n \qquad (24.21)$$

bzw.

$$C_c < 0{,}2 \cdot C \qquad (24.22)$$

die zusätzliche Unterdrückung SB ist dann gegeben durch

$$SB_{dB} \approx 20 \log\left(\frac{\omega_c}{\omega_{ref}}\right) \qquad (24.23)$$

Um das dynamische Verhalten einer PLL zu untersuchen, kann man ein recht einfaches Verfahren anwenden. Man benutzt zur Erzeugung der Referenzfrequenz einen Generator der FM-modulierbar ist. Dieser Generator wird von einem zweiten Generator mit einem rechteckförmigen Signal angesteuert. Die Frequenz des Rechteckgenerators wird so gewählt, daß sie deutlich niedriger liegt als die natürliche Frequenz der Regelschleife (ca. um einen Faktor 10). Am Steuereingang des VCOs kann man dann direkt die Sprungantwort der PLL oszillographieren.

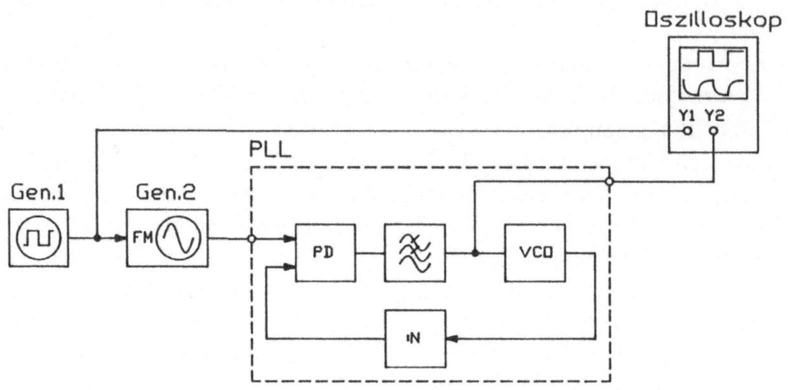

Abb. 24.6: Testschaltung zur Überprüfung der Sprungantwort einer PLL

25 Funktionsgeneratoren

Im Kapitel 23 wurde als Generator für niederfrequente Sinusschwingungen der Wien-Robinson-Oszillator vorgestellt. Der Nachteil des Wien-Robinson-Oszillators besteht darin, daß eine temperaturunabhängige und präzise Amplitudenregelung ziemlich aufwendig wird. Viel einfacher ist es, niederfrequente Rechteck- und Dreieckschwingungen zu erzeugen und deren Amplituden durch Komparatoren oder Schmitt-Trigger zu kontrollieren. In einem weiteren Schritt kann man dann aus der Dreieckschwingung eine Sinusschwingung herstellen, indem man ein Sinusfunktionsnetzwerk einsetzt.

25.1 Rechteckerzeugung

Abbildung 25.1 zeigt das Schaltbild eines einfachen Rechteckgenerators mit einem mitgekoppelten Operationsverstärker (Schmitt-Trigger, vergleiche Kapitel 15).

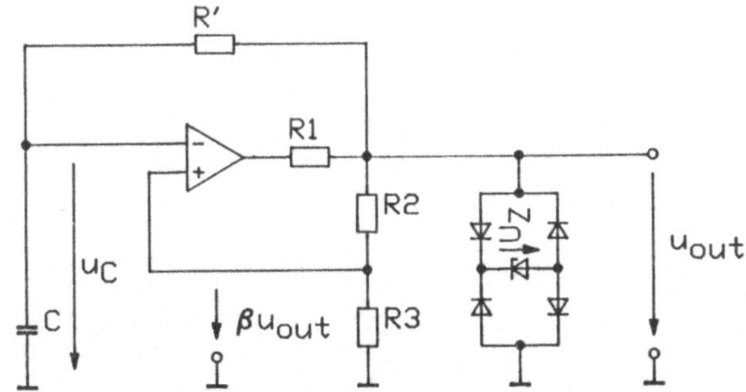

Abb. 25.1: Rechteckgenerator

Dem Ausgang u_{out} ist ein Limiter aus einer Diodenbrücke und einer Zenerdiode parallelgeschaltet. Der Limiter begrenzt die Ausgangsspannung u_{out} entweder auf $+U_Z$ oder $-U_Z$ ($U_D \ll U_Z$). Ein Teil der Ausgangsspannung $\beta \cdot u_{out}$ wird zum nichtinvertierenden Eingang zurückgekoppelt.

$$\beta = \frac{R_3}{R_2 + R_3} \tag{25.01}$$

Die Differenzeingangsspannung u_{in} ist gegeben durch

$$u_{in} = u_c - \beta \cdot u_{out} \tag{25.02}$$

Von der Übertragungscharakteristik eines Komparators (siehe Abbildung 15.4) ist bekannt, daß die Ausgangsspannung zu

$$u_{out} = - U_Z \qquad (25.03)$$

wird, wenn u_{in} positiv ist. Andererseits wird

$$u_{out} = U_Z \qquad (25.04)$$

bei negativem u_{in}. Zu einem bestimmten Zeitpunkt sei

$$u_c < \beta \cdot u_{out} = \beta \cdot U_Z \qquad (25.05)$$

Der Kondensator C wird sich nun über den Widerstand R' exponentiell nach U_Z hin aufladen. Die Ausgangsspannung bleibt konstant, bis

$$u_c = \beta \cdot U_Z \qquad (25.06)$$

wird. Zu diesem Zeitpunkt wechselt der Ausgang des Komparators zu $u_{out} = -U_Z$. Jetzt lädt sich der Kondensator exponentiell nach U_Z hin auf. Abbildung 25.2 zeigt die daraus resultierende Kurvenform.

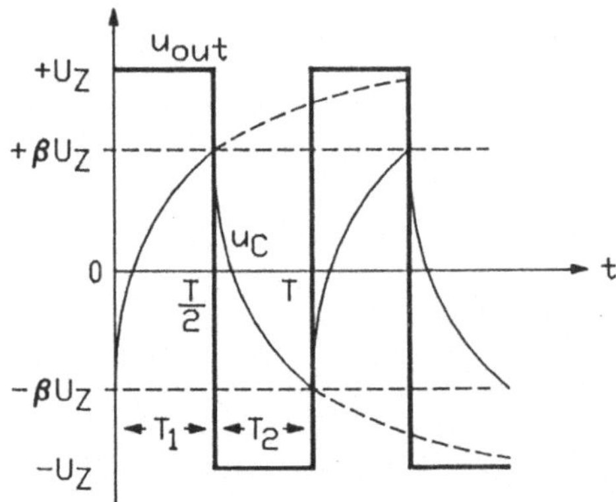

Abb. 25.2: Spannungsverläufe am Rechteckgenerator

Zum Zeitpunkt t = 0 solle $u_c = -\beta \cdot U_Z$ sein, dann ist der zeitabhängige Verlauf der Spannung am Kondensator gegeben durch

$$U_c(t) = U_Z [1 - (1 + \beta)e^{-t/R' \cdot C}] \qquad (25.07)$$

Bei t = T/2 ist die Kondensatorspannung $u_c = \beta \cdot Z$ und es ergibt sich daraus

$$T = 2 \cdot R' \cdot C \cdot \ln \frac{1 + \beta}{1 - \beta} \qquad (25.08)$$

Es zeigt sich, daß die Periodendauer der entstandenen Rechteckschwingung unabhängig von U_Z ist.

Die Schaltung wird prinzipiell auch dann arbeiten, wenn man R_1 und den Limiter wegläßt. Allerdings wird dann die Ausgangsspannung von der Versorgungsspannung abhängig. Diese Form des Rechteckgenerators nennt man auch astabiler Multivibrator, der sich in ähnlicher Weise auch mit TTL-Schmitt-Trigger-Bausteinen (bzw. CMOS-Gatter) realisieren läßt.

25.2 Dreieckerzeugung

Die Kondensatorspannung u_c im vorherigen Beispiel hatte schon einen dreieckähnlichen Verlauf, aber die Dreieckseiten waren mehr exponentielle Kurven als gerade Linien. Um die Kurven zu linearisieren, darf der Kondensator C nicht über einen Widerstand geladen werden, sondern muß über eine Konstantstromquelle geladen werden. Daher wird in Abbildung 25.3 ein Umkehrintegrator benutzt, um den Kondensator mit einem konstanten Strom aufzuladen, so daß der Spannungsanstieg am Ausgang linear wird.

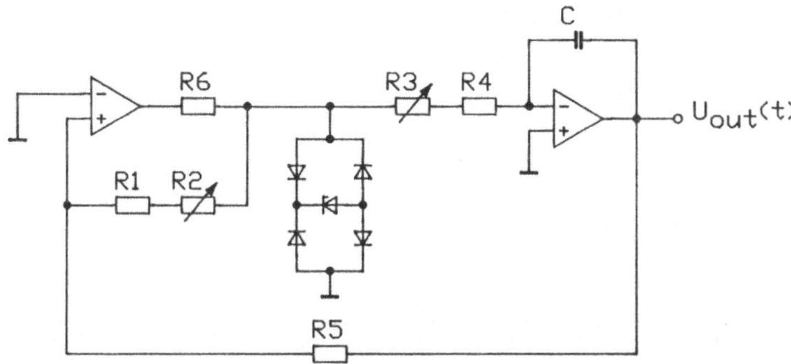

Abb. 25.3: Dreieckgenerator

Durch die Invertierung des Integrators muß nun der nichtinvertierende Eingang des Komparators benutzt werden. Die Schaltung arbeitet ähnlich wie die des Rechteckgenerators. Die Schwingfrequenz ergibt sich zu

$$f = \frac{(R_1 + R_2)}{4\,(R_3 + R_4)\,R_5 \cdot C} \tag{25.09}$$

Die Amplitude der Ausgangsspannung ist gegeben durch

$$\hat{U}_{out} = \frac{R_5 \cdot U_Z}{R_1 + R_2} \tag{25.10}$$

25.3 Diodennetzwerk zur Sinusapproximation

Ein Sinus-Funktionsnetzwerk soll den Ausdruck

$$u_{out} = \hat{U}_{out} \cdot \sin \frac{\pi}{2} \cdot \frac{u_{in}}{\hat{U}_{in}} \tag{25.11}$$

im Bereich von $-\hat{U}_{in} < u_{in} < +\hat{U}_{in}$ approximieren. Für kleine Eingangsspannungen gilt

$$u_{out} = \hat{U}_{out} \cdot \frac{\pi}{2} \cdot \frac{u_{in}}{\hat{U}_{in}} \tag{25.12}$$

Wählt man

$$\hat{U}_{out} = \frac{2}{\pi} \cdot \hat{U}_{in} \tag{25.13}$$

so muß das Sinus-Funktionsnetzwerk bei kleinen Eingangsspannungen eine Verstärkung von 1 besitzen. Bei höheren Spannungen muß die Verstärkung dann abnehmen. Dies wird durch das Diodennetzwerk in Abbildung 25.4 erreicht.

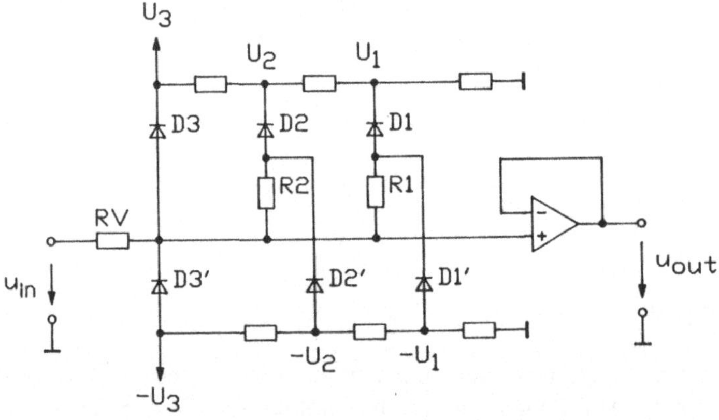

Abb. 25.4: Prinzip eines Sinus-Funktionsnetzwerks

Bei kleinen Eingangsspannungen sperren alle Dioden, und die Ausgangsspannung ist gleich der Eingangsspannung. Wird u_{in} größer als U_1, wird die Diode D_1 leitend. Die Ausgangsspannung steigt nun langsamer an als u_{in}, weil R_v und R_1 einen Spannungsteiler bilden. Wird u_{in} größer als U_2, wird der Spannungsteiler zusätzlich mit R_2 belastet und der Spannungsanstieg weiter verlangsamt. Die Diode D_3 erzeugt schließlich die horizontale Tangente im Maximum der Sinusschwingung (siehe Abbildung 25.5). Entsprechend wirken die Dioden D_1' bis D_3' bei der negativen Halbwelle. Berücksichtigt man, daß die Dioden nicht schlagartig leitend werden, sondern exponentielle Kennlinien besitzen, und daß sich die Spannungen U_1 und U_2 bei Belastung verändern, kann man mit wenigen Dioden niedrige Klirrfaktoren von u_{out} erreichen. Mit sechs Dioden (entsprechend Abb. 25.4) erreicht man bei guter Dimensionierung Klirrfaktoren unter 1 %.

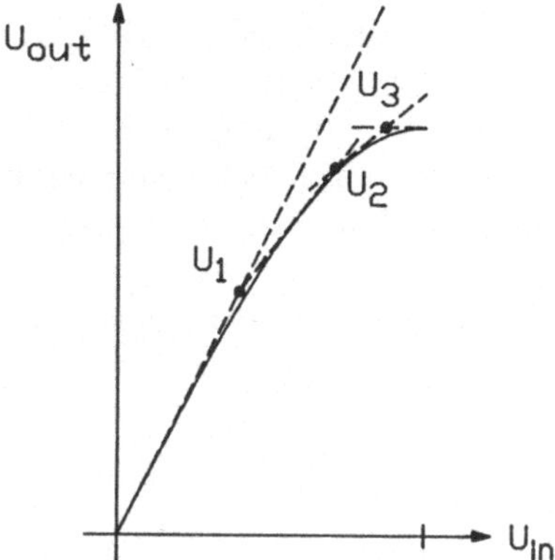

Abb. 25.5: Sinusapproximation durch Diodennetzwerk

25.4 Beispiele

Funktionsgeneratoren sind in integrierter Form erhältlich (ICL8038 von Intersil, XR2206 von Exar, etc.). Der erste und auch bekannteste integrierte Funktionsgenerator ist der ICL8038 von Intersil, dessen Blockschaltbild in Abbildung 25.6 gezeigt ist.

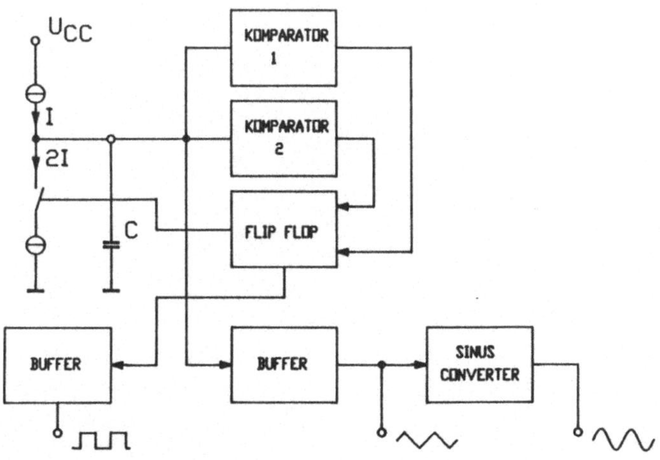

Abb. 25.6: Blockschaltbild des ICL8038

Zur Dreieckerzeugung wird ein externer Kondensator über die Stromquelle 1 aufgeladen. wird die obere Spannungsschwelle überschritten, spricht Komparator 1 an und aktiviert über das Flip-Flop die Stromquelle 2. Stromquelle 2 läßt nun den doppelten Strom von Stromquelle 1 nach GND fließen. Das hat zur Folge, daß der externe Kondensator mit einfachem Strom entladen wird. Dies geschieht so lange, bis die untere Spannungsschwelle erreicht ist und der Komparator 2 das Flip-Flop zurücksetzt. Die Stromquelle 2 wird abgeschaltet, und der externe Kondensator kann über Stromquelle 1 wieder aufgeladen werden. Der Zustand des Flip-Flops dient zur Speisung des Rechteckausgangs. Die dreieckförmige Spannung am Kondensator wird gepuffert und dem Sinuskonverter zugeführt. Die komplette Innenschaltung zeigt Abbildung 25.7.

Anstatt Dioden werden hier Transistoren benutzt, um die spannungsabhängige Belastung zu realisieren.

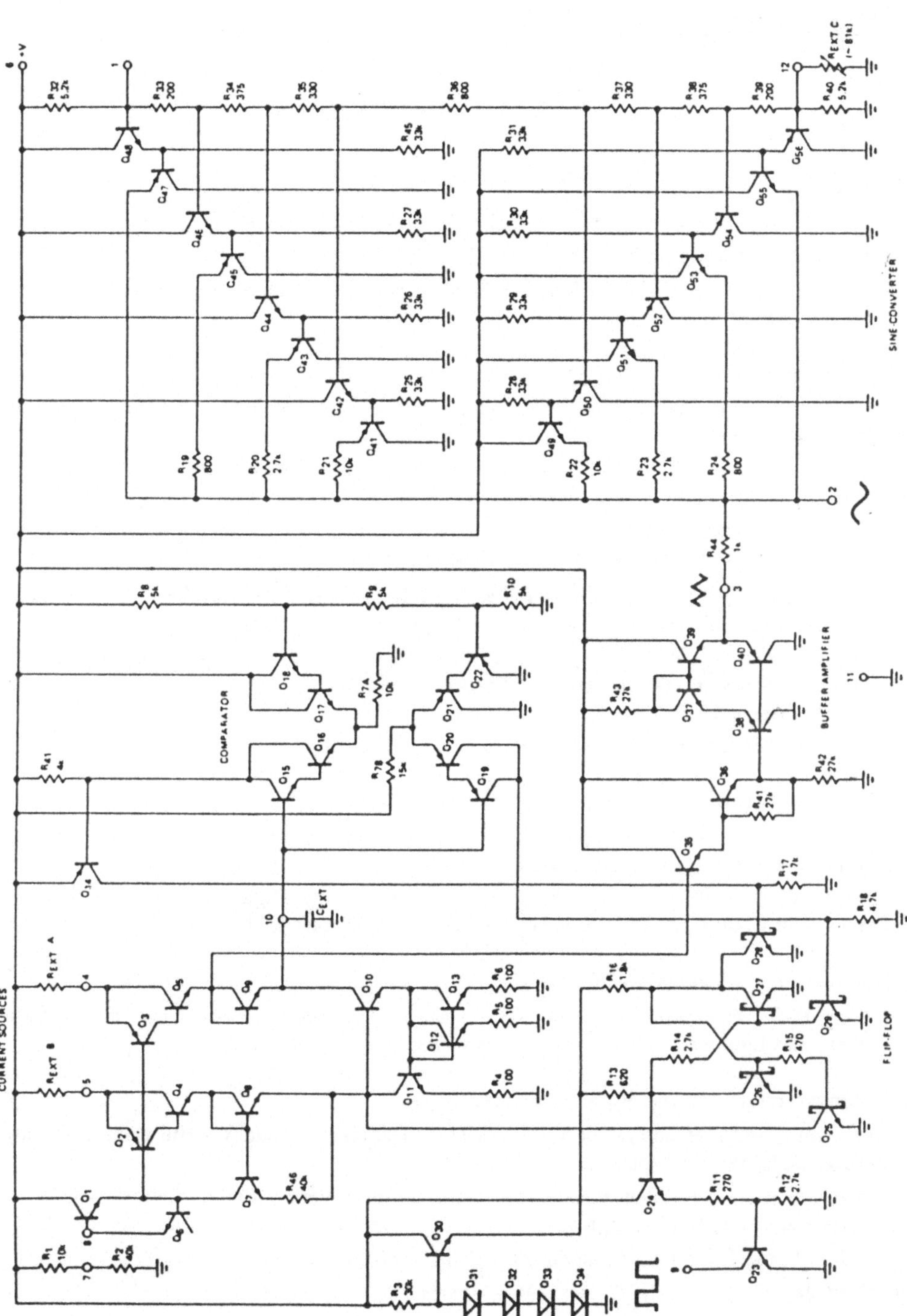

Abb. 25.7: Innenschaltung des ICL8038 (Intersil-Datenbuch)

Literaturverzeichnis

1 Einführung

G. Rose; Fundamente der Elektronik: Einzelteile – Bausteine – Schaltungen; Verlag für Radio-Foto-Kinotechnik GmbH, Berlin, 1963; Kap. II

H. Schröder; Elektrische Nachrichtentechnik Band II; Verlag für Radio-Foto-Kinotechnik GmbH, Berlin, 1969; Kap. A

2 Bipolartransistoren

Lloyd P. Hunter (Ed.); Handbook of Semiconductor Electronics; McGraw – Hill Book Company, New York, USA, 1970; Chapter 11

U. Tietze, Ch. Schenk; Halbleiterschaltungstechnik; Springer Verlag, Berlin, 3. Aufl., 1974; Kap. 6.1, Kap. 6.2, Kap. 6.5, Kap. 6.6, Kap. 6.7, Kap. 19.2

P. R. Gray, R. G. Mayer; Analysis and Design of Analog Integrated Circuits; John Wiley & Sons, New York, 2nd Edition, 1984; Chapter 1.3, Chapter 1.4

E. E. E. Hoefer, H. Nielinger; SPICE; Springer Verlag, Berlin, 1985; Kap. 4.2

D. H. Navon; Electronic Materials an Devices; Houghton Mifflin Company, Boston, USA, 1975; Chapter 5, Chapter 6, Chapter 8

H.-G. Unger, W. Schultz, G. Weinhausen; Elektronische Bauelemente und Netzwerke I; Verlag Vieweg, Wiesbaden, 1979; Kap. 1.2.2

Datenblatt BC 107, BC 108, BC 109; Siemens AG, München

3 HF – Verhalten des Bipolartransistors

P. R. Gray, R. G. Mayer; Analysis and Design of Analog Integrated Circuits; John Wiley & Sons, New York, 2nd Edition, 1984; Chapter 1.4

J. Millman, C. C. Halkias; Integrated Electronics: Analog and Digital Circuits and Systems; McGraw – Hill Book Company, New York, USA, 1972; Chapter 8.11

4 Rauschen des Bipolartransistors

P. R. Gray, R. G. Mayer; Analysis and Design of Analog Integrated Circuits; John Wiley & Sons, New York, 2nd Edition, 1984; Chapter 11.2, Chapter 11.3, Chapter 11.5

5 Leistungsverstärkung mit Bipolartransistoren

Lloyd P. Hunter (Ed.); Handbook of Semiconductor Electronics; McGraw – Hill Book Company, New York, USA, 1970; Chapter 19

U. Tietze, Ch. Schenk; Halbleiterschaltungstechnik; Springer Verlag, Berlin, 3. Aufl., 1974; Kap. 6.10, Kap. 12.1, Kap. 12.2, Kap. 12.4

Power Data Book; Fairchild, Mountain View, USA, 1976; Chapter 2

Datenblatt 2N3055 (BD 130); Siemens AG, München

6 Differenzverstärker mit Bipolartransistoren

U. Tietze, Ch. Schenk; Halbleiterschaltungstechnik; Springer Verlag, Berlin, 3. Aufl., 1974; Kap. 9.1

P. R. Gray, R. G. Mayer; Analysis and Design of Analog Integrated Circuits; John Wiley & Sons, New York, 2nd Edition, 1984; Chapter 3.4, Chapter 3.6, Chapter 6.2, Chapter 11.7

W. Rychetsky; Entwurf elektronischer Schaltungen; Vorlesungsskript an der Technischen Hochschule Darmstadt, 1975;

7 Lateraler PNP, Substrat PNP

P. R. Gray, R. G. Mayer; Analysis and Design of Analog Integrated Circuits; John Wiley & Sons, New York, 2nd Edition, 1984; Chapter 2.4.2

8 Feldeffekttransistoren

P. R. Gray, R. G. Mayer; Analysis and Design of Analog Integrated Circuits; John Wiley & Sons, New York, 2nd Edition, 1984; Chapter 1.5, Chapter 1.6, Chapter 1.7, Chapter 1.8

W. Rychetsky; Entwurf elektronischer Schaltungen; Vorlesungsskript an der Technischen Hochschule Darmstadt, 1975;

B. Höfflinger (Hrsg.); Großintegration: Technologie – Entwurf – Systeme; R. Oldenbourg Verlag, München, 1978; Kap. 4, Kap. 5

9 HF – Verhalten von Feldeffekttransistoren

P. R. Gray, R. G. Mayer; Analysis and Design of Analog Integrated Circuits; John Wiley & Sons, New York, 2nd Edition, 1984; Chapter 1.6, Chapter 1.8

10 Rauschverhalten des FETs

P. R. Gray, R. G. Mayer; Analysis and Design of Analog Integrated Circuits; John Wiley & Sons, New York, 2nd Edition, 1984; Chapter 11.3, Chapter 11.5

11 Feldeffekttransistor als Leistungsverstärker

Power MOSFET Transistor Data; Motorola Semiconductors, 1988; Chapter 1.1 - 1.6

SIPMOS Datenbuch; Siemens AG, München, 1985; Seite 18 - 31, Seite 168 - 173

12 Differenzverstärker mit FETs

P. R. Gray, R. G. Mayer; Analysis and Design of Analog Integrated Circuits; John Wiley & Sons, New York, 2nd Edition, 1984; Chapter 3.5, Chapter 12.2.1

13 Operationsverstärker

U. Tietze, Ch. Schenk; Halbleiterschaltungstechnik; Springer Verlag, Berlin, 3. Aufl., 1974; Kap. 9.6

P. R. Gray, R. G. Mayer; Analysis and Design of Analog Integrated Circuits; John Wiley & Sons, New York, 2nd Edition, 1984; Chapter 6.3, Chapter 9.2, Chapter 9.3, Chapter 9.4, Chapter 9.6

J. Millman, C. C. Halkias; Integrated Electronics: Analog and Digital Circuits and Systems; McGraw - Hill Book Company, New York, USA, 1972; Chapter 14.9, Chapter 14.10, Chapter 14.11, Chapter 14.12, Chapter 14.13, Chapter 14.14

T. Lane; Re: Product Focus, Analogue & Linear Devices; Linear Technology, 1987

14 Grundschaltungen mit Operationsverstärkern

W. Rychetsky; Entwurf elektronischer Schaltungen; Vorlesungsskript an der Technischen Hochschule Darmstadt, 1975;

15 Komparatoren

J. Millman, C. C. Halkias; Integrated Electronics: Analog and Digital Circuits and Systems; McGraw - Hill Book Company, New York, USA, 1972; Chapter 16.16

W. Rychetsky; Entwurf elektronischer Schaltungen; Vorlesungsskript an der Technischen Hochschule Darmstadt, 1975;

16 Filter mit Operationsverstärkern

U. Tietze, Ch. Schenk; Halbleiterschaltungstechnik; Springer Verlag, Berlin, 3. Aufl., 1974; Kap. 11.1, Kap. 11.3, Kap. 11.5, Kap. 11.6

17 Rechenschaltungen mit OP's

U. Tietze, Ch. Schenk; Halbleiterschaltungstechnik; Springer Verlag, Berlin, 3. Aufl., 1974; Kap. 10.1, Kap. 11.7

W. Rychetsky; Entwurf elektronischer Schaltungen; Vorlesungsskript an der Technischen Hochschule Darmstadt, 1975;

18 Verstärker als Baustein

F. C. McVay; Don't guess the spurious level; Electronic Design 3, February 1, 1967; p 70 - 73

Application Note: Cascadable Amplifiers; Avantek, Santa Clara,USA, 1989

J. A. Seeger; Microwave: Theory, Components, and Devices; Prentice - Hall, Englewood Cliffs, USA, 1986; Chapter 7.4

19 Beispiele für Verstärkerbausteine

U. Tietze, Ch. Schenk; Halbleiterschaltungstechnik; Springer Verlag, Berlin, 3. Aufl., 1974; Kap. 14.1

J. Millman, C. C. Halkias; Integrated Electronics: Analog and Digital Circuits and Systems; McGraw - Hill Book Company, New York, USA, 1972; Chapter 8.16

W. Rychetsky; Entwurf elektronischer Schaltungen; Vorlesungsskript an der Technischen Hochschule Darmstadt, 1975;

S. Y. Liao; Microwave Circuit Analysis and Amplifier Design; Prentice - Hall; Englewood Cliffs, USA, 1987; Chapter 4.1, Chapter 4.2

Semiconductor Data Book, Silicon Products; Avantek, Santa Clara, USA, 1987; Chapter: Device Models

H. L. Krauss, C. W. Bostian, F. H. Raab; Solid State Radio Engineering; John Wiley & Sons, New York, 1980; Chapter 7.5, Chapter 7.6

20 Integrierte Schaltungstechnik

Lloyd P. Hunter (Ed.); Handbook of Semiconductor Electronics; McGraw - Hill Book Company, New York, USA, 1970; Chapter 10

U. Tietze, Ch. Schenk; Halbleiterschaltungstechnik; Springer Verlag, Berlin, 3. Aufl., 1974; Kap. 10.14

P. R. Gray, R. G. Mayer; Analysis and Design of Analog Integrated Circuits; John Wiley & Sons, New York, 2nd Edition, 1984; Chapter 4.2, Chapter 4.3, Chapter A4.2, Chapter A4.3, Chapter 10.3

21 Analoge Schaltkreissimulation (SPICE)

E. E. E. Hoefer, H. Nielinger; SPICE; Springer Verlag, Berlin, 1985; Kap. 1.1, Kap. 1.4, Kap. 2.0, Kap. 2.1, Kap. 2.3, Kap. 3.0

Datenblatt TAA 761; Siemens AG, München

22 Digitale Signalverarbeitung

K. D. Kammeyer, K. Kroschel; Digitale Signalverarbeitung: Filterung und Spektralanalyse; Teubner, Stuttgart, 1989; Kap. 2.3, Kap. 3.1, Kap. 4.4, Kap. 6.4

P. A. Lynn; An Introduction to the Analysis and Processing of Signals; MacMillan Publishers Ltd., London, 1984; Chapter 8.2, Chapter 9.4

J. Meiner; Softwarerealisierung zur Umsetzung von Abtastfrequenzen ohne Qualitätsverlust; Diplomarbeit an der Fachhochschule Furtwangen, 1989

Datenblatt UDPC 1000; ITT Intermetall, Freiburg, 1988

23 Oszillatoren

U. Tietze, Ch. Schenk; Halbleiterschaltungstechnik; Springer Verlag, Berlin, 3. Aufl., 1974; Kap. 2.5, Kap. 15.4

J. Millman, C. C. Halkias; Integrated Electronics: Analog and Digital Circuits and Systems; McGraw - Hill Book Company, New York, USA, 1972; Chapter 14.16, Chapter 14.17, Chapter 14.18, Chapter 14.19, Chapter 14.20

W. Rychetsky; Entwurf elektronischer Schaltungen; Vorlesungsskript an der Technischen Hochschule Darmstadt, 1975;

ZVEI; Schwingquarze, ein unverzichtbares Bauelement in der Elektronik; Vistas Verlag, Berlin, 1985; Seite 7 - 50

24 PLL

H. L. Krauss, C. W. Bostian, F. H. Raab; Solid State Radio Engineering; John Wiley & Sons, New York, 1980; Chapter 6

Datenblatt MC4344/MC4044; Motorola

R. Best; Theorie und Anwendungen des Phase-locked Loops; AT Verlag, Aarau, Schweiz, 1981; Kap. 2

25 Funktionsgeneratoren

U. Tietze, Ch. Schenk; Halbleiterschaltungstechnik; Springer Verlag, Berlin, 3. Aufl., 1974; Kap. 10.13

J. Millman, C. C. Halkias; Integrated Electronics: Analog and Digital Circuits and Systems; McGraw - Hill Book Company, New York, USA, 1972; Chapter 16.15

W. Rychetsky; Entwurf elektronischer Schaltungen; Vorlesungsskript an der Technischen Hochschule Darmstadt, 1975;

Datenblatt Intersil 8038; Intersil Inc., Cupertino, USA, 1972

Register

Digitale Signalverarbeitung

von Ad van den Enden und Niek Verhoeckx

Übersetzt von U. Palotas.
1990. XVIII, 364 Seiten mit 262 Abbildungen und 87 Übungsaufgaben mit Lösungen (Viewegs Fachbücher der Technik) Kartoniert.
ISBN 3-528-03045-3

<u>Inhalt:</u> Einleitung – Zeitkontinuierliche Signale und Systeme – Umsetzung zeitkontinuierlicher Signale in zeitdiskrete Signale und umgekehrt – Zeitdiskrete Signale und Systeme – Die DFT und die FFT-Übersicht von Signaltransformationen – Filterstrukturen – Entwurfsmethoden diskreter Filter-Systeme mit mehreren Abtastraten – Endliche Wortlänge bei digitalen Signalen und Systemen – Anhang: Zusammenfassung der Fourier-Integrale, Partialbruchzerlegung, Die z-Rücktransformation, Lösungen der Übungsaufgaben.

Dieses Buch behandelt die Grundlagen der Verarbeitung zeitdiskreter Signale, wie sie heute bei vielen modernen professionellen elektronischen Geräten angewandt werden. Der Stoff ist bewußt praxisorientiert dargestellt und eignet sich als Grundlage zum technischen Studium ebenso wie als Begleitbuch zu Weiterbildungsveranstaltungen für ausgebildete Ingenieure.

Verlag Vieweg · Postfach 58 29 · D-6200 Wiesbaden